高级技工学校电气自动化设备安装与维修专业教材

GAOJI JIGONG XUEXIAO DIANQI ZIDONGHUA SHEBEI ANZHUANG YU WEIXIU ZHUANYE JIAOCAI

工厂变配电技术

（第二版）

唐志忠 主 编

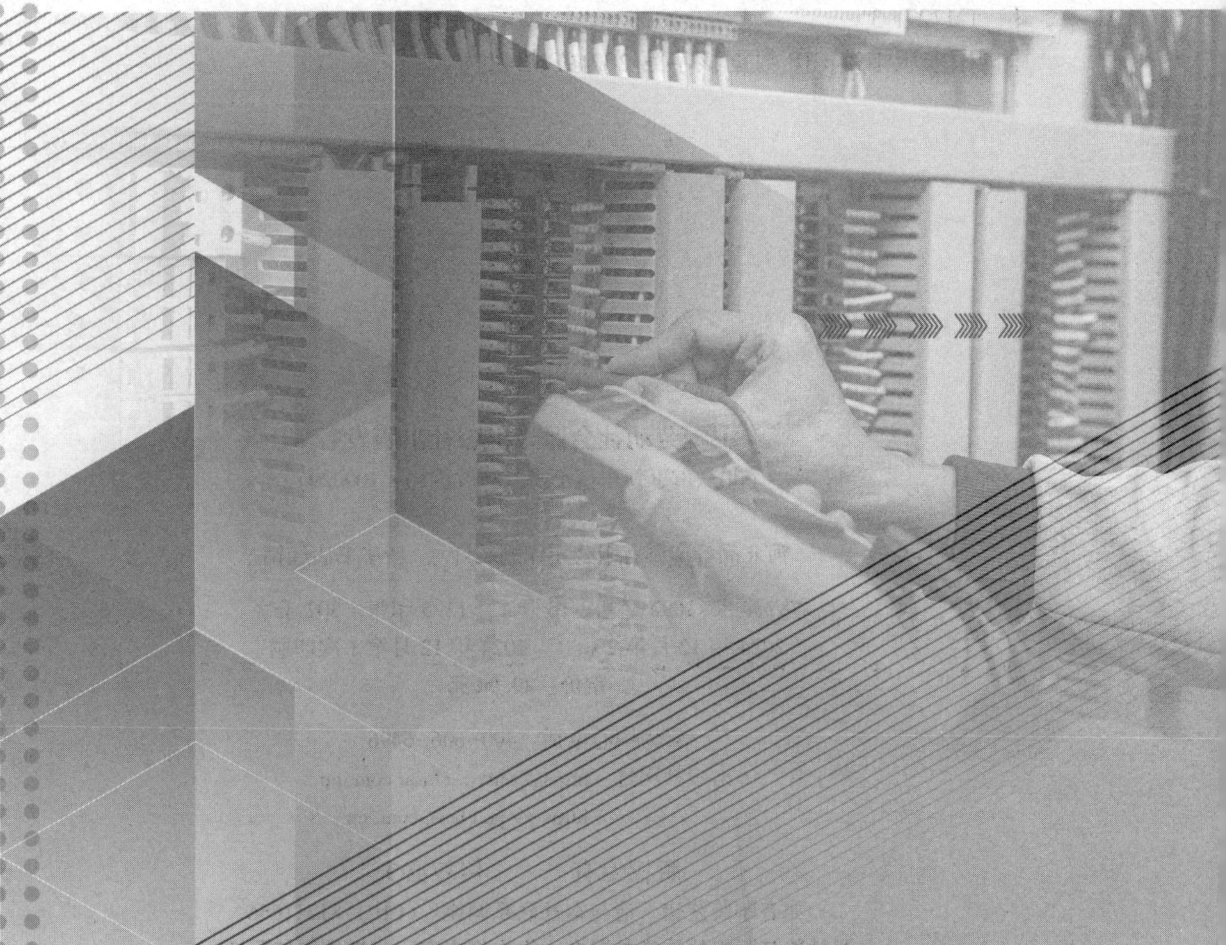

中国劳动社会保障出版社

简　介

本书为高级技工学校电气自动化设备安装与维修专业教材，主要内容包括电力系统概论、工厂变配电所的电气设备、工厂供电系统、工厂变配电系统的保护及二次回路、电气防雷与接地、工厂用电功率因数及提高方法和工厂电气照明，并有针对性地安排了技能训练。

本书由唐志忠任主编，宋凯、宋洋任副主编，肖俊、杨秀双、杨晓辉、王丹、王琳琳、郭妍、赵丽、祁俊微、柏天缘、欧阳三川参加编写，林尔付审稿。

图书在版编目（CIP）数据

工厂变配电技术／唐志忠主编．--2版．--北京：中国劳动社会保障出版社，2024．--（高级技工学校电气自动化设备安装与维修专业教材）．-- ISBN 978－7－5167－6619－4

Ⅰ．TM727．3

中国国家版本馆 CIP 数据核字第 20249S6B42 号

中国劳动社会保障出版社出版发行

（北京市惠新东街 1 号　邮政编码：100029）

*

河北品睿印刷有限公司印刷装订　　新华书店经销

787 毫米×1092 毫米　16 开本　13.5 印张　302 千字

2024 年 12 月第 2 版　　2024 年 12 月第 1 次印刷

定价：29.00 元

营销中心电话：400-606-6496

出版社网址：https://www.class.com.cn

https://jg.class.com.cn

前　言

为了更好地适应高级技工学校电气自动化设备安装与维修专业的教学要求，全面提升教学质量，我们组织有关学校的一线教师和行业、企业专家，在充分调研企业生产和学校教学情况、广泛听取教师使用反馈意见的基础上，吸收和借鉴各地技工院校教学改革的成功经验，对现有高级技工学校电气自动化设备安装与维修专业教材进行了修订（新编）。

本次教材修订（新编）工作的重点主要体现在以下几个方面。

更新教材内容

◆ 根据企业岗位需求变化和教学实践，针对培养高级工的教学要求，确定学生应具备的知识与能力结构，调整部分教材内容，增补开发教材，合理设计教材的深度、难度、广度，充分满足技能人才培养的实际需求。

◆ 根据相关专业领域的最新技术发展，推陈出新，补充新知识、新技术、新设备、新材料等方面的内容，更新设备型号及软件版本。

◆ 根据现行的国家标准、行业标准编写教材，保证教材的科学性和规范性。

◆ 在专业课教材中进一步强化一体化教学理念，将工艺知识与实践操作有机融为一体，构建“做中学”“学中做”的学习过程；在通用专业知识教材中注重课堂实验和实践活动的设计，将抽象的理论知识形象化、生动化，引导教师不断创新教学方法，实现教学改革。

优化呈现形式

◆ 创新教材的呈现形式，尽可能使用图片、实物照片和表格等形式将知识点生动地展示出来，提高学生的学习兴趣，提升教学效果。

◆ 部分教材将传统黑白印刷升级为双色印刷或彩色印刷，提升学生的阅读体验。例如，《工程识图与 AutoCAD（第二版）》采用双色印刷，《安全用电（第二版）》《机械常识（第二版）》采用彩色印刷，使内容更加清晰明了，符合学生的认知习惯。

提升教学服务

为方便教师教学和学生学习，在原有教学资源基础上进一步完善，结合信息技术的发展，充分利用技工教育网这一平台，构建“1+4”的教学资源体系，即 1 个习题册和二维码资源、电子教案、电子课件、习题参考答案 4 种互联网资源。

习题册——除配合教材内容对现有习题册进行修订外，还为多种教材补充开发习题册，进一步满足学校教学的实际需求。

二维码资源——在部分教材中，针对重点、难点内容制作微视频，针对拓展学习内容制作电子阅读材料，使用移动设备扫描即可在线观看、阅读。

电子教案——结合教材内容编写教案，体现教学设计意图，为教师备课提供参考。

电子课件——依据教材内容制作电子课件，为教师教学提供帮助。

习题参考答案——提供教材中习题及配套习题册的参考答案，为教师指导学生练习提供方便。

电子教案、电子课件、习题参考答案均可通过技工教育网（https://jg.class.com.cn）下载使用。

编者

2024 年 9 月

目　录

第一章 电力系统概论

§1-1 电力系统的组成

学习目标

1. 了解发电厂类型及主要特征。
2. 掌握电力系统的组成，了解对电力系统的基本要求。
3. 了解电力系统的发展方向。

能源也称能量资源或能源资源，是指可产生各种能量（如热能、电能、光能和机械能等）或可做功的物质的统称。能源可分为一次能源和二次能源。

一次能源是指直接来自自然界的能源，包括煤炭、原油、天然气、煤层气、水能、核能、风能、太阳能、地热能、生物质能等。二次能源包括电能、热能、成品油等以及其他新能源和可再生能源。

电能是重要的二次能源之一，是由其他能源转换而来的。电力系统是以电能作为动力，由发电、输电、变电、配电和用电等环节组成的电能生产与消费系统。它将自然界的一次能源通过发电动力装置转化成电能，再经输电、变电和配电将电能供应到企业、机关、居民等各用户。

一、发电厂类型及主要特征

发电厂又称发电站，是将自然界存在的各种一次能源转换为电能的工厂。发电厂按其所利用的能源不同，分为水力发电厂、火力发电厂、风力发电场、核能发电厂、太阳能发电厂等多种类型。

1. 水力发电厂

水力发电厂通称水电站，是利用水库中水流的位能转换为电能的。

当控制水流的进水口闸门开启时，水库中的水流经过拦污栅由进水器沿压力水管进入水轮机蜗壳室，驱动水轮机叶片，使水轮机转动并带动与其同轴的发电机转子转动，根据电磁感应原理，发电机定子绕组输出电流，实现由机械能到电能的转换，发出来的电能（电压）经升压变压器后与电力系统联网，如图 1–1 所示。发电过程中尾水闸门开启，蜗壳室的水流经尾水管排到下游。

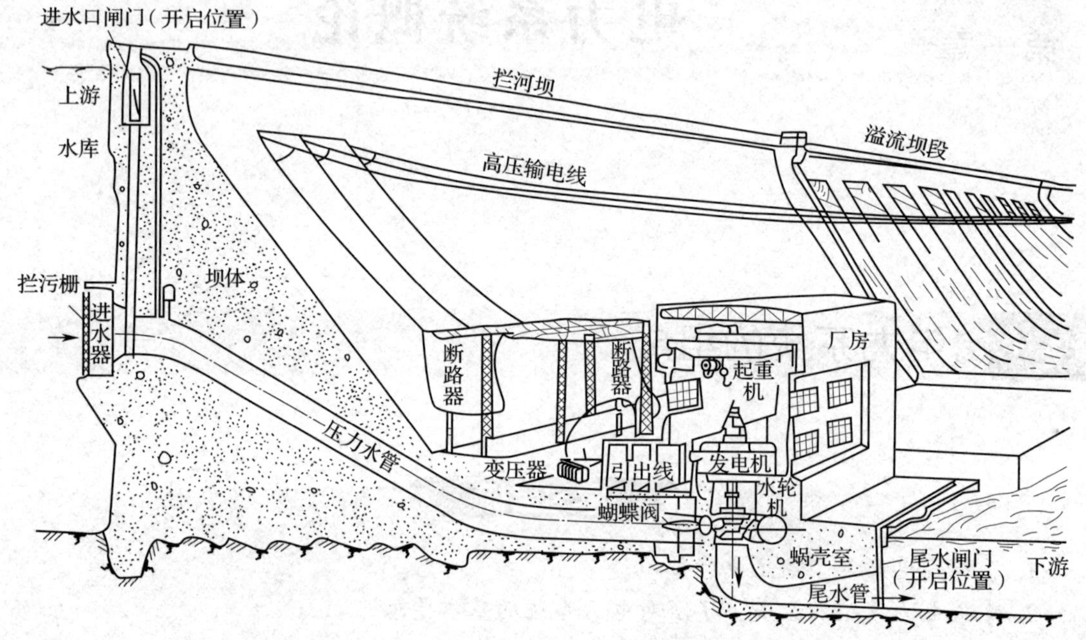

图 1–1　坝后式水力发电厂生产过程示意图

2. 火力发电厂

火力发电厂简称火电厂（站），利用煤炭、石油、天然气等燃料燃烧时的化学能转换为热能，在锅炉中将水加热成高温高压的水蒸气，再由水蒸气推动汽轮机，带动发电机发电，完成由化学能、热能到电能的转换过程。在发电的同时还为居民、企业等提供热能的火电厂称为热电厂。

如图 1–2 所示，原煤由带式输送机输送进煤斗，经磨煤机后变为煤粉，其在锅炉的炉膛内充分燃烧，将锅炉内的水烧成高温高压的蒸汽，推动汽轮机转动，使与它联轴的发电机旋转发电。

3. 风力发电场

风力发电是利用风的动能转换为电能的，风力带动风车风轮旋转，并通过增速器提速，促使发电机发电。风能是一种自然界大量存在的清洁、价廉、可再生资源，但其又具有随机性和不稳定性的特点，因此利用风力发电必须与一定的蓄能方式相结合，才能实现连续供电。风力发电原理示意图如图 1–3 所示。

4. 核能发电厂

核能发电厂又称原子能发电厂，通称核电站，利用核燃料在反应堆中的原子核裂变将核能转换为电能。如图 1–4 所示，核燃料裂变反应产生的热量，通过热交换产生蒸汽来驱

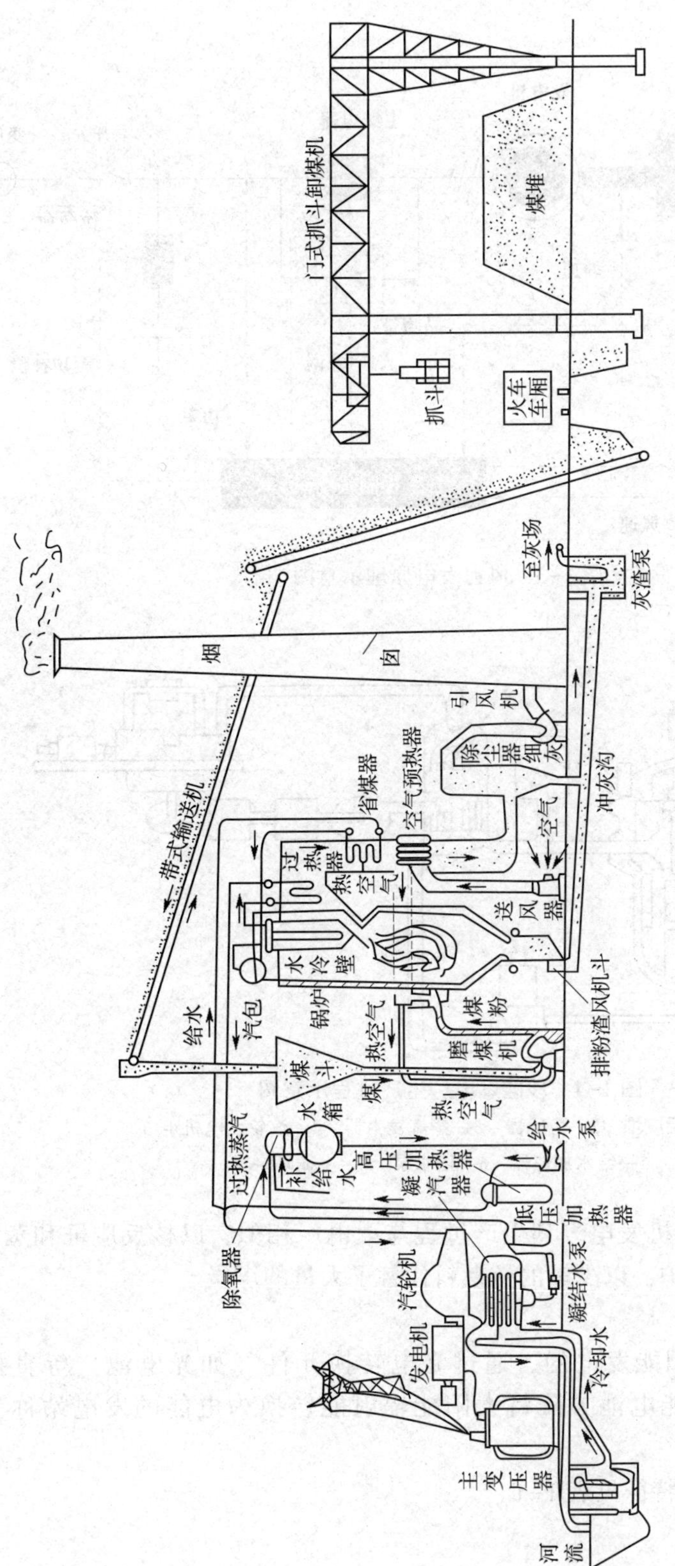

图 1-2 火力发电厂生产过程示意图

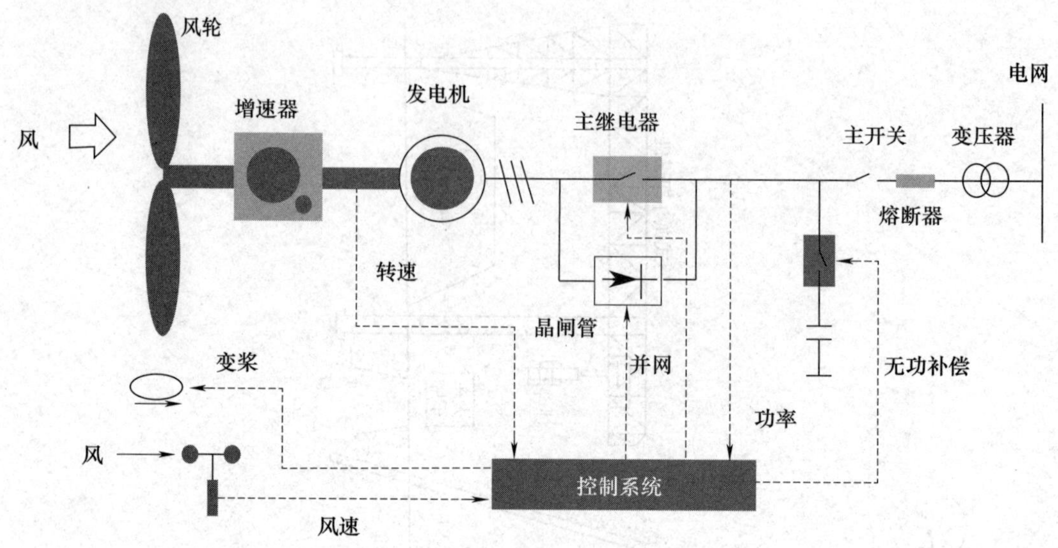

图 1-3　风力发电原理示意图

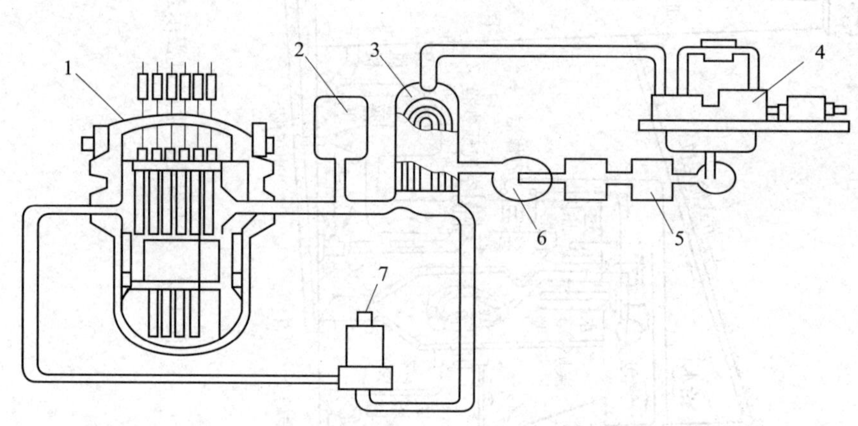

图 1-4　核能发电厂生产过程示意图

1—核反应堆　2—稳压器　3—蒸汽发生器　4—汽轮发电机组

5—给水加热器　6—给水泵　7—主循环泵

动汽轮机，汽轮机带动发电机发电。其生产过程与火电厂相似，以核反应堆和蒸汽发生器（原子锅炉）代替了燃煤锅炉，以少量的核燃料代替了大量的煤炭。

5. 太阳能发电厂

太阳能发电是利用太阳能发电的，通过光电转换元件（如光电池）等直接将太阳能转换为电能。通过太阳能电池方阵将太阳能辐射能转换为电能的发电站称为太阳能光伏电站。

几种常见发电厂的主要特征见表 1-1。

表 1-1　　几种常见发电厂的主要特征

序号	类型	实景	工作原理	能量来源	能量转换过程	优点
1	水力发电厂	 湖北三峡水电站——我国最大的水力发电站，也是世界最大的发电站。总装机容量为 2 250万 kW，年平均发电量为 847 亿 kW · h	水库闸门打开时，水流沿进水管进入水轮机蜗壳室，驱动水轮机，带动发电机发电	水流的位能，即水流的上下水位落差产生的能量	水流位能→机械能→电能	发电成本低，有利于环境保护，综合效益好
2	火力发电厂	 山东临沂中国国电集团费县发电厂——我国最大的火力发电厂，总装机容量为 720 万 kW，8 台火力发电机组，最大机组容量为 100 万 kW	煤粉在锅炉的炉膛内充分燃烧，将锅炉内的水烧成高温高压的蒸汽，推动汽轮机转动，使与它联轴的发电机旋转发电	燃料燃烧产生的化学能	燃料化学能→热能→机械能→电能	发电功率大，不受气候和环境因素的影响
3	风力发电场	 国家电投内蒙古公司通辽风力发电场——我国最大的风力发电场，总装机容量为 100 万 kW（通辽市 238 万 kW 风电基地项目高林屯风力发电场正在施工建设中，建成后将成为最大的风力发电场）	风力带动风车风轮旋转，并通过增速器提速，促使发电机发电	风的动能	风能→机械能→电能	减少环境污染，节省煤炭、石油等常规能源

续表

序号	类型	实景	工作原理	能量来源	能量转换过程	优点
4	核能发电厂	 辽宁省大连市红沿河核电站——我国最大的核电站，总装机容量为671万kW	核燃料裂变反应产生的热量，通过热交换产生蒸汽来驱动汽轮机，汽轮机带动发电机发电	原子核的裂变能	核能→热能→机械能→电能	安全、清洁、经济
5	太阳能发电厂	 山西省大同市太阳能光伏电站——我国最大的太阳能光伏电站，总装机容量为3 000 MW	通过光电转换元件（如光电池）等直接将太阳能转换为电能	太阳能	太阳能→电能或太阳能→热能→机械能→电能	安全、经济、无污染

6. 我国的电力发展规划

我国电力行业“十四五”发展规划的主要目标：电力总量方面，全社会用电量达9.24万亿kW·h，总装机容量达27.5亿kW，人均用电量达6 500 kW·h，可再生能源利用率大于95%；电力结构方面，非化石能源发电装机容量达13.5亿kW，占比约49.1%，常规水电装机容量达3.7亿kW，风电装机容量达3.8亿kW，太阳能发电装机容量达4亿kW，核电装机容量达0.7亿kW，煤电装机容量达12.5亿kW。

实施能源资源安全战略。坚持立足国内、补齐短板、多元保障、强化储备，增强能源持续稳定供应能力，实现煤炭供应安全兜底、油气核心需求依靠自保、电力供应稳定可靠。

积极应对气候变化。完善能源消费总量和强度双控制度，重点控制化石能源消费。推动能源清洁、低碳、安全、高效利用，深入推进工业、建筑、交通等领域低碳转型。

二、电力系统的组成与发展方向

1. 电力系统的组成

电力系统是指由不同电压等级的电力线路将一些发电厂、变电所（也称变电站）和电能用户联系起来的集发电、输电、变电、配电和用电的整体，如图1-5所示。

电力系统中各级电压等级的电力线路及其联系的变电所称为电力网或电网。电网可按电压高低和供电范围大小分为区域电网（220 kV及以上）和地方电网（110 kV以下），工厂供电系统属于地方电网。从发电厂到用户的送电过程如图1-6所示。

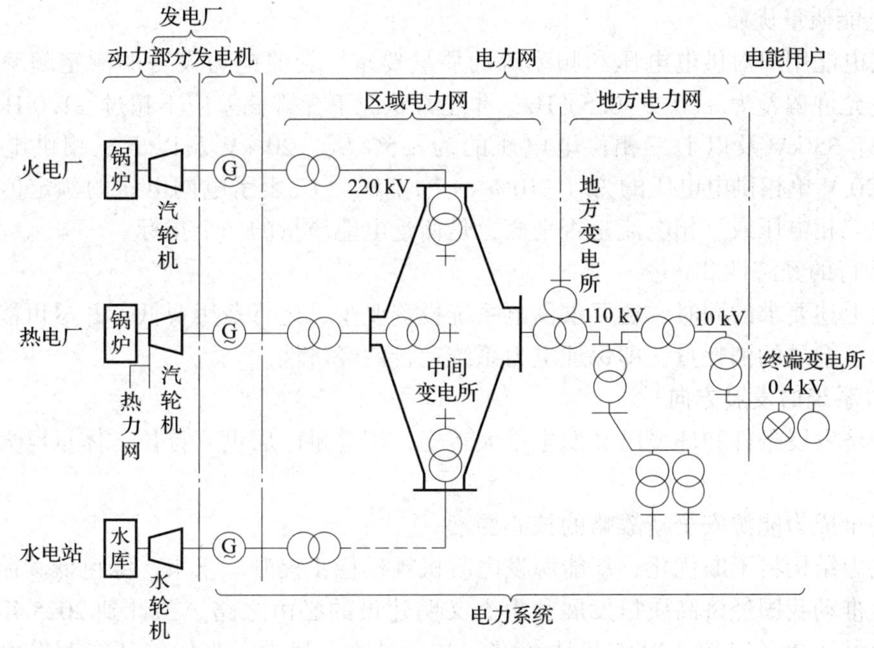

图 1-5　电力系统的组成

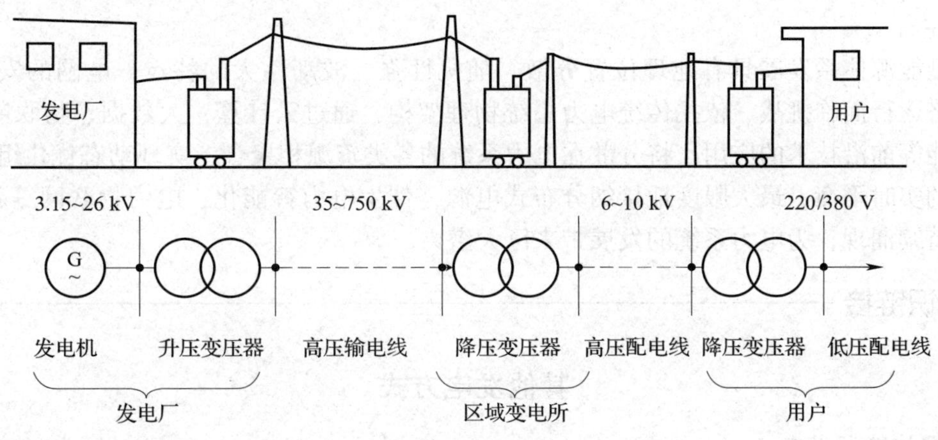

图 1-6　从发电厂到用户的送电过程

2. 对电力系统的要求

我国电力行业为能切实服务好企业生产，保证人民群众生活用电的需要，并做好节能工作，对电力系统提出以下基本要求。

（1）运行的安全可靠。

在电能的供应、分配和使用中，不应发生人身事故和设备事故，降低事故率。

当电力系统中某一设备发生故障时，对用户供电不中断或中断供电的概率小，影响范围小、停电时间短、造成的损失少，即满足电能用户对供电可靠性的要求。

提高系统运行的稳定性。在电力系统受到不同程度的扰动时，应尽量保持系统的稳定性，避免大面积停电。

（2）电能质量优质。

应满足电能用户对供电电压和频率等的质量要求。交流电力设备的额定频率为 50 Hz，正常状况下允许偏差为 ±(0.2~0.5) Hz，非正常状况下允许偏差应不超过 ±1.0 Hz。线路电压允许偏差：35 kV 及以上三相供电电压的为 ±5% U_N，20 kV 及以下三相供电电压的为 ±7%U_N，220 V 单相供电电压的为（-10%~+7%）U_N（U_N表示电网电压的额定值）。此外，三相系统中三相电压或三相电流是否平衡也是衡量电能质量的一个指标。

（3）运行的经济性。

在满足上述要求的同时，还要求供电系统投资要少，运行费用要低，并尽可能地节约电能和减少有色金属的消耗量，即保证电力系统运行的经济性。

3. 电力系统的发展方向

我国经济发展条件和环境已经发生重大转变，用电量已居世界首位，体量巨大，年净增量十分可观。

电力安全成为能源安全新战略的核心要素。

我国电力结构将不断优化，新能源发电装机规模稳步提升。未来，绿色低碳循环发展将是电力行业推动我国经济高质量发展和生态文明建设的必由之路。预计到 2025 年，我国电力总装机容量达 28 亿 kW，2035 年达 38 亿 kW。其中，风电、光伏等新能源发电装机容量增量较大，预计 2025 年可达 7 亿 kW 以上，占比 27%左右，2035 年可达 12 亿 kW 左右，占比 32%左右。

新型能源体系发展具有地理位置分散、随机性强、波动性大的特点，电网的安全、可靠、经济运行面临挑战。依托传统电力系统物理架构，通过云计算、大数据、物联网、5G、人工智能等前沿技术的应用，将分散在电力系统的各类资源相聚合，实现动态优化组合，保证供需的实时平衡，最大限度地接纳分布式电源，催生电力智能化、电力物联网等新模式、新业态持续涌现，为电力系统的发展带来巨大潜力。

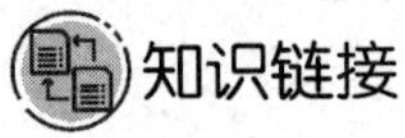

其他发电方式

1. 清洁能源发电

清洁能源是指在生产和使用过程中不发生有害物质排放的能源。可再生的、消耗后可得到恢复，或非再生的（如天然气等）及经洁净技术处理过的能源（如洁净煤油等）都是清洁能源。它包括核能和“可再生能源”。可再生能源是指原材料可以再生的能源，如水能、风能、太阳能、生物能（沼气）、海潮能等。可再生能源不存在能源耗竭的问题，因此日益受到许多国家的重视，尤其是能源短缺的国家。

2. 地热发电

利用地球内部蕴藏的大量地热能（天然蒸汽和热水）发电，工作原理与火力发电原理基本相同。

3. 潮汐发电

利用潮水涨、落产生的水位差所具有的势能来发电，工作原理与水力发电原理基本相似。

§1-2 电力系统的电压

学习目标

1. 了解额定电压的概念，掌握电网及电气设备额定电压的标准。
2. 了解工厂供电系统配电电压的选择原则。

电力系统中的电气设备都是在一定的频率和电压下工作的。电气设备的额定频率和额定电压是指电气设备正常工作并能获得最佳经济效果的频率和电压。系统标称电压是指用以标志或识别系统电压的给定值。标准电压是指国家规定的电力系统或设备的电压。

一、三相交流电网及电气设备的额定电压

国家标准《标准电压》（GB/T 156—2017）规定了标称电压高于 220 V、标准频率为 50 Hz的交流输电、配电、用电系统及其设备的标准电压，见表 1-2、表 1-3。

表 1-2　标称电压 220~1 000 V 交流系统及相关设备的标准电压　单位：V

三相四线或三相三线系统的标称电压
220/380
380/660
1 000（1 140*）

说明：1 140 V 仅限于某些应用领域的系统使用。

表 1-3　标称电压 1 kV 以上交流三相系统及相关设备的标准电压　单位：kV

系统标称电压	设备最高电压
3（3.3）*	3.6*
6*	7.2*
10	12
20	24
35	40.5
66	72.5
110	126
220	252
330	363
500	550
750	800
1 000	1 100

说明：1. 表中数值为线电压；

2. 圆括号中的数值为用户有要求时使用；

3. * 表示不得用于公共配电系统。

1. 发电机的额定电压

由于电力线路允许的电压偏差一般为 ±5%，即整个线路允许有 10%的电压损失值，因此为了维持线路的平均电压为额定值，线路首端（电源端）的电压可比线路额定电压高5%，而线路末端电压则可比线路额定电压低 5%。所以，规定发电机额定电压比同级电网额定电压高 5%。

2. 电力变压器的额定电压

（1）电力变压器一次绕组的额定电压。

当变压器直接与发电机相连时，其一次绕组额定电压应与发电机额定电压相同，即比同级电网额定电压高 5%，如图 1-7 中的变压器 T1 一次绕组额定电压。

当变压器连接在线路上时，可将其看作线路的用电设备，因此，其一次绕组额定电压应与电网额定电压相同，如图 1-7 中的变压器 T2 一次绕组额定电压。

（2）电力变压器二次绕组的额定电压。

变压器二次侧供电线路较长时（如为较大的高压电网），其二次绕组额定电压应比相连电网额定电压高 10%（其中有 5%用于补偿变压器满负荷运行时绕组自身约 5%的电压降；此外，变压器满载时二次绕组输出电压还要比所连电网额定电压高 5%，以补偿线路上的电压降），如图 1-7 中的变压器 T1 二次绕组额定电压。

变压器二次侧供电线路不长时（如为低压电网，或直接供电给高、低压用电设备），其二次绕组额定电压比所连电网额定电压高 5%（仅考虑补偿变压器满负荷运行时绕组自身5%的电压降），如图 1-7 中的变压器 T2 二次绕组额定电压。

3. 电网（线路）的额定电压

电力线路运行时（有电流通过时）要产生电压降，所以线路上各点的电压都略有不同，线路首端比末端电压高，如图 1-8 中虚线所示。因此，供电线路的额定电压采用首端电压和末端电压的算术平均值，此电压称为电网的额定电压（又称标称电压）。电网的额定电压等级是国家根据国民经济发展的需要和电力工业的水平，经全面技术经济分析后确定的。它是确定各类电力设备额定电压的基本依据。

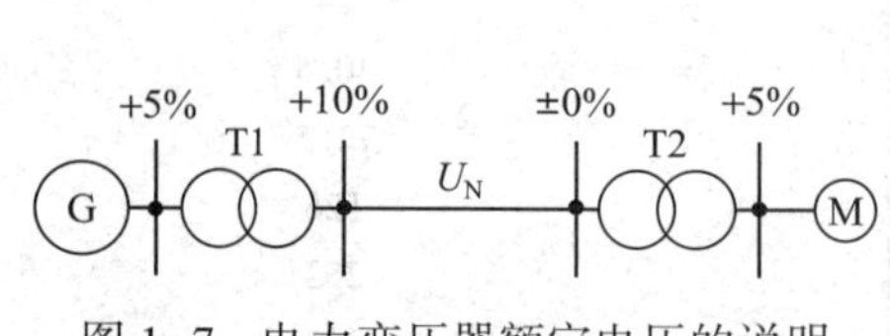

图 1-7　电力变压器额定电压的说明

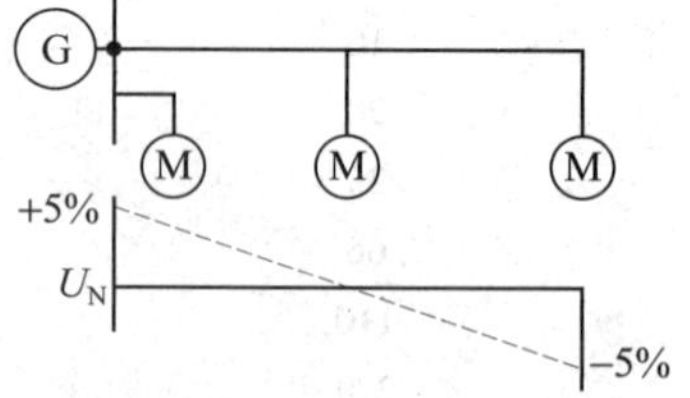

图 1-8　用电设备和发电机的额定电压关系

4. 用电设备的额定电压

由于线路上各点的电压都略有不同，如图 1-8 中虚线所示，而成批生产的用电设备，其额定电压不可能按使用处线路的实际电压来制造，只能按线路首端与末端的平均电压即电网的额定电压 U_N来制造。因此规定，用电设备的额定电压与同级电网的额定电压相同。

5. 电力系统电压等级的划分

《国家电网公司电力安全工作规程（变电部分）》规定，电力系统电压等级的划分见表1-4。

表1-4　　电力系统电压等级的划分

低压	电压等级在1 000 V以下者
高压	电压等级在1 000 V及以上者

行业习惯上还按照表1-5划分电压等级。

表1-5　　行业习惯上电压等级的划分

低压	1 000 V以下
中压	1 000 V~10 kV（或35 kV）
高压	35 kV~110 kV（或220 kV）
超高压	220 kV（或330 kV）及以上
特高压	800 kV及以上

二、工厂供电系统配电电压的选择

我国《供电营业规则》规定，供电企业（电网）供电的额定电压，低压为单相220 V，三相380 V；高压为10 kV、35 kV、66 kV、110 kV、220 kV。除发电厂直配电压可采用3 kV或6 kV外，其他等级的电压应逐步过渡到上述额定电压。用户需要的电压等级不在上述范围时，应自行采取变压措施解决。

1. 高压配电电压的选择

工厂供电系统高压配电电压的选择，主要取决于高压用电设备的电压和容量、数量等因素。

（1）工厂采用的高压配电电压通常为6~10 kV。从技术经济指标来看，最好采用10 kV。

首先，由于同样的输送功率和输送距离条件下，配电电压越高，线路电流越小，因而线路所采用的导线或电缆截面越小，从而可减少线路的初期投资和有色金属消耗量，且可减少线路的电能损失和电压损失。

其次，采用10 kV电压等级，在开关设备的投资方面也不会比采用6 kV电压等级高多少。

最后，从供电的安全性和可靠性来说，6 kV与10 kV也差不多。而从发展潜力的角度看，10 kV优于6 kV。实践运行结果也表明，采用10 kV电压较采用6 kV电压更适应于发展，输送功率更大，输送距离更远。

（2）如果工厂拥有相当数量的6 kV用电设备，或者供电电源的电压就是6 kV，则可考虑采用6 kV电压作为工厂的高压配电电压。否则应选择10 kV作为工厂的高压配电电压。而6 kV用电设备则可通过专用的10/6.3 kV变压器单独供电。3 kV作为高压配电电压的技术经济指标很差，一般不采用。如果工厂有3 kV用电设备，可采用10/3.15 kV的专用变压器单独供电。

（3）如果当地的电源电压为35 kV或66 kV，而厂区环境条件又允许采用35 kV或66 kV架空线路，则可考虑采用35 kV或66 kV作为高压配电电压深入工厂各车间负荷中心，并经车间变电所直接降为低压用电设备所需的电压。这样，不但可以省去一级中间变压环节，而且可以大大简化供电系统的接线，减少有色金属消耗量，减少电能损失和电压损失，提高供电质量，因此有一定的推广价值。

2. 低压配电电压的选择

工厂的低压配电电压一般采用220/380 V，其中线电压380 V接三相动力设备及380 V的单相设备，相电压220 V接一般照明灯具及其他220 V的单相设备。

但某些场合宜采用660 V（甚至更高的1 140 V）作为低压配电电压。例如，矿井下，因负荷中心往往离变电所较远，为保证负荷端的电压水平而采用660 V或更高电压配电。采用660 V电压配电，较之采用380 V配电，不仅可以减少线路的电压损失，提高负荷端的电压水平，而且能减少线路的电能损失，减少线路有色金属消耗量和初期投资，增大配电范围，提高供电能力，减少变电点，简化工厂供配电系统。

因此，提高低压配电电压有明显的经济效益，是节电的有效手段之一，在世界各国已成为发展的趋势。

我国现在只有采矿、石油、化工等企业采用660 V电压。

知识链接

国家标准《标准电压》（GB/T 156—2017）也规定了交流和直流牵引系统的标准电压，见表1-6。

表1-6　交流和直流牵引系统的标准电压　　单位：V

牵引系统	系统标称电压	系统最低电压	系统最高电压
交流单相系统	25 000	19 000	27 500
直流系统	（600）*	（400）*	（720）*
	750	500	900
	1 500	1 000	1 800

说明：1. 轨道交通牵引供电系统电压的其他要求见GB/T 1402—2010；

2. 其他的交流和直流牵引系统电压参见相关专业标准；

3. *表示非优选数值，建议在未来新建系统中不采用这些数值。

§1-3 电力系统中性点运行方式

学习目标

掌握电力系统中性点不接地、经消弧线圈接地、直接接地（或经低电阻接地）运行方式的特点以及应用。

在三相交流电力系统中，电力系统的中性点是指发电机和变压器的中性点。其运行方式的选择是在充分考虑供电可靠性、系统绝缘水平、继电保护要求、系统稳定运行要求等因素的基础上确定的。

电力系统的中性点运行方式有两大类：一是中性点直接接地或经过低电阻接地，称为大接地电流系统；二是中性点不接地或经过消弧线圈接地，称为小接地电流系统。其中采用最广泛的是中性点不接地、中性点经过消弧线圈接地和中性点直接接地三种方式。在城市配电网中，中性点经过低电阻接地的运行方式也在不断增多。

我国 3~66 kV 的电力系统，尤其是 3~10 kV 系统，一般采用中性点不接地的运行方式。如果其单相接地电流超过允许值，则采用中性点经消弧线圈接地的运行方式。我国 110 kV 及以上的系统都采用中性点直接接地的运行方式。1 kV 以下的系统采用中性点不接地方式运行，但电压为 380/220 V 的低压配电系统，采用中性点直接接地的运行方式，例如，三相四线制（三根相线和一根中性线）或 TN-S 系统（三根相线和一根中性线、一根保护线），其中的中性线（N 线）为了取得相电压，保护线（PE 线）为了安全。

几种中性点运行方式在我国的应用见表 1-7。

表 1-7　几种中性点运行方式在我国的应用

类型	运行方式	在我国的应用
大接地电流系统	中性点直接接地	广泛应用于 110 kV 及以上的系统、220 V/380 V 低压配电系统
	经过低电阻接地	在城市 10 kV 系统中应用逐渐增多
小接地电流系统	中性点不接地	广泛应用于 3~66 kV 的电力系统，尤其是 3~10 kV 系统
	经过消弧线圈接地	应用广泛，适用于 3~66 kV 的电力系统单相接地电流超过允许值时

一、中性点不接地的电力系统

图 1-9 所示为中性点不接地的电力系统正常运行时的状态。

电力系统的三相导线之间及各相对地之间，沿导线全长都分布有电容，这些电容在电压作用下将有附加的电容电流通过。

为了讨论问题方便，设如图 1-9 所示的三相系统电源电压和线路参数 R、L、C 都是对

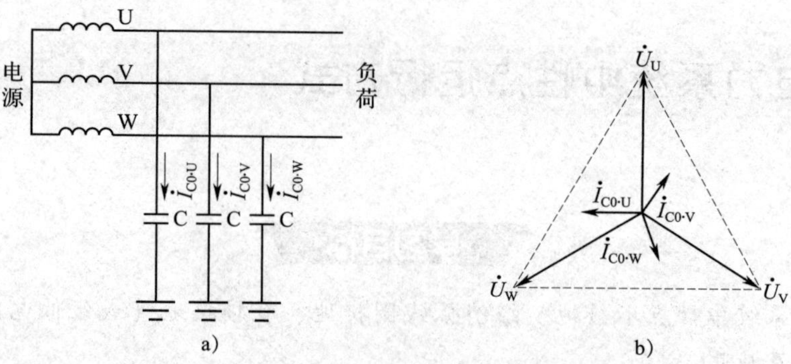

图 1-9　中性点不接地的电力系统正常运行时的状态

a）电路图　b）相量图

称的，并将相线与大地之间的分布电容用一个集中电容 C 来表示。

系统正常运行时，三个相的相电压 $\dot{U}_U$、$\dot{U}_V$、$\dot{U}_W$ 是对称的，三个相的对地电容电流也是平衡的，因此，三个相的对地电容电流的相量和为零，大地中没有电流流动。各相对地电压就等于各相的相电压。

当系统发生单相接地故障时，例如 W 相接地，如图 1-10 所示，这时 W 相对地电压为零，而 U 相、V 相对地电压分别为 $\dot{U}_{UW}$、$\dot{U}_{VW}$，由原来的相电压升高到线电压，即升高为原对地电压的$\sqrt{3}$倍。

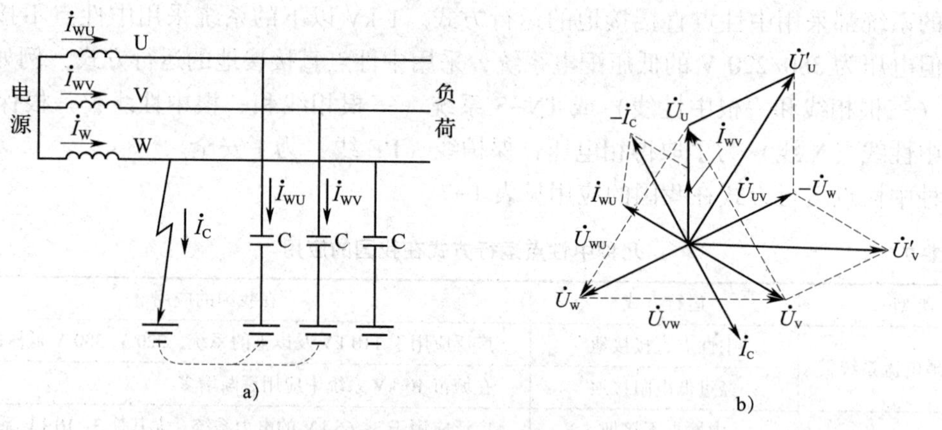

图 1-10　中性点不接地的电力系统单相接地时的状态

a）电路图　b）相量图

当 W 相接地时，系统的接地电流（电容电流）$\dot{I}_C$ 应为 U、V 两相对地电容电流之和，经过计算得出一相接地的电容电流为正常运行时每相对地电容电流的 3 倍。

所以，在中性点不接地的系统中，应装设专门的单相接地保护或绝缘监视装置，在系统发生单相接地故障时能及时报警，提醒值班人员注意并处理。当单相接地故障危及人身和设备安全时，还要求单相接地保护装置动作，在规定的时间范围内跳闸。

系统发生单相接地故障时，线路的线电压相位和量值均未发生变化，因此，系统中的三相用电设备未受影响，能正常运行。但是，这种线路不允许在单相接地故障情况下长期运行，因为如果再有一相也发生接地故障，就形成两相接地短路，短路电流很大，这是绝对不允许的。

当中性点不接地的电力系统发生不完全接地（即经一定的接触电阻接地）时，故障相的对地电压将大于零而小于相电压，其他两完好相的对地电压则大于相电压而小于线电压，接地电容电流也较中性点不接地系统的单相接地电容电流略小。

二、中性点经消弧线圈接地的电力系统

在中性点不接地的电力系统中，有一种情况比较危险，即在发生单相接地时，如果接地电流较大，将出现断续电弧，这就可能使线路发生电压谐振现象。由于电力线路既有电阻和电感，又有电容，因此在线路发生单相弧光接地时，可形成 R-L-C 的串联谐振电路，从而使线路上出现危险的过电压（可达线路相电压的2.5~3倍），这可能导致线路上绝缘薄弱点的绝缘击穿。为了防止单相接地时接地点出现断续电弧，避免引起过电压，在单相接地电容电流大于一定值的电力系统中，电源中性点必须采取经消弧线圈接地的运行方式。消弧线圈自动跟踪补偿成套装置如图 1-11 所示。

图 1-11　消弧线圈自动跟踪补偿成套装置

图 1-12 所示为电源中性点经消弧线圈接地的电力系统单相接地时的状态。消弧线圈实际上就是铁芯线圈，其电阻很小，感抗很大。其功能是消除单相接地故障点的电弧。当系统发生单相接地故障时，流过接地点的电流是接地电容电流 $\dot{I}_C$ 与流过消弧线圈的电感电流 $\dot{I}_L$ 之和。$\dot{I}_C$ 和 $\dot{I}_L$ 在接地点互相补偿，当它们的量值差小于发生电弧的最小生弧电流时，电弧就不会发生，也不会出现谐振过电压。

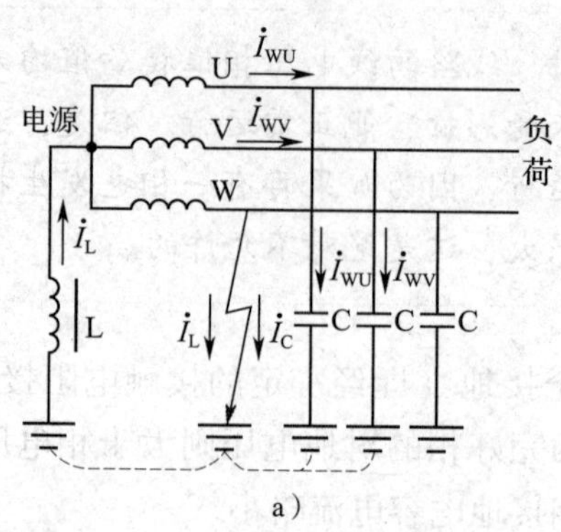

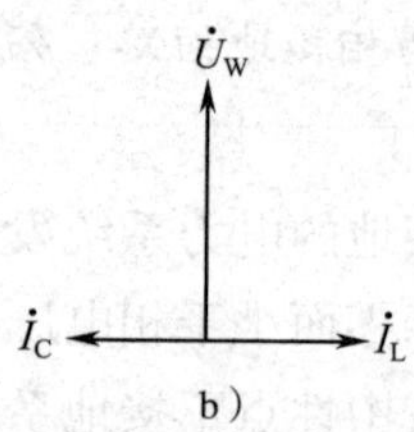

图 1-12 电源中性点经消弧线圈接地的电力系统单相接地时的状态

a）电路图 b）相量图

在中性点经消弧线圈接地的三相系统中，与中性点不接地的系统一样，允许在发生单相接地故障时短时继续运行（一般规定为 2 h 以内），但保护装置要能及时发出接地报警信号。值班人员应及时查找、处理故障。暂时无法消除故障时，应设法将负荷特别是重要负荷转移到备用线路上去。发生单相接地故障危及人身和设备安全时，保护装置应动作于跳闸。

中性点经消弧线圈接地的电力系统，在单相接地时，其他两相对地电压也要升高到线电压，即升高为原对地电压的 $\sqrt{3}$ 倍。

三、中性点直接接地或经低电阻接地的电力系统

图 1-13 所示为电源中性点直接接地的电力系统单相接地时的状态。

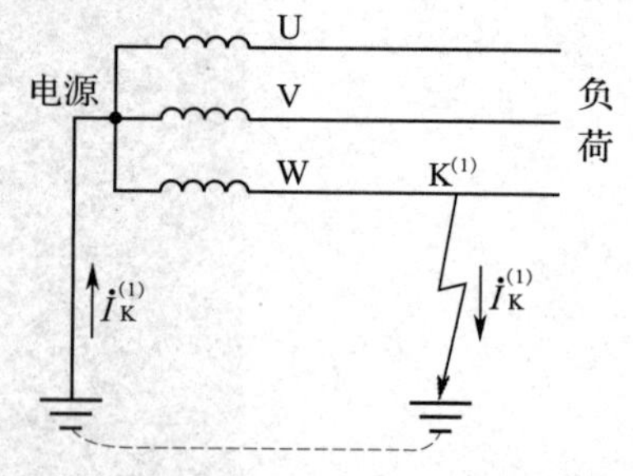

图 1-13 电源中性点直接接地的电力系统单相接地时的状态

这种系统的单相接地，即通过接地中性点形成单相短路。单相短路电流比线路的负荷电流大得多，因此在系统发生单相短路时保护装置应动作于跳闸，切除短路故障，使系统的其他部分恢复正常运行。

运行经验表明，在 1 000 V 以上的电网中，大多数的单相接地故障，尤其是架空送电线路的单相接地故障，都具有瞬时性，在故障部分切除后，接地处的绝缘可以迅速恢复，而送电线路可以立即恢复工作。目前在中性点直接接地的电网中，为了提高供电可靠性，均装设自动重合闸装置，在系统单相接地线路切除后，立即自动重合闸，再试送一次，如为瞬时故障，即可恢复送电。

中性点直接接地系统的主要优点是它在发生单相接地故障时，非故障相对地电压不会增高，因而各相对地绝缘即可按相对地电压考虑，电网的电压越高，经济效益越显著。而在中性点不接地或经消弧线圈接地的系统中，单相接地电流往往比正常负荷电流小得多，因而要

实现有选择性的接地保护就比较困难。但在中性点直接接地系统中，实现有选择性的接地保护就比较容易，由于接地电流较大，继电保护一般都能迅速而准确地切除故障线路，且保护装置简单，工作可靠。

我国一些大城市（如北京市）在现代化城市电网改造中，将 10 kV 系统中性点采取经低电阻接地的运行方式，如图 1-14 所示，其接近于中性点直接接地的运行方式。当发生单相接地故障时，保护装置跳闸，迅速切除故障线路，同时系统的备用电源自动投入装置动作，投入备用电源，恢复系统供电。因此，其供电可靠性很高。常用的中性点接地电阻器外形如图 1-15 所示。

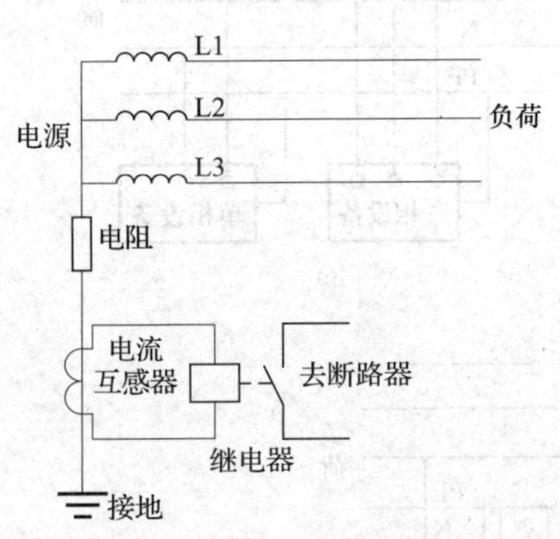

图 1-14　中性点经低电阻接地系统原理

图 1-15　常用的中性点接地电阻器外形

四、电力系统中性点三种运行方式的优缺点对比

电力系统中性点三种运行方式的优缺点对比见表 1-8。

表 1-8　　电力系统中性点三种运行方式的优缺点对比

类型	优点	缺点
中性点不接地系统	发生单相接地时，三相用电设备能正常工作，允许 2 h 之内暂时继续运行，因此可靠性高	发生单相接地时，其他两非故障相的对地电压将升到线电压，是正常时的$\sqrt{3}$倍，因此绝缘要求高，增加绝缘费用
中性点经消弧线圈接地系统	除具有中性点不接地系统的优点外，还可以减小接地电流	与中性点不接地系统相同
中性点直接接地系统	发生单相接地时，其他两非故障相的对地电压不升高，因此可降低绝缘费用	发生单相接地短路时，短路电流大，要迅速切除故障部分，从而使供电可靠性差

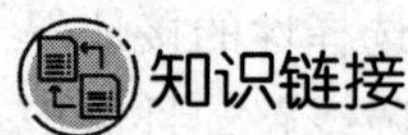

低压配电系统的接地形式

1. TN 系统

电源中性点直接接地，电气装置的外露可导电部分通过保护线（PE 或 PEN 线）与该接地点相连接（其中，N—中性线；PE—保护线；PEN—保护中性线），如图 1-16 所示。

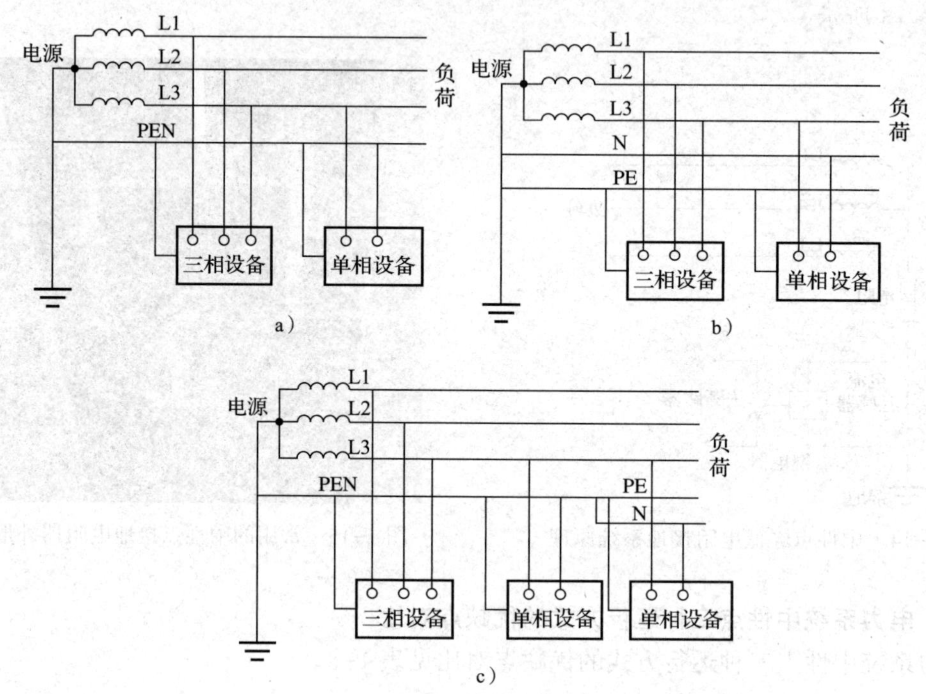

图 1-16　低压配电的 TN 系统

a）TN-C 系统　b）TN-S 系统　c）TN-C-S 系统

（1）TN-C 系统。

整个系统的 N、PE 线是合为一根 PEN 保护中性线，所有设备的外露可导电部分均接 PEN 线。

（2）TN-S 系统。

整个系统的 N、PE 线是分开的。所有设备的外露可导电部分均接 PE 线。

（3）TN-C-S 系统。

系统中有一部分线路的 N、PE 线是合一的。

2. TT 系统

电源中性点直接接地，电气设备的外露可导电部分通过各自的 PE 保护线单独接地，如图 1-17 所示。

3. IT 系统

电源中性点与大地间不直接连接，中性点经阻抗接地。电气设备的外露可导电部分通过各自的 PE 保护线单独接地，如图 1-18 所示。

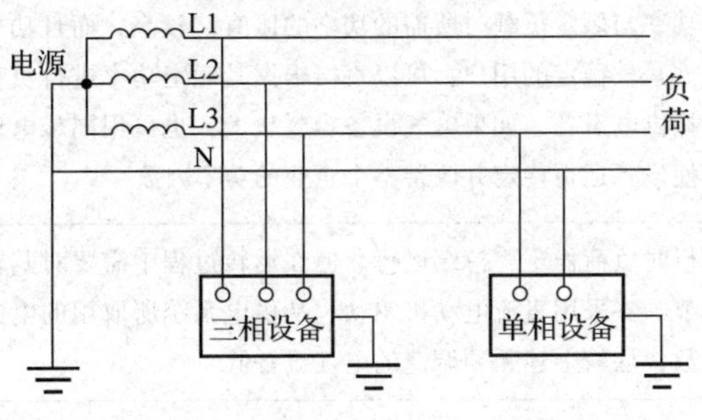

图 1-17　低压配电的 TT 系统

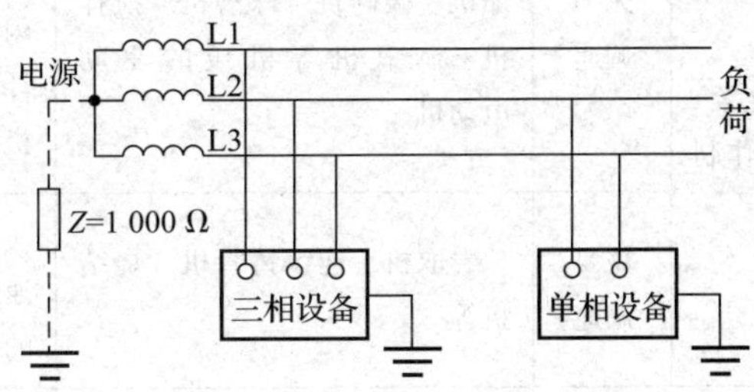

图 1-18　低压配电的 IT 系统

§1-4　工厂中常见的电气设备

学习目标

了解工厂电气设备按工作制分类的方法。

工厂中有很多电气设备，如通风机、提升机、电弧炉、电焊设备、轧钢机等，其运行特征各不相同。为了使供电系统安全、可靠地运行，应采用正确合理的供电技术和供电措施。

工厂的电气设备，按其工作制可分为连续工作制、短时工作制和断续周期工作制三类。

1. 连续工作制

这类设备在恒定负荷下运行，且运行时间长到足以使之达到热平衡状态，如通风机、水泵、空气压缩机、发电机组、电炉和照明灯等。机床电动机的负荷一般变动较大，但其主轴电动机一般也是连续运行的。

2. 短时工作制

这类设备在恒定负荷下运行的时间短（短于达到热平衡所需的时间），而停歇时间长（长到足以使设备温度冷却到周围介质的温度），如机床上的某些辅助电动机（例如进给电动机）、控制闸门的电动机等。

3. 断续周期工作制

这类设备周期性地时而工作，时而停歇，如此反复运行，而工作周期一般不超过 10 min，无论工作或停歇，均不足以使设备达到热平衡，如电焊机和起重机电动机等。

表 1-9 中介绍了工厂中常见电气设备的运行特点。

表 1-9　　工厂中常见电气设备的运行特点

电气设备类型		常见电气设备	运行特点
连续工作制	无须调速	用于通风机、水泵、空气压缩机、破碎机、球磨机、搅拌机、制氧机等机械的驱动电动机	在正常运行时负荷稳定，持续运行。需要系数（用电设备实际所需要的功率与额定负载时所需的功率的比值）较高，而且功率因数稳定。是较稳定的用户，可以直接根据其额定功率进行负荷计算来选择供电设备。如果电气设备容量较大，也可用同步电动机驱动，使设备运行稳定并改善整个企业的功率因数
	需要调速	卷取机、连续铸管机、烧结机等	正常运行时负荷稳定，持续运行。但在运转过程中需要对其转速进行调节，多采用直流电动机驱动。从供电系统所取用的电能的需要系数，均较上述无须调速的电气设备低
断续周期工作制		用于桥式起重机、提升机、卷扬机、各种轧钢机等机械的驱动电动机	运转与间歇是交替进行的，在正常运行时负荷不稳定，必须选用反复短时工作制的电动机。这类设备需要系数较低，供电设备除了短时承受冲击负荷外，经常处于低负载状态，功率因数也偏低。属于供电系统的不良用户
短时工作制		机床上的某些辅助电动机等	运转时间短而间歇时间长，在企业中应用较少
电热设备	电炉	电弧炉	单台容量大，由于接近电阻性负载，故功率因数较高。起始熔炼期间单相负荷波动大，因此能引起很大的电网波动。须通过专用的电炉变压器供电，多用于加热金属或对金属进行热处理
		感应电炉	分为中频和高频两种，需要系数较高，但功率因数很低，必须采取措施提高功率因数
		电阻炉	容量各异，由于是电阻性负载特性，负荷稳定，需要系数较高，而且功率因数很高
	电焊机	交流电焊机	常用的是工频单相电焊机。还有三相多头电焊机，其负荷不完全对称，但比单相电焊机稍好一些。供电电压为 220 V 或 380 V，功率因数很低
		直流电焊机	一般由电动机—发电机组供电，交流侧由异步电动机驱动，工作时功率因数较高，空载时较低，在不工作时应将其电源切断。电焊设备为移动性设备，一般使用临时接线供电

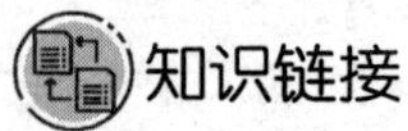

知识链接

几种工厂中常见的电气设备

电弧炉（见图 1-19a）——利用电极电弧产生的高温熔炼矿石和金属的电炉。

感应电炉（见图 1-19b）——利用感应电流在炉料中发热来熔化金属或保温金属液的炉子。

电焊机（见图 1-19c）——利用正负两极在瞬间短路时产生的高温电弧来熔化电焊条上的焊料和被焊材料，达到使它们结合的目的。

a）

b）

c）

图 1-19　常见电气设备

a）电弧炉　b）感应电炉　c）电焊机

第二章 工厂变配电所的电气设备

变配电所中承担输送和分配电能任务的电路称为一次电路或一次回路，亦称主电路。一次电路中所有的电气设备称为一次设备。

常用的一次设备有高压熔断器、高压隔离开关、高压负荷开关、高压断路器、高压互感器、高压开关柜等。

凡是用来控制、指示、监测和保护一次设备运行的电路称为二次电路或二次回路，亦称副电路。二次电路中的所有电气设备称为二次设备。二次设备通常接在变配电变压器的二次侧。

常用的二次设备有低压熔断器、低压刀开关、低压负荷开关、低压断路器、低压配电柜等。

§2-1 高压一次设备

学习目标

1. 掌握高压熔断器、高压隔离开关、高压负荷开关、高压断路器等的功能、分类、型号含义等。
2. 掌握高压开关柜、箱式变电站的作用、型号含义等。

一、高压熔断器

高压熔断器（文字符号为 FU）是常用的一种简单的保护电器，主要由金属熔体（铜、铝、铝锡合金、锌等材料制成）、熔管及支持熔体的触头组成。熔断器的功能主要是对电路和设备进行短路保护，但有的熔断器也具有过负荷保护的功能。

高压熔断器按照使用环境不同分为户内式和户外式，按照结构特点不同分为支柱式和跌落式，按照工作特性不同分为限流式和非限流式。

在短路电流达到冲击电流值（短路时全电路中的最大瞬时值）之前就完全熄灭电弧的属限流式熔断器；在熔体熔化后，电弧电流继续存在，直到第一次过零或经过几个周期后电弧才熄灭的属非限流式熔断器。

在 6~35 kV 高压电路中，广泛采用 RN1、RN2 型户内管式高压熔断器；户外则广泛采用 RW4、RW10（F）型等跌落式高压熔断器。

高压熔断器全型号的表示和含义：

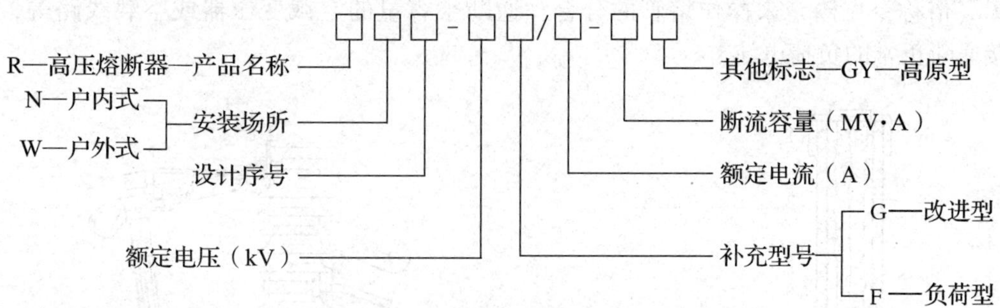

如：RW4-10/50 型，即指额定电流 50 A、额定电压 10 kV、户外 4 型高压熔断器。具体型号可查阅《高压开关设备和控制设备型号编制办法》（JB/T 8754—2018）。

1. RN1 和 RN2 型户内管式高压熔断器

RN1、RN2 型高压熔断器的结构基本相同（见图 2-1、图 2-2），都是瓷质熔管内填充石英砂的密闭管式熔断器。

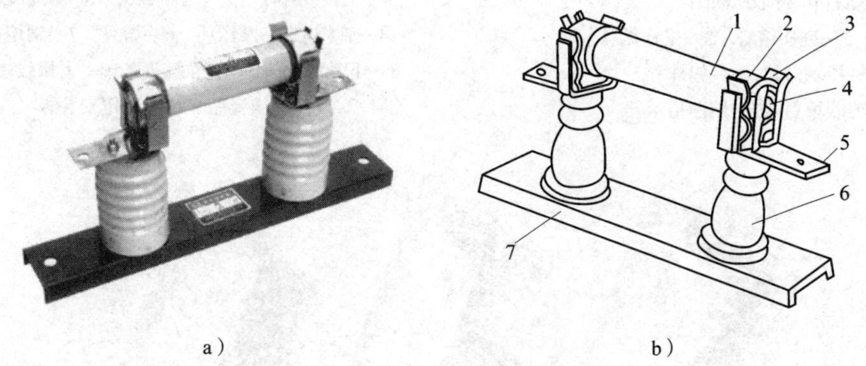

a）　　b）

图 2-1　RN1、RN2 型高压熔断器

a）实物图　b）结构图

1—瓷质熔管　2—管帽　3—弹性触座　4—熔断指示器　5—接线端子　6—瓷绝缘子　7—底座

RN1 型高压熔断器主要用于高压线路和设备的短路保护，也能起过负荷保护的作用，熔体额定电流可达 100 A。RN2 型高压熔断器只用于高压电压互感器一次侧的短路保护，熔体额定电流一般为 0.5 A。

图 2-2 中高压熔断器的工作熔体上焊有小锡球。锡是低熔点金属，当过负荷时锡球受热首先熔化，铜锡互相渗透形成熔点较低的铜锡合金，使铜熔体在较低的温度下熔断，即所谓的“冶金效应”。当短路电流或过负荷电流通过熔体时，工作熔体熔断后，指示熔体也相

继熔断，其红色的熔断指示器弹出，给出熔体熔断的指示信号。

2. RW4 和 RW10（F）型户外跌落式高压熔断器

户外跌落式高压熔断器广泛用于户外场所，其结构和实物如图 2-3、图 2-4 所示。其主要功能是既可用于 6～10 kV 线路和设备的短路保护，又可在一定的条件下，直接用高压绝缘钩棒（俗称令克棒）来操作熔管的分合，通断小容量的空载变压器或空载线路等，但不可直接通断正常的负荷电流。

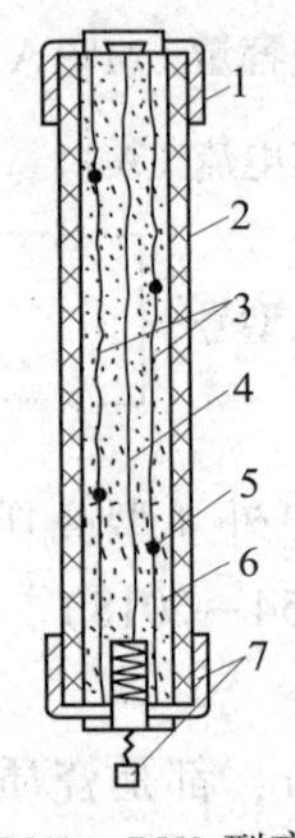

图 2-2 RN1、RN2 型高压熔断器内部结构示意图

1—管帽 2—瓷质熔管 3—工作熔体 4—指示熔体 5—锡球 6—石英砂填料 7—熔断指示器

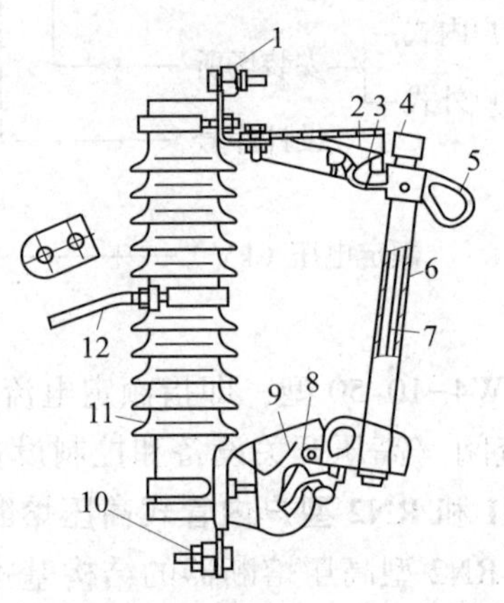

图 2-3 RW4-10（G）型户外跌落式高压熔断器结构

1—上接线端子 2—上静触头 3—上动触头 4—管帽 5—操作环 6—熔管 7—铜熔体 8—下动触头 9—下静触头 10—下接线端子 11—绝缘瓷瓶 12—固定安装板

图 2-4 RW4-10（G）型户外跌落式高压熔断器实物

正常运行时，利用令克棒将熔管上端的上动触头推入上静触头内锁紧，同时，下动触头与下静触头也相互压紧，接通电路。线路发生短路故障时，熔管内的熔体熔断，并形成电弧。熔管内由于电弧燃烧而分解出大量气体，使管内压力剧增，形成强烈的气流纵向吹弧，使电弧迅速熄灭。熔体熔断后，熔管的上动触头因失去张力而下翻，使锁紧机构释放熔管，在触头弹力及熔管自重作用下回转跌落，造成明显可见的断开间隙，兼起隔离开关的作用。

想一想

户外跌落式高压熔断器的灭弧原理是什么？

二、高压隔离开关

高压隔离开关（文字符号为 QS）的主要功能是隔离高压电源，保证工作人员安全检修电气设备和线路。其可用来通断一定的小电流，如励磁电流不超过 2 A 的空载变压器、电容电流不超过 5 A 的空载线路以及电压互感器和避雷器电路等，但不允许其带负荷操作。

高压隔离开关按照安装地点不同分为户内式和户外式两大类（见图 2-5~图 2-7）。

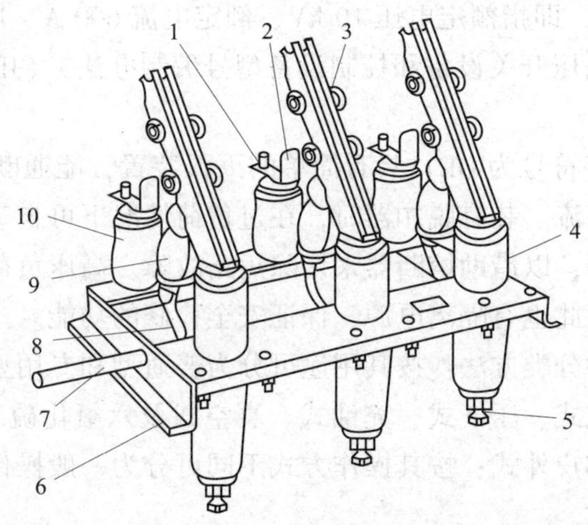

图 2-5　GN8-10/600 型户内式高压隔离开关结构

1—上接线端子　2—静触头　3—刀开关　4—套管绝缘子　5—下接线端子
6—框架　7—转轴　8—拐臂　9—升降绝缘子　10—支柱绝缘子

图 2-6　35 kV 户外式高压隔离开关应用现场（GW4-40.5 型）

图 2-7　户外式高压隔离开关实物

高压隔离开关全型号的表示和含义：

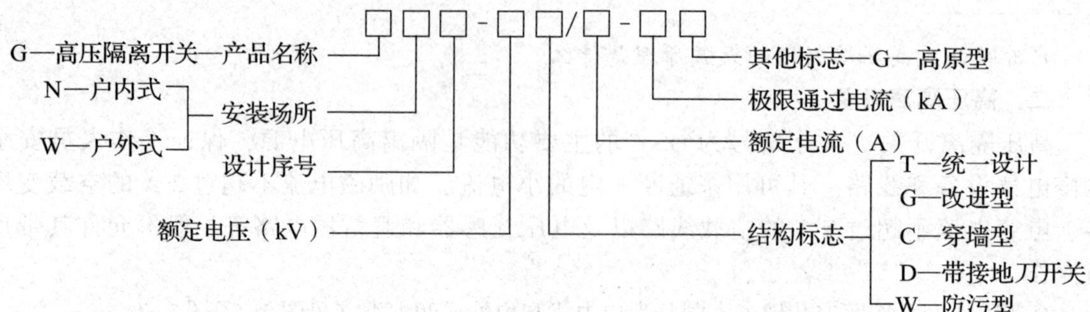

如：GN8-10/600 型，即指额定电压 10 kV、额定电流 600 A、户内 8 型高压隔离开关。

具体型号可查阅《高压开关设备和控制设备型号编制办法》（JB/T 8754—2018）。

三、高压负荷开关

高压负荷开关（文字符号为 QL）具有简单的灭弧装置，能通断一定的负荷电流和过负荷电流，不能断开短路电流。装有脱扣器时，在过负荷情况下可自动跳闸。高压负荷开关必须与高压熔断器串联使用，以借助熔断器来切除短路故障。高压负荷开关断开后，因其具有明显可见的断开间隙，因此也有隔离电源、保证安全检修的功能。

高压负荷开关有多种分类方法：按其用途可分为普通型和专用型两种；按其灭弧介质及灭弧方式不同可分为产气式、压气式、充油式、真空式及六氟化硫（SF_6）式等；按其安装地点不同可分为户内式和户外式；按其操作方式不同可分为一般操作式、频繁操作式、手动储能操作式和手动操作式。

高压负荷开关的结构和实物如图 2-8 至图 2-10 所示。

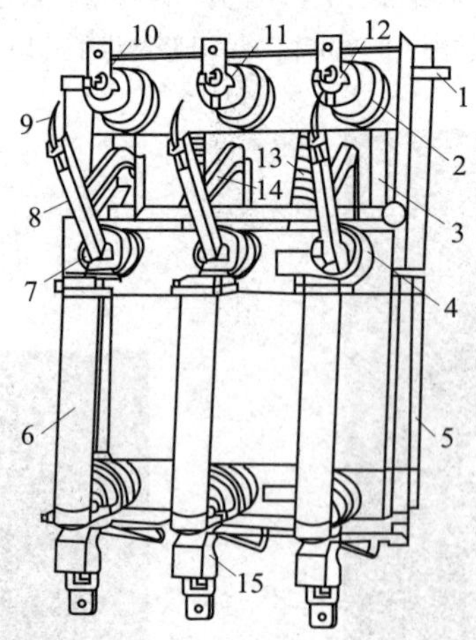

图 2-8　FN3-10RT 型户内式高压负荷开关结构

1—主轴　2—上绝缘子兼气缸　3—连杆　4—下绝缘子　5—框架　6—RN1 型高压熔断器　7—下触头　8—刀开关　9—弧动触头　10—绝缘喷嘴　11—主静触头　12—上触座　13—断路弹簧　14—绝缘拉杆　15—热脱扣器

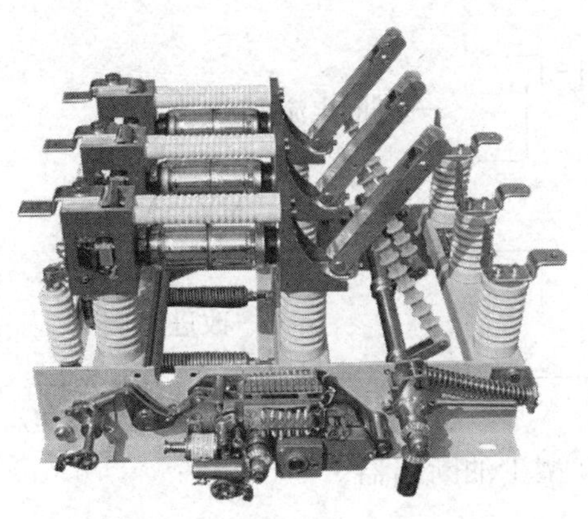

图 2-9　FZN16A-12 系列户内交流高压负荷开关实物

图 2-10　FZW36-40.5/D1250-20 型户外高压真空隔离负荷开关实物

高压负荷开关全型号的表示和含义：

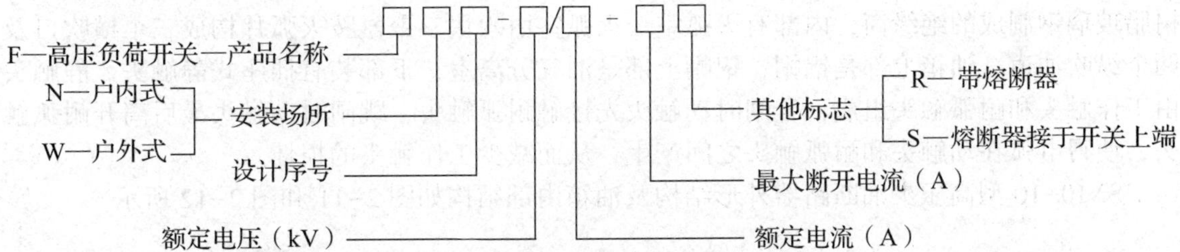

如：FN3-10RT 型，即指带熔断器和热脱扣器、额定电压 10 kV、户内 3 型压气式高压负荷开关。

高压负荷开关是用来在额定电压和额定电流下接通和断开高压电路的专用开关。它只允许接通和断开负荷电流，不允许断开短路电流，在与高压熔断器配合时，可代替断路器使用。

四、高压断路器

高压断路器（文字符号为 QF）不仅能通断正常负荷电流，还能接通和承受一定时间的短路电流。在短路时与继电保护装置配合自动跳闸，切除短路故障，保证电力系统及电气设备的安全运行。

高压断路器按采用的灭弧介质不同分为油断路器（又分为多油断路器和少油断路器）、六氟化硫（SF_6）断路器、真空断路器、压缩空气断路器、磁吹断路器等。其中，应用最广的是少油断路器，六氟化硫（SF_6）断路器、真空断路器的应用也越来越广，多油断路器和压缩空气断路器已基本淘汰。

高压断路器产品执行的标准为《高压交流断路器》（GB/T 1984—2014）。

高压断路器全型号的表示和含义：

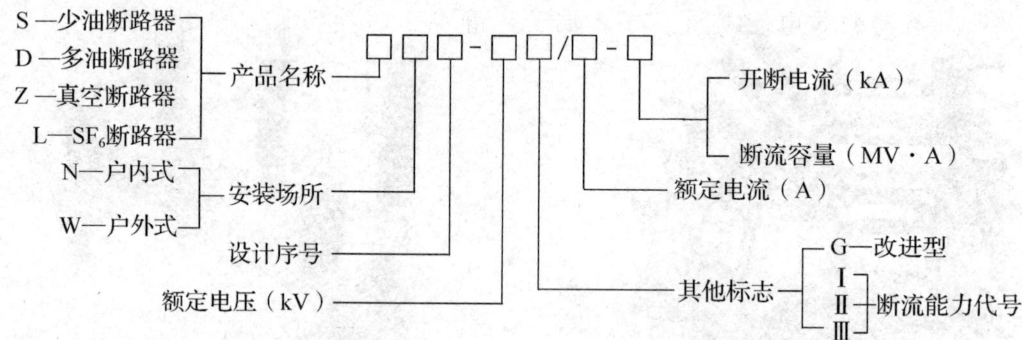

如：SN10-10 型，即指额定电压 10 kV、户内 10 型少油断路器。

1. 油断路器

油断路器按其油量多少和油的功能分为多油和少油两类。少油断路器的油只作为灭弧介质使用，而多油断路器的油既作为灭弧介质用又作为绝缘介质用。

SN10-10 型高压少油断路器由框架、传动机构和油箱三个主要部分组成。油箱下部是铸铁制成的基座，基座装有操作断路器动触头的转轴和拐臂等传动机构。油箱中部是采用环氧树脂玻璃钢制成的绝缘筒，内部有灭弧室。灭弧室由六块三聚氰胺灭弧片构成三个横吹口及两个纵吹油道。油箱上部是铝帽，铝帽上部是油气分离室，下部装有插座式静触头。静触头由工作触头和耐弧触头组成，合闸时动触头先接触耐弧触头，跳闸时动触头最后离开耐弧触头，使得电弧在动触头和耐弧触头之间产生，从而减少工作触头的损坏。

SN10-10 型高压少油断路器外形结构及油箱内部结构如图 2-11 和图 2-12 所示。

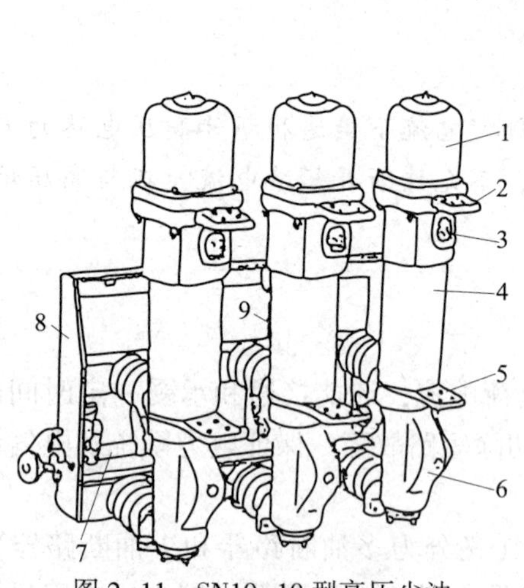

图 2-11　SN10-10 型高压少油断路器外形结构

1—铝帽　2—上接线端子　3—油标　4—绝缘筒　5—下接线端子　6—基座　7—主轴　8—框架　9—断路弹簧

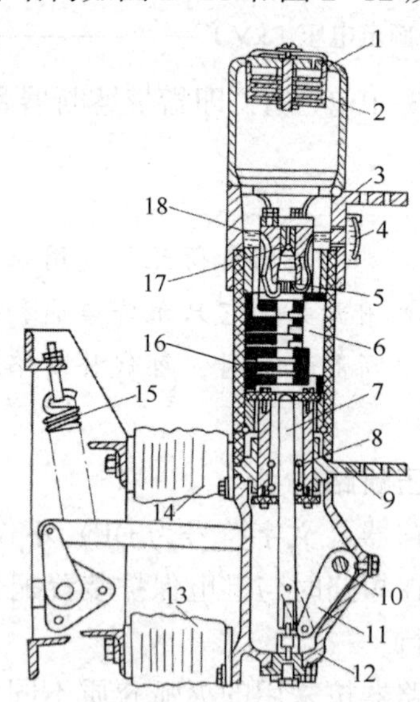

图 2-12　SN10-10 型高压少油断路器油箱内部结构

1—铝帽　2—油气分离器　3—上接线端子　4—油标　5—插座式静触头　6—灭弧室　7—动触头（导电杆）　8—中间滚动触头　9—下接线端子　10—转轴　11—拐臂　12—基座　13—下支柱绝缘子　14—上支柱绝缘子　15—断路弹簧　16—绝缘筒　17—逆止阀　18—绝缘油

这种断路器的导电回路是上接线端子→静触头→动触头→中间滚动触头→下接线端子。

知识链接

高压隔离开关和少油断路器之间的闭锁装置

高压隔离开关禁止带负荷操作，为了防止误操作事故的发生，往往在少油断路器与高压隔离开关之间加装闭锁装置（电动或机械），该装置能使少油断路器在合闸位置时，高压隔离开关拉不开，而在高压隔离开关断开时，断路器又合不上，以此避免造成事故。

2. 六氟化硫（SF_6）断路器

SF_6 断路器是利用 SF_6 气体作为灭弧和绝缘介质的断路器，具有优良的绝缘性能和灭弧特性。SF_6 是一种无色、无味、无毒且不易燃烧的惰性气体，物理、化学性能稳定。SF_6 具有良好的绝缘性能，有极强的灭弧能力。

图 2-13 所示为 LN2-10 型 SF_6 断路器，图 2-14 所示为 SF_6 断路器的应用现场，图 2-15 所示为 SF_6 断路器用作封闭式组合电器的外貌。

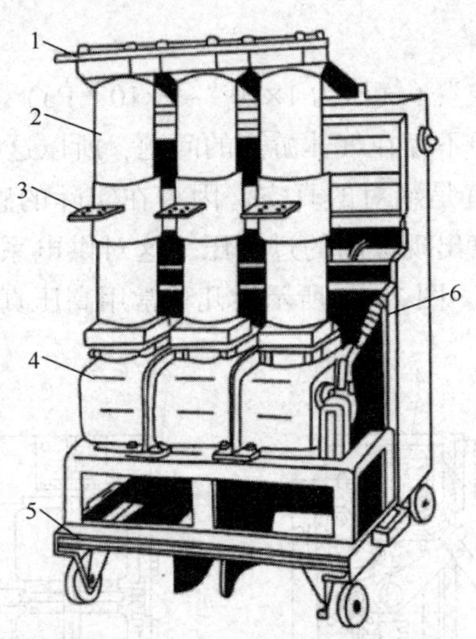

图 2-13　LN2-10 型 SF_6 断路器

1—上接线端子　2—绝缘筒（内为气缸及触头灭弧系统）　3—下接线端子
4—操动机构箱　5—小车　6—断路弹簧

SF_6 断路器具有灭弧能力强、允许开断次数多、寿命长、检修周期长、散热性能好、断流能力强等优点。但 SF_6 断路器对加工工艺与材料要求均较高，需要一套 SF_6 气体系统（其中包括密封性能良好的压缩机、冷门与专用的检漏仪）。SF_6 断路器主要用于需频繁操作及存在易燃、易爆危险的场所，特别是用作封闭式组合电器。

SF_6 封闭式组合电器在国际上称为“气体绝缘开关设备”，简称 GIS。它将一座变电所中除变压器以外的一次设备，包括断路器、隔离开关、接地开关、电压互感器、电流互感器、避雷器、母线、电缆终端、进出线绝缘套管等，经优化设计有机地组合成一个整体。

图 2-14　SF_6 断路器的应用现场

图 2-15　SF_6 断路器用作封闭式组合电器的外貌

3. 真空断路器

真空断路器是利用“真空”（气压为 $1\times10^{-6}\sim1\times10^{-2}$ Pa）灭弧的一种断路器，其触头装在真空灭弧室内。由于真空中不存在气体游离的问题，所以这种断路器在触头断开时很难发生电弧。应用中“真空”不宜是绝对的真空，因为在实际的感性负载电路中，灭弧速度过快，瞬间切断电流，会使电路出现极高的过电压，这对供电系统十分不利。图 2-16 所示为 ZN4-10 型真空断路器的结构，图 2-17 所示为几种常用高压真空断路器的实物。

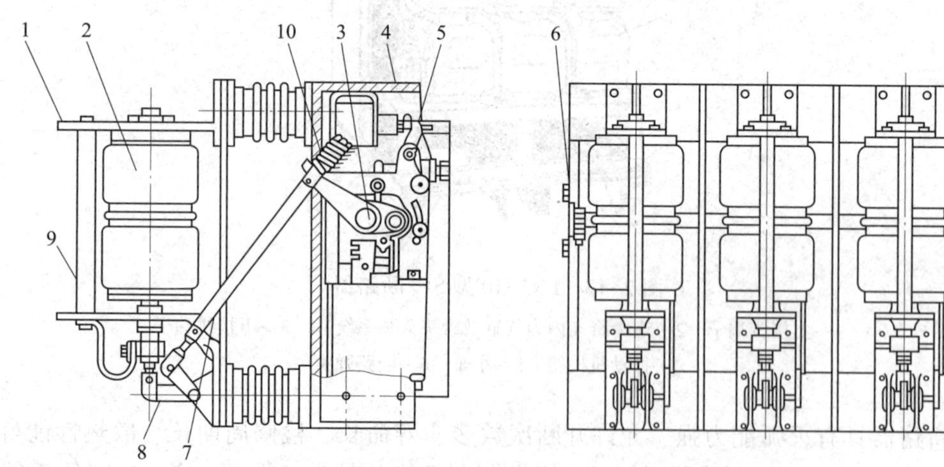

图 2-16　ZN4-10 型真空断路器的结构

1—接线板　2—灭弧室　3—机构主轴　4—支撑框架　5—操动机构
6—缓冲器　7—绝缘拉杆　8—拐臂
9—绝缘加强杆　10—压缩弹簧

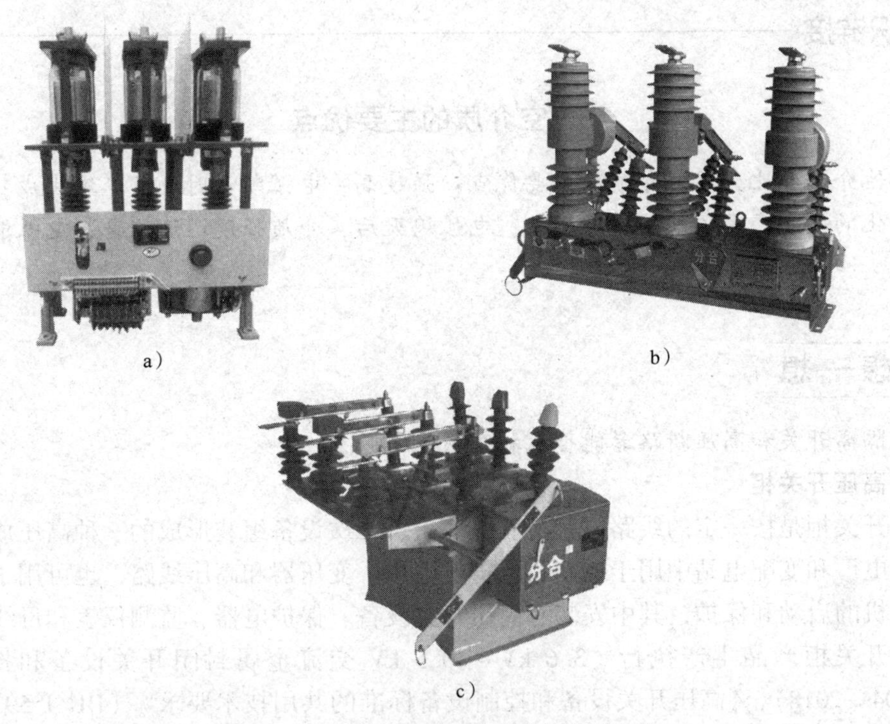

图 2-17　几种常用高压真空断路器的实物

a）ZN4-10 型真空断路器　b）ZW32-12 型真空断路器　c）ZW8-12 型真空断路器

几种常用高压断路器的优缺点对比见表 2-1。

表 2-1　　　　几种常用高压断路器的优缺点对比

类型	优点	缺点	适用
少油断路器	结构简单，易于制造和维修，价格低，使用方便；分断能力强，脱扣迅速，使用寿命长	故障时可能引起爆炸、燃烧；不适于频繁操作；燃弧时间长，动作较慢，检修周期短，维修工作量大	不适宜频繁操作的场所
六氟化硫（SF_6）断路器	灭弧能力强，易于制成断流能力大的断路器；允许断开次数多、寿命长、检修周期长，适于频繁操作；散热性能好、通流能力大；电绝缘性能好；无燃烧、爆炸危险；体积小，运行安全可靠	制造加工精度要求高，价格昂贵	频繁操作及存在易燃、易爆危险的场所（主要在室外）
真空断路器	体积小、质量小、寿命长、安全可靠、便于维护与检修；在密封的容器中灭弧，电弧和炽热气体不外漏；燃弧时间短，电弧电压低，电弧能量小，触头磨耗少，适于频繁操作；无燃烧、爆炸危险	易产生操作过电压；运行中不易监测真空度；维护工作量大及费用高	频繁操作、安全要求高的场所（主要在室内）

真空介质的主要优点

与其他介质相比，真空介质的主要优点：强度高；电弧断开时没有二次生成物产生；没有介质劣化的问题；无须采用冷却措施；电弧熄灭后，介质强度迅速恢复；电弧能量小，使用寿命长。

想一想

高压隔离开关和高压断路器能否互相替代？

五、高压开关柜

高压开关柜是按一定的线路方案将有关一次、二次设备组装形成的一种高压成套配电装置，在发电厂和变配电站中用于控制和保护发电机、变压器和高压线路，也可用于大型高压交流电动机的启动和保护，其中安装有高压开关设备、保护电器、监测仪表和母线、绝缘子等。高压开关柜产品生产执行《3.6 kV～40.5 kV 交流金属封闭开关设备和控制设备》（DL/T 404—2018）、《高压开关设备和控制设备标准的共用技术要求》（DL/T 593—2016）、《高电压试验技术 第1部分：一般定义及试验要求》（GB/T 16927.1—2011）等标准。

1. 高压开关柜全型号的表示和含义

老系列产品：

新系列产品：

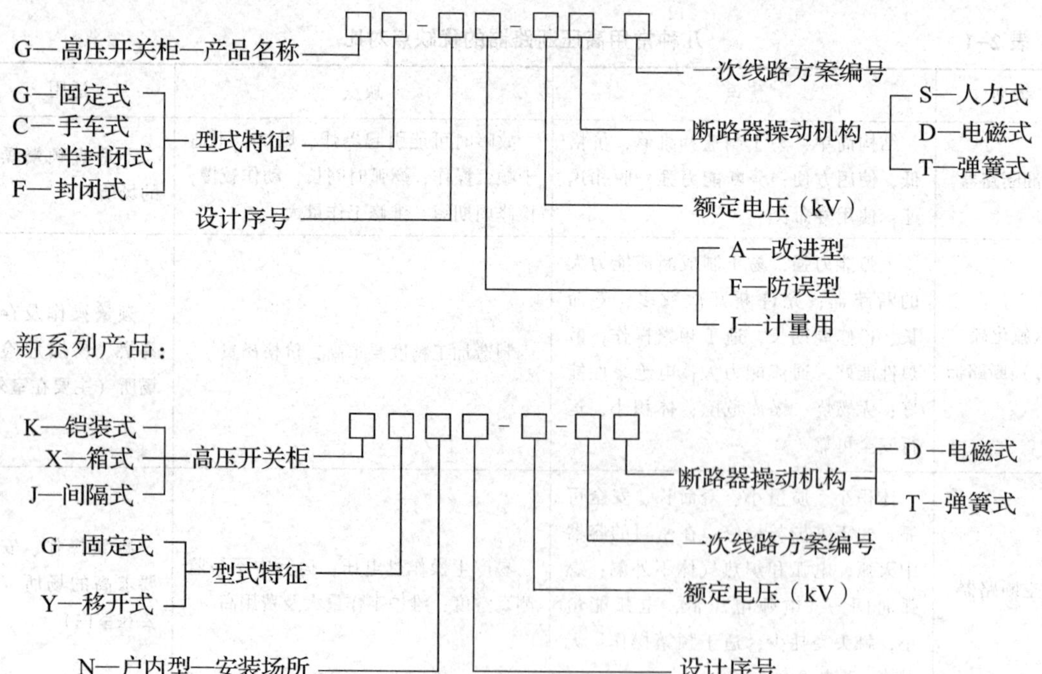

20世纪80年代以来，我国设计生产了一些符合国际电工委员会（IEC）标准的新型开关柜，如：KGN型铠装式固定柜、XGN型箱式固定柜、JYN型间隔式手车柜、KYN型铠装式手车柜及HXGN型环网柜等。

2. 高压开关柜的分类

（1）按断路器安装方式分为移开式（手车式）和固定式。

1）移开式（手车式）（用Y表示）。表示柜内的主要电气元件（如断路器）是安装在可抽出的手车上的，由于手车有很好的互换性，因此可以大大提高供电的可靠性。常用的手车类型有隔离手车、计量手车、断路器手车、电容器手车等，如KYN28A-12，还有GBC、GFC、JYN等型号。图2-18所示为GC-10（F）型高压开关柜（断路器手车未推入）。

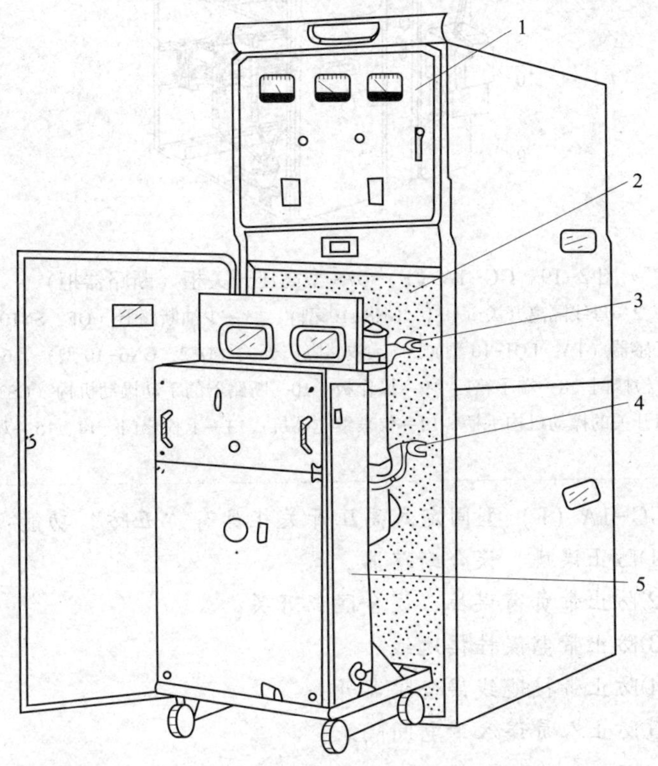

图2-18　GC-10（F）型高压开关柜（断路器手车未推入）

1—仪表屏　2—手车室　3—上触头（兼起隔离开关作用）
4—下触头（兼起隔离开关作用）　5—SN10-10型断路器手车

2）固定式（用G表示）。表示柜内所有的电气元件（如断路器或负荷开关等）均为固定安装的，固定式高压开关柜有GG-1A（F）、GG-10、GG-15、GSG-1A、KGN等型号，由于比较经济，在一般中小型工厂中被广泛使用，但发生故障时需停电检修，且检修人员要进入带电间隔（带电间隔是指在高压开关柜内高压线路和控制开关各部分之间的空气间隔），检修好后方可供电，延长了恢复供电的时间。图2-19所示为GG-1A（F）-07S型高压开关柜（断路器柜）。

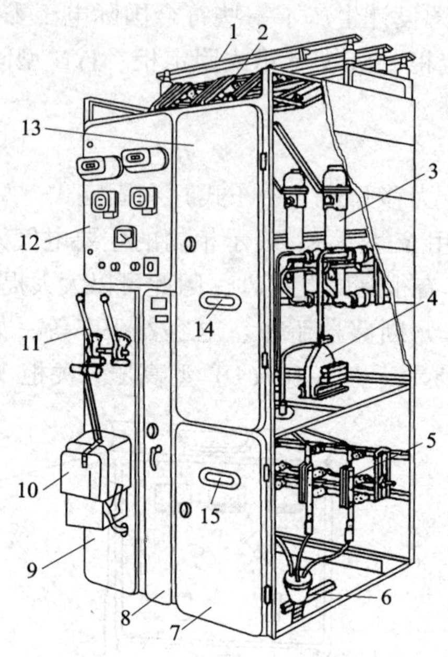

图 2-19　GG-1A（F）-07S 型高压开关柜（断路器柜）

1—母线　2—母线隔离开关（QS1，GN8-10 型）　3—少油断路器（QF，SN10-10 型）
4—电流互感器（TA，LQJ-10 型）　5—线路隔离开关（QS2，GN6-10 型）　6—电缆头
7—下检修门　8—端子箱门　9—操作板　10—断路器的手动操动机构（CS2 型）
11—隔离开关的操动机构手柄　12—仪表继电器屏　13—上检修门　14、15—观察窗口

GG-1A（F）型固定式高压开关柜具有“五防”功能：
①防止误跳、误合断路器。
②防止带负荷误拉、误合隔离开关。
③防止带电误挂接地线。
④防止带接地线误合隔离开关。
⑤防止人员误入带电间隔。

（2）按开关柜安装地点分为户内式和户外式。

1）用于户内（用 N 表示）。表示只能在户内安装使用，如 KYN28A-12 型等开关柜。

2）用于户外（用 W 表示）。表示可以在户外安装使用，如 XLW 型等开关柜。

（3）按柜体结构可分为金属封闭铠装式开关柜、金属封闭间隔式开关柜、金属封闭箱式开关柜和敞开式开关柜四大类。

1）金属封闭铠装式开关柜（用字母 K 来表示）的主要组成部件（如断路器、互感器、母线等）分别装在接地的用金属隔板隔开的隔室中，如 KYN28A-12 型高压开关柜（见图 2-20）。

2）金属封闭间隔式开关柜（用字母 J 来表示）与铠装式金属封闭开关设备相似，其主

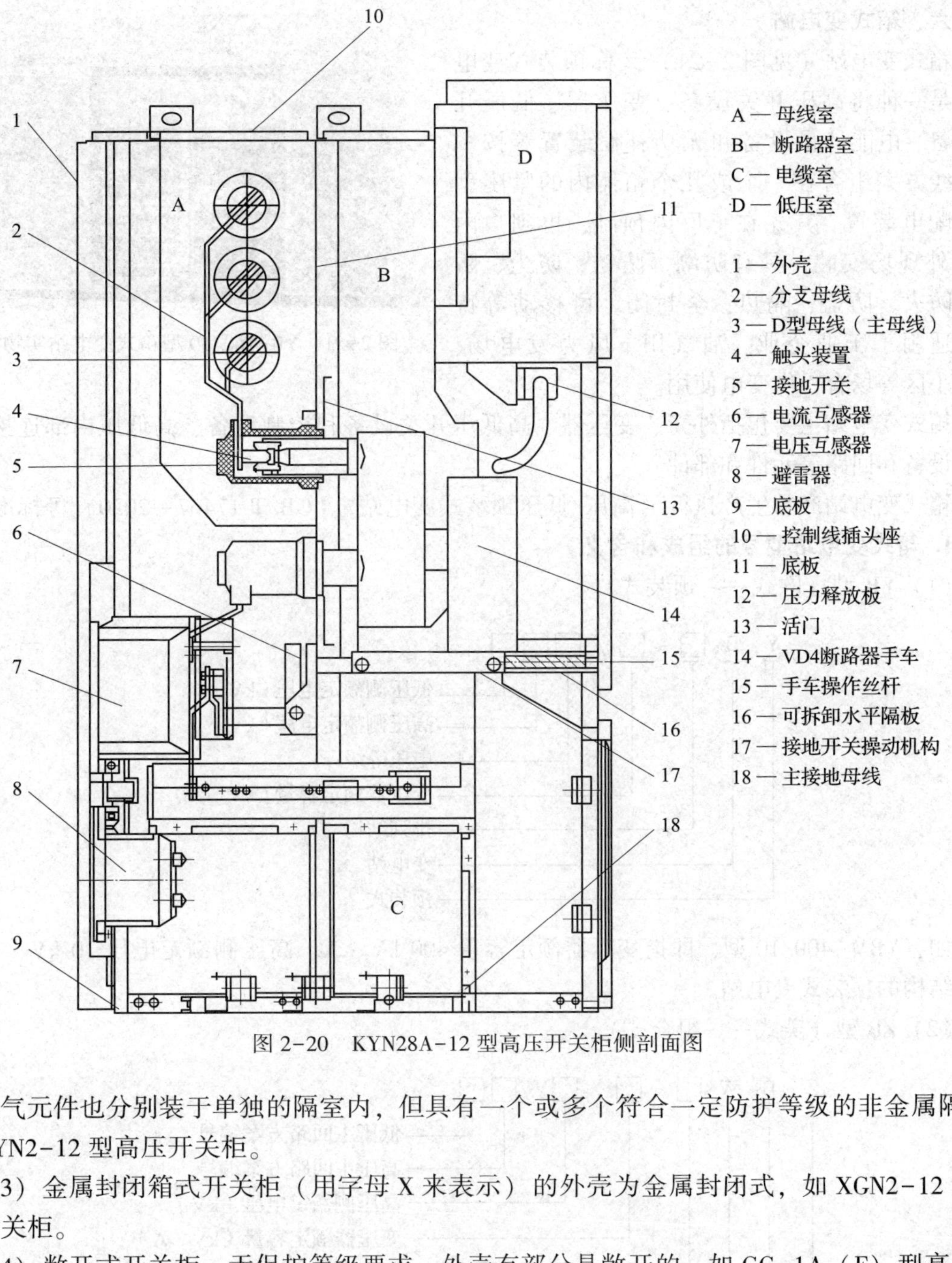

A — 母线室
B — 断路器室
C — 电缆室
D — 低压室

1 — 外壳
2 — 分支母线
3 — D型母线（主母线）
4 — 触头装置
5 — 接地开关
6 — 电流互感器
7 — 电压互感器
8 — 避雷器
9 — 底板
10 — 控制线插头座
11 — 底板
12 — 压力释放板
13 — 活门
14 — VD4断路器手车
15 — 手车操作丝杆
16 — 可拆卸水平隔板
17 — 接地开关操动机构
18 — 主接地母线

图 2-20　KYN28A-12 型高压开关柜侧剖面图

要电气元件也分别装于单独的隔室内，但具有一个或多个符合一定防护等级的非金属隔板，如 JYN2-12 型高压开关柜。

3）金属封闭箱式开关柜（用字母 X 来表示）的外壳为金属封闭式，如 XGN2-12 型高压开关柜。

4）敞开式开关柜，无保护等级要求，外壳有部分是敞开的，如 GG-1A（F）型高压开关柜。

高压开关柜的安装、接线要执行《电气装置安装工程 盘、柜及二次回路接线施工及验收规范》（GB 50171—2012）等标准。

六、箱式变电站

图 2-21　YB-160/10 型箱式变电站实物

箱式变电站（见图 2-21）又称预装式变电站，是一种将高压开关设备、变压器、低压开关设备、电能计量设备和无功补偿装置等按一定接线方案组合在一个或几个箱体内的紧凑型成套配电装置。其先在工厂内预制，再到户内或户外现场安装，具有防潮、防锈、防尘、防鼠、防火、防盗、隔热、全封闭、可移动等特点，适用于工业企业、油气田、风力发电场、居民小区等场合，供变电使用。

箱式变电站主要包括外壳、变压器、高低压开关设备和控制设备、高低压内部连接线、辅助设备和回路等元件和部件。

箱式变电站产品生产执行《高压/低压预装式变电站》（GB/T 17467—2020）等标准。

1. 箱式变电站型号的组成和含义

（1）YB 型（欧式——预装式）。

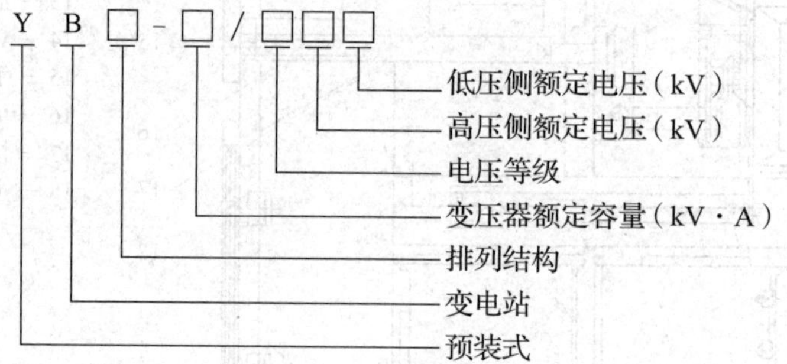

如：YBM-400/10 型，即指变压器额定容量 400 kV · A、高压侧额定电压 10 kV、户外目字结构的预装式变电站。

（2）ZB 型（美式——组合式）。

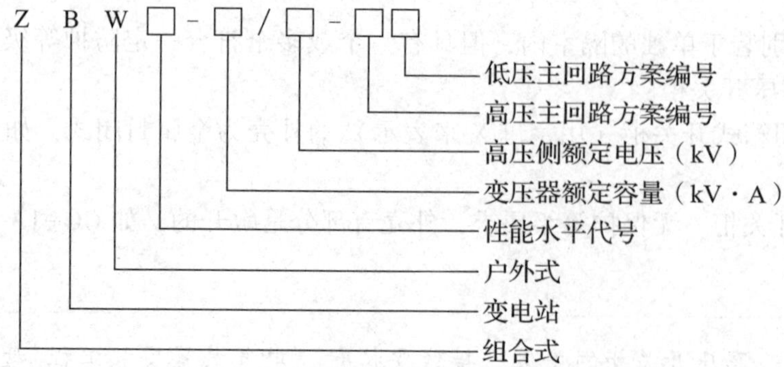

如：ZBW-160/10 型，即指变压器额定容量 160 kV · A、高压侧额定电压 10 kV 的高压/低压预装式变电站。

（3）YB 型（中式——预装智能一体化）。

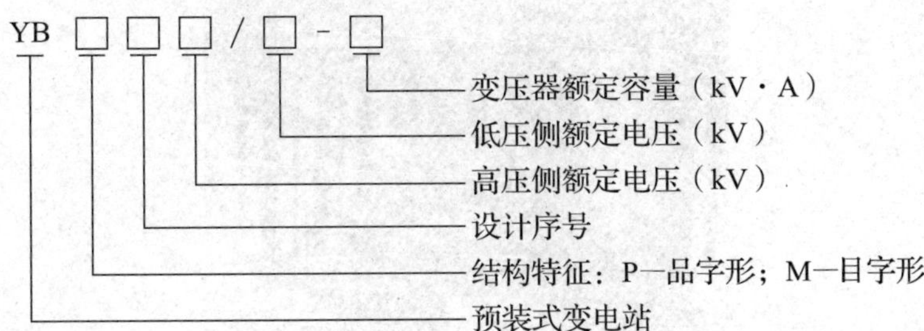

如：YBM212/0.4-200 型，即指变压器额定容量 200 kV·A、高压侧/低压侧额定电压 12 kV/0.4 kV、二代目字结构的预装式变电站。

2. 箱式变电站的分类

（1）按壳体不同分为复合板式、景观式、铁壳式等。

（2）按安装地点不同分为户外式、户内式等。

（3）按结构不同分为目字形、品字形等。

3. 箱式变电站的结构

箱式变电站由高压配电装置、变压器及低压配电装置连接而成，分成三个功能隔室，即高压室、变压器室和低压室。各个隔室可排布为目字形、品字形。变压器室根据需要配置自动强迫风冷系统、自动照明装置、防止凝露威胁安全运行的除湿装置等。

七、自动线路分段器和重合器

1. 自动线路分段器

自动线路分段器（见图 2-22）是一种与电源侧前级开关设备相配合，在无电压或无电流下自动分闸的开关设备。分段器不能断开短路电流，但能断开或接通负荷电流。电压型分段器可断开短路电流，电流型分段器不能断开短路电路。自动线路分段器通常与上级开关设备配合使用，起线路隔离、分段的作用，尤其适用于线路长、分支多的架空配电线路。

图 2-22　FDK 型跌落式自动线路分段器

分段器配有控制、通信装置和操动机构，能实现按功能设计要求的分、合闸操作和向配电网的控制中心传送信号。

分段器的功能包括：自动监测线路的工作状态，判断线路是否发生短路故障；一旦线路电流超过额定启动电流，分段器就自动对其电源侧的重合器（或断路器）断开故障电流的次数进行记数；如果在达到整定的记数次数之前，故障已经消失，分段器将在一定时间内对已有的记数保持记忆。

自动线路分段器的操作包括液压控制及电子控制两种，通常要与自动重合器串联使用。

2. 自动重合器

自动重合器（见图 2-23）是一种自身具有控制及保护功能的高压开关设备。它由柱上

图 2-23　ZCW-10 型自动重合器

断路器及相应的控制、保护元件等构成。它能够按照预定的断开和重合顺序在线路中自动执行断开和重合操作，并在其后自动复位和闭锁，即自动重合器本身具有故障电流（包括过电流和接地电流）检测和操作顺序控制与执行功能，无须附加继电器保护装置和操作电源。

自动重合器最适宜装在负荷沿线分布的 10~35 kV 架空配电线路的较长干线或较大分支上，起分段保护和隔离作用。借助于自动重合器的作用，当线路发生瞬时性故障时，不影响用户用电；发生永久性故障时，可限制停电范围。自动重合器也可装在变电所内，作为 10~35 kV 出线的主保护开关设备，无须附加继电保护屏和操作电源。

自动重合器还具有以下特殊功能：

（1）自动监测线路工作状态。

（2）自动判断故障性质。

（3）自动记忆、消除记忆和复位。

（4）双时反时限时间——电流特性。

（5）操作顺序可在安装现场设定与变更。

（6）可实现有线、无线、载波和光纤等远距离遥控和通信。

目前，自动重合器已由整体式发展为分体式，且能适应不同的电网接线和要求，运行效果良好，更由于用户对供电可靠性的要求日益增高，自动重合器应用日趋广泛。

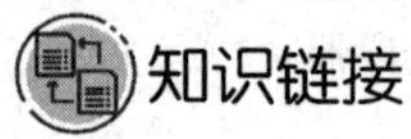

知识链接

直流电源屏

直流电源屏又称直流电源柜、直流成套开关设备，是变电站中的高压开关柜等电力设备操作电源和信号报警设备。其主要由交流电源、整流装置、充电（稳流+稳压）机、蓄电池组、直流配电系统、绝缘监测系统、综合控制器、闪光系统、通信系统等组成，是电力系统控制、保护的基础。

直流电源屏的型号及含义如下：

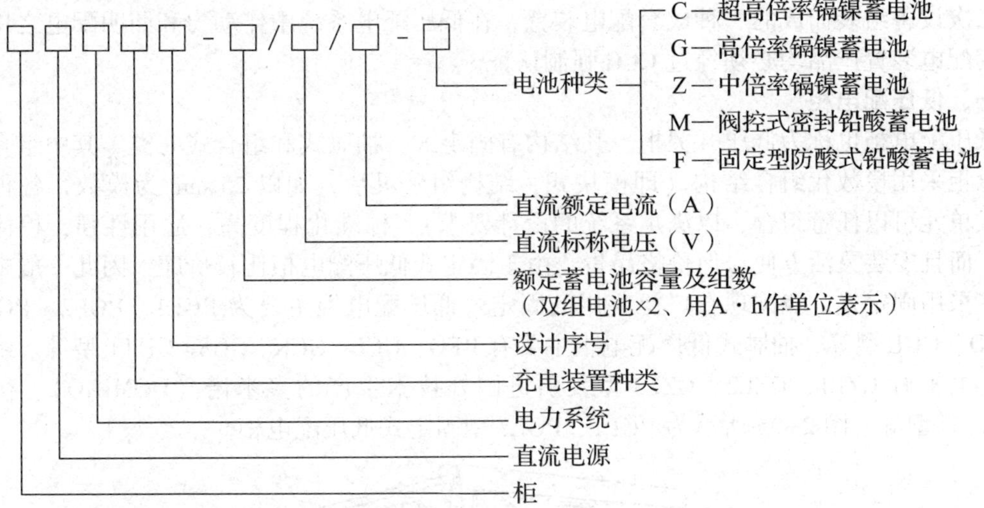

如：GZDW-20 Ah/220 型直流电源柜（见图 2-24），即指蓄电池容量 20 A·h、直流标称电压 220 V 的微机控制电力系统用直流电源柜。

图 2-24　GZDW-20 Ah/220 型直流电源柜

直流电源屏产品生产执行《电力用直流电源设备》（DL/T 459—2017）、《电力工程直流电源设备通用技术条件及安全要求》（GB/T 19826—2014）、国家电网公司的《直流电源系统技术标准》等标准。

§2-2　低压成套配电装置

学习目标

掌握低压配电柜、低压配电箱的作用、型号含义等。

低压成套配电装置包括低压配电柜和低压配电箱等，都是按一定的线路方案将有关一次、二次设备组装而成的一种成套配电装置，在低压配电系统中作动力和照明配电之用。低压成套配电装置产品均必须经过 CCC 强制认证。

一、低压配电柜

低压配电柜也称为低压开关柜，其结构有固定式、抽屉式和组合式三类。其中组合式低压配电柜采用模数化组合结构（即模块式，结构组装灵活，如以 25 mm 为模数，各种大小抽出式单元可以任意组合，以满足系统的设计要求），标准化程度高，通用性强，柜体外形美观，而且安装灵活方便，但价格昂贵。由于固定式低压配电柜比较价廉，因此一般中小型工厂多采用固定式。我国现在广泛应用的固定式低压配电柜主要为 PGL1、PGL2、PGL3 型和 GGD、GGL 型等。抽屉式低压配电柜主要有 BFC、GCL、GCK、GCS、GHT1 型等。组合式低压配电柜有 GZL1、GZL2、GZL3 型及引进国外技术生产的多米诺（DOMINO）、科必可（CUBIC）型等。图 2-25 所示为 PGL1、PGL2 型固定式低压配电柜。

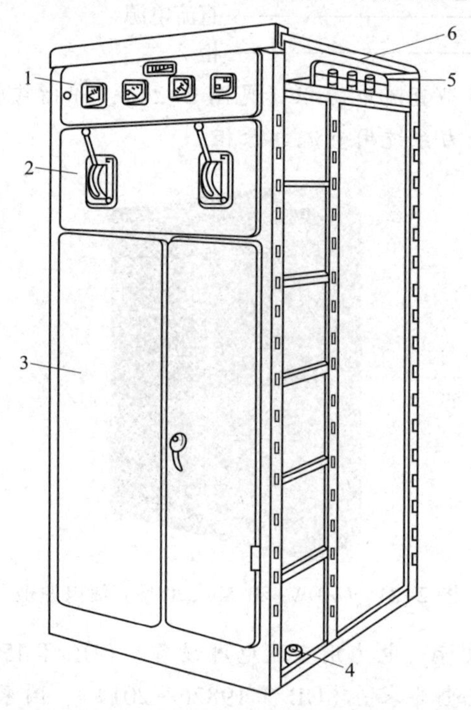

图 2-25　PGL1、PGL2 型固定式低压配电柜

1—仪表盘　2—操作盘　3—检修门　4—中性母线绝缘子
5—母线绝缘框　6—母线防护罩

我国生产的老系列低压配电柜型号和含义：

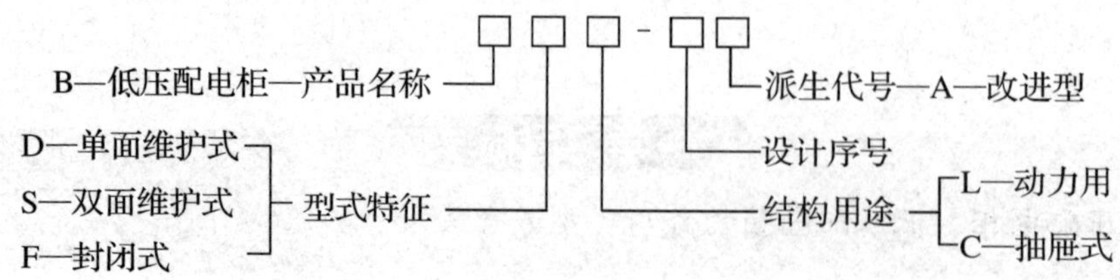

我国生产的新系列低压配电柜型号和含义：

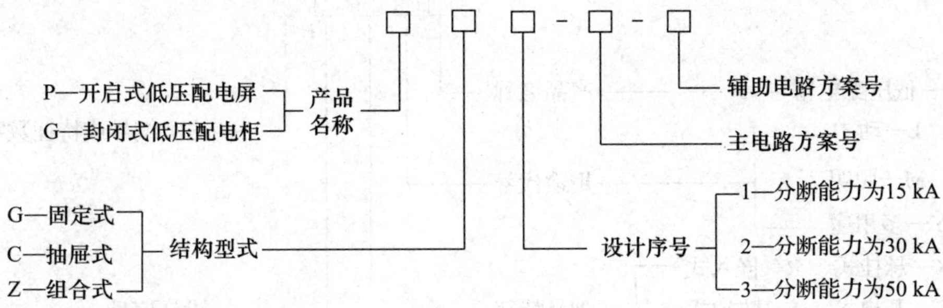

二、低压配电箱

低压配电箱按用途分为动力配电箱和照明配电箱两种。动力配电箱主要用于动力设备配电，但也可以兼用于照明设备配电。照明配电箱主要用于照明配电，但也可以给一些小容量的单相动力设备（包括家用电器）配电。

低压配电箱按安装方式分，有靠墙式、悬挂式和嵌入式等。靠墙式是靠墙安装，悬挂式是挂墙明装，嵌入式是嵌墙暗装。

常用的低压配电箱型号很多，动力配电箱有 XL-3、XL-10、XL-20 型等，照明配电箱有 XM4、XM7、XM10 型等。此外，还有多用途配电箱，如 DYX（R）型，它兼有上述动力和照明配电箱的功能。图 2-26 所示为 DYX（R）型多用途低压配电箱的箱面布置示意图。

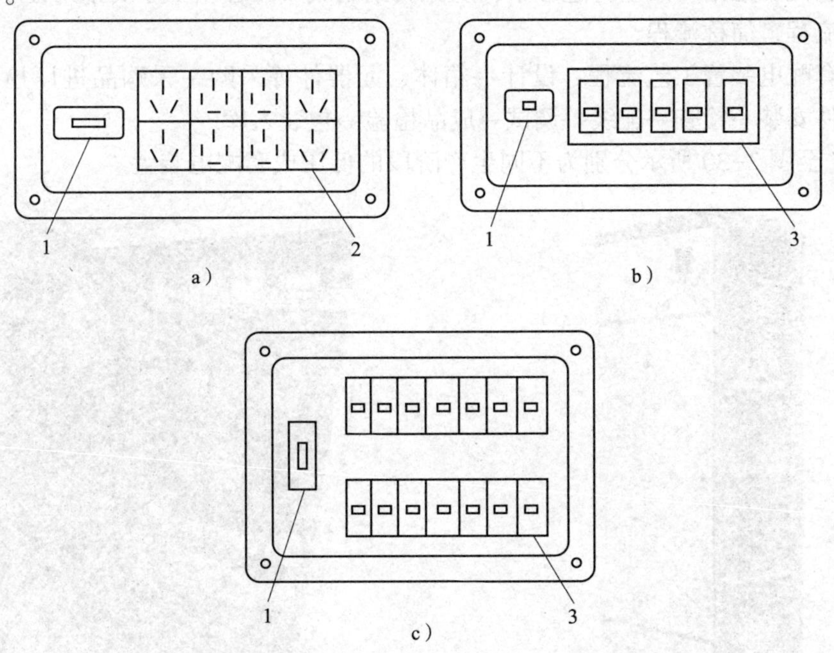

图 2-26　DYX（R）型多用途低压配电箱的箱面布置示意图

a）插座箱　b）照明配电箱　c）动力照明配电箱

1—电源开关（模数化小型断路器）　2—插座　3—小型开关（模数化小型断路器）

我国生产的低压配电箱型号和含义：

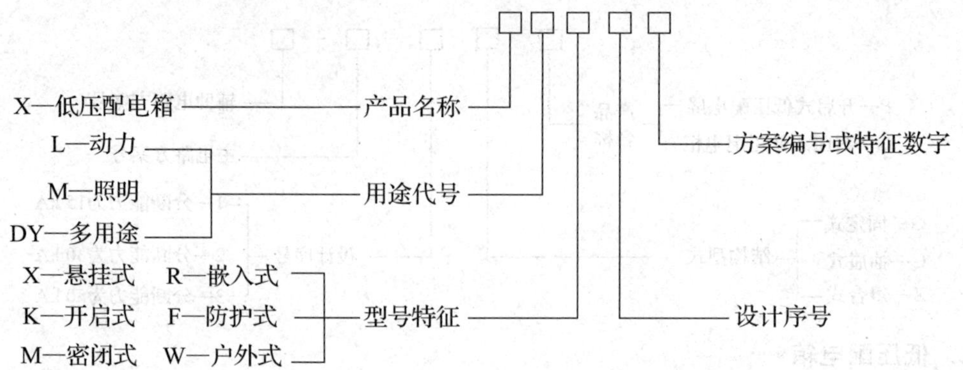

低压配电箱的安装及验收要执行《建筑电气工程施工质量验收规范》（GB 50303—2015）等标准。

三、低压成套配电装置的配线

1. 产品标准

低压成套配电装置产品生产执行《低压成套开关设备和控制设备 第 2 部分：成套电力开关和控制设备》（GB/T 7251.2—2023）、《低压成套开关设备和控制设备 第 8 部分：智能型成套设备通用技术要求》（GB/T 7251.8—2020）等标准。

2. 产品工艺流程

产品工艺流程是指产品生产过程中，从原料到制成成品各项工序安排的程序，也称加工流程或生产流程，简称流程。

低压成套配电装置工艺流程：设计→箱体、元器件等采购→采购品进厂检验→母线加工→电气元件安装→检查→配线→调试→成品检验→包装入库。

图 2-27 至图 2-30 所示分别为不同生产阶段的低压成套配电装置。

图 2-27 低压成套配电装置柜体（空壳）

图 2-28 低压成套配电装置器件安装及部分配线

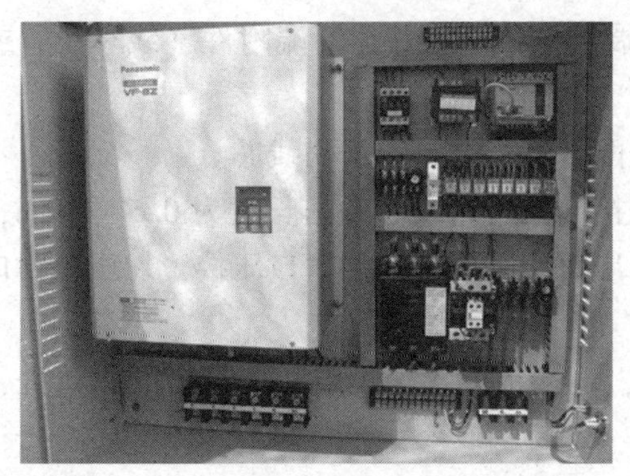

图 2-29 低压成套配电装置器件安装及配线完成

图 2-30 抽出式低压配电柜成品

3. 工艺要求

(1) 电气元件安装工艺要求（略），参看“技能训练”相关知识。

(2) 接线（配线）工艺要求。

1) 按二次接线图进行施工，接线正确。

2) 配线整齐、美观，导线绝缘良好、无损伤。

3) 导线选用黑色，二次保护接地线为黄绿双色线，工程有特殊要求时则按工程要求选线。

4) 电流回路采用 2.5 mm^2 导线，其他回路采用 1.5 mm^2 导线，电子元件回路采用焊锡连接时，在满足载流量和电压降及有足够机械强度的情况下，可采用不小于 0.5 mm^2 截面的导线。

5) 导线与电气元件采用螺栓连接、插接、焊接等，导线的芯线应无损伤。

6) 每个接线端子应只接一根导线，最多不超过两根（只有当该端子或接线柱是为接两根导线而专门设计的时才允许接两根导线）。

7) 用于连接可动部分（如门上的电器）的导线应采用多股软导线，并留有适量的裕度。导线根数超过 35 根时分两股捆扎，超过 70 根时分三股捆扎。用于连接固定不动单元上的电气元件的导线可采用单股导线或多股软导线。

8) 手车式高压开关柜下门上的电气元件导线应采用多股导线，并套上波纹管，当门上元件过多、二次线过粗时（二次线多于 35 根），可将二次线分股套两根以上波纹管，波纹管两端用走线卡固定在弯板上，裕度要参照 7) 的要求。过门线护线波纹管长度见表 2-2。

表 2-2　　过门线护线波纹管长度

产品型号	波纹管长度/(mm/台)	备注
JYN□-10	350	二次线束少于 35 根
KYN□-10	350	二次线束少于 35 根
F-C 左右	500	二次线束少于 35 根
F-C 上下	1 300	二次线束少于 35 根

9）多股软导线在与电气元件接点连接时端部应绞紧，并加终端附件（线鼻子，或称冷压端头），线芯不得有松散或断股现象。

①用剥线钳剥去导线绝缘层，钳口与线径配合适当，不得损伤线芯。

②将线芯穿上线鼻子，线芯穿过线鼻子压接部位后，线芯外露长度为 0.5~1 mm，用冷压钳压接，压接时，不同规格的线鼻子应用冷压钳上对应规格的钳口压接，加压至钳口完全闭合。

③TO、TU 型冷压端头用冷压钳进行压接，将端头放入冷压钳相应规格的钳口处，加压至钳口完全闭合。

④打开冷压钳，将端头拿出即可。

⑤以上两种线鼻子压接后，用力拔一下线鼻子，线鼻子不允许松动或脱落。

10）单股导线用螺钉固定时，单股导线应曲圆，曲圆内径比接线螺钉直径大 0.5~1 mm。用螺钉紧固时，所曲圆圈的方向应与螺母旋紧方向一致。

11）所配导线的两端应用号码管，号码管的编号应正确，发现有错时，不得用笔擅自涂改，应通知打字员重新打印号码。号码的视读方向在装配位置以开关板维护面为准，字的顺序自下而上，自左而右。

12）各导线号码管长度应基本一致。

13）线束中导线不能有明显的交叉现象，应横平竖直，导线改变弯曲方向时，用手指或圆嘴钳弯曲，不得用尖嘴钳等锋利工具弯曲导线。

14）导线弯曲半径（内径）应大于导线直径的两倍。

15）线束穿越金属孔或在过门处、转角处，应在线束穿越部分缠上胶带。过门处胶带要求缠 2~3 层，长度约 60 mm，其他位置则视情况而定，应保证孔的两侧胶带各留有20 mm 以上的裕量。

16）导线接入电气元件接点时，线芯曲圆应符合顺时针方向。同一接点接两根硬线时，硬线之间要加平垫；当两根导线有一根硬线、一根软线时，软线在下，其间可不加平垫。

17）当悬挂线束未固定长度超过 300 mm 时，应固定导线。

用线卡固定线束时，应先用螺钉、弹垫、平垫将线卡固定于角钢适当位置，再用尼龙扎带将线束固定在线卡上。

对于固定式开关柜，在用线卡固定线束时，应固定在角钢内侧，不影响并柜及后盖板安装。

18）线束与一次母线间应有大于表 2-3 中规定的距离。

表 2-3　线束与一次母线间的距离

额定电压/kV	0.4	3	6	10	35
距离/mm	15	75	100	125	300

二次回路的裸露带电部件（位）间或裸露带电部件（位）与金属骨架间的电气间隙应

不小于 4 mm，爬电距离应不小于 6 mm 。

19）当二次线须用电烙铁焊接时，要用松香助焊剂，不得用焊油与盐酸。

20）在母线上接二次线时，在母线上钻 ϕ6 的孔，用 M5 螺栓连接。导线线芯与母线之间可不加平垫圈。同一侧最多接两根导线。对于用螺栓连接母线和二次线不方便的地方（如断路器出、进线处），母线上的二次线安装孔应改为 M5 的螺纹孔。

21）对于不使用的线头（如修改设计后取消的导线），在剪断后，其线芯侧应用绝缘胶布包扎起来，尽量隐蔽，不要将其露在线束表面。

22）所有螺钉紧固件必须加弹垫、平垫和螺母进行紧固。紧固后螺钉应露出 2~5 扣。

23）各接地线连接处表面应清理干净，不得有油漆或锈斑。

24）二次回路有大线（一般指主回路连接线）连接时，按串联回路中电气元件的最小额定电流（熔断器中的熔体和热元件除外）选择导线截面。此截面的导线长期使用电流不得小于串联回路中电气元件的最小额定电流。常用导线的载流量见表 2–4。

表 2–4　　常用导线的载流量

安全载流量/A	12	15	18	25	34	43	60	80	100	130
标称截面 S/mm^2	0. 75	1	1. 5	2. 5	4	6	10	16	25	35

注：标称截面 $S \geqslant 4$ mm^{2}的为大线部分。

四、施工现场临时用电配电箱安装规范

用于施工现场临时用电的总配电箱、分配电箱和开关箱的安装要符合《施工现场临时用电安全技术规范》（JGJ 46—2005）等标准。

1. 施工现场的配电系统应设置总配电箱、分配电箱、开关箱（末级配电箱），实行三级配电。配电系统要保证三相负荷平衡。

2. 总配电箱以下可设置若干分配电箱，分配电箱以下可设置若干开关箱。总配电箱应设置在靠近电源的区域，分配电箱应设置在用电设备或负荷相对集中的区域，分配电箱与开关箱的距离不得超过 30 m，开关箱与其控制的固定式用电设备的水平距离不宜超过 3 m。

3. 每台设备必须有专用的开关箱，不得用同一个开关箱直接控制两台及以上用电设备（含插座）。

4. 动力配电箱与照明配电箱宜分别设置。当合并设置时，动力和照明应分路配电。动力开关箱与照明开关箱必须分设。

5. 配电箱、开关箱应装设在干燥、通风及常温场所，不得装设在有严重损伤作用的瓦斯、烟气、潮气及其他有害介质中，也不得装设在易受外来固体撞击、强烈振动、液体浸溅及热源烘烤的场所。否则，应予以清除或做防护处理。

6. 配电箱、开关箱周围应有足够两人同时工作的空间和通道，不得堆放任何妨碍操作、维修的物品，不得有灌木、杂草等。

7. 配电箱、开关箱应采用冷轧钢板或阻燃绝缘材料制作，钢板厚度为 1. 2~2. 0 mm。其中，开关箱箱体钢板厚度不得小于 1.2 mm，配电箱箱体钢板厚度不得小于 1.5 mm。箱门均应装设加强筋，箱体表面应做防腐处理。

8. 配电箱、开关箱要装设端正、牢固。固定式配电箱、开关箱的中心点与地面的垂直距离应为 1.4~1.6 m。移动式配电箱、开关箱应装设在坚固、稳定的支架上，其中心点与地面的垂直距离宜为 0.8~1.6 m。户外落地安装的配电箱，其底部与地面的垂直距离应不小于 0.2 m。

9. 配电箱、开关箱内的电器（含插座）应先安装在金属或非木质阻燃绝缘电器安装板上，不得歪斜和松动，然后再整体紧固在配电箱、开关箱箱体内。金属电器安装板与金属箱体应做电气连接。

10. 配电箱的电器安装板上必须分设 N 线端子板和 PE 线端子板。N 线端子板必须与金属电器安装板绝缘，PE 线端子板必须与金属电器安装板采用相同的电气连接。进出线中的 N 线必须通过 N 线端子板连接。

总配电箱 N 线端子板和 PE 线端子板的接线点数应为 $n+1$（n 为配电箱的回路数）；分配电箱 N 线端子板和 PE 线端子板的接线点数应为两个以上；开关箱应设 N 线端子和 PE 线端子。

11. 配电箱、开关箱内的连接导线必须采用铜芯绝缘导线，连接导线不应有接头及线芯损伤、断股等现象。导线绝缘的颜色标识：相线 L1（U）、L2（V）、L3（W）的颜色依次为黄、绿、红色；N 线的颜色为淡蓝色；PE 线的颜色为黄绿双色。

导线排列应整齐，导线分支接头不得采用螺栓压接，应采用焊接并做绝缘包扎，不得有外露带电部分。

配电箱内导线与电气元件的连接应牢固、可靠。导线端子规格与线芯截面适配，接线端子应完整，不应减小截面积。

12. 配电箱、开关箱的金属箱体、金属电器安装板以及正常情况应不带电的金属底座、外壳等必须通过 PE 线端子板与 PE 线做电气连接（可靠接地），金属箱门与金属箱体必须通过编织软铜线做电气连接。

13. 配电箱、开关箱的箱体尺寸应与箱内电器的数量、尺寸相适应。配电箱、开关箱内电器安装板上电气元件的间距：垂直方向应不小于 80 mm，水平方向应不小于 30 mm，电器至板边应不小于 40 mm。

14. 配电箱、开关箱中导线的进出线口应设在箱体的下底面。进出线口应配置固定线卡，进出线需加绝缘护套并成束，卡固在箱体上，不得与箱体直接接触。进出线不应承受外力。

移动式配电箱、开关箱的进出线应采用橡胶护套软电缆，不准有接头。箱体支架的横梁上应预留进出线固定孔。

15. 配电箱、开关箱外形结构应能防雨、防尘，防护等级应符合要求。

16. 配电箱应有名称、编号、系统图及分路标记。

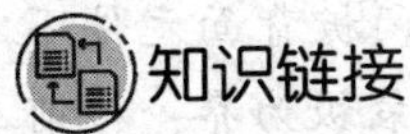

低压成套配电装置元器件装配工艺要求

1. 装配工艺要求

(1) 检查产品型号、元器件型号、规格、数量等与图纸是否相符，不相符时不得安装。

(2) 检查元器件有无损坏，如果损坏，不得安装。

(3) 组装前必须擦净元器件上的尘土及油污。

(4) 具备装配图纸的产品必须按图安装。

(5) 元器件安装必须满足以下条件：

1) 操作方便。在操作元器件时不应受到空间的妨碍，不应有触及带电体的可能。

2) 维修容易。能够较方便地更换元器件及维修连线。

3) 各种电气元件和装置的电气间隙、爬电距离应符合相应规定。

4) 元器件安装应充分考虑一、二次线的敷设和线槽的布置。

5) 如果有些部件不配套或很难安装，应做好标识后停止安装并上报。

(6) 以安装板为准，元器件的组装顺序是操作者面向安装板，由左至右、由上至下安装。

(7) 对于并列使用的装置，应按运行时的排列顺序并列组装。

(8) 同一型号的产品应保证组装的一致性。

(9) 面板、门板上的元器件中心线的高度应符合规定。

(10) 在固定安装式装置内，接线座距装置底面的距离如无特殊要求，应不小于0.2 m。每个柜子至少加一个电缆支架。

(11) 组装所用紧固件及金属零部件均应有防护层，防护层应无脱落变质、生锈等现象。

(12) 对于螺栓的紧固，应选择适当的工具，不得破坏紧固件的防护层，不得过度用力，注意相应的扭矩；螺栓穿过紧固孔时应始终朝向便于检修的方向，一般螺栓都是从下往上穿、从里往外穿，图纸中有注明的则以图纸为准。

(13) 对于胶木、电瓷、精密仪表等易碎元件，在组装时应加橡胶垫，紧固时用力应适当，以免损坏元件。对动作时产生较大振动的电气元件，安装时应加防振装置。

(14) 对于发热元件（如管型电阻器、散热片、加热器等）的安装，应考虑其散热情况，安装距离应符合规定。额定功率为75 W及以上的管型电阻器应横装，不得垂直地面竖向安装。加热器的安装应充分考虑加热效果，最好放在配电柜的下部，并不得影响电缆的进出线。

(15) 所有电气元件及附件均应固定安装在支架或底板上，不得悬吊在电气元件及连线上。

(16) 接线面板上每个元件的附近有标牌，标注应与图纸相符，标号应完整、整齐、清晰、牢固，标号粘贴位置应明确、醒目。

（17）安装于面板、门板上的元件，其标号应粘贴于元件本身及面板和门板背面元件下方，如下方无位置可贴于左方，但粘贴位置应尽可能一致。抽屉内标号以安装板为界，板前件以前视为正方向，板后件以后面为正方向。

（18）组装时应轻拿轻放，避免磕碰、划伤元件和装置的表面。

（19）如需调整安装尺寸，必须松开紧固件，重新安装，不得重击零部件及电气元件。

（20）组装后应将拆下的紧固件、熔体、开关盖、把手、灭弧栅等全部安装好，或通过与一、二次线管理人员的交接妥善保管，待工作完毕后另行安装。

（21）配电柜内对裸露带电导体防护的要求如下：

1）开门后仍然带电的裸露导体均要进行防止人身意外接触的保护，并粘贴警示标识。

2）防护的范围。原则上应对整个裸露的带电导体进行防护。

3）防护材料。应根据带电导体的大小、形状和位置，选择合适的阻燃绝缘材料。

4）移动、打开或拆卸这些防护时，必须使用钥匙或工具，而且必须在带电导体断电的情况下才可以操作。

2. 检查

（1）紧固后的元器件应牢固可靠，不得晃动。

（2）组装后的元件应横平竖直，端正美观。

§2-3 电力变压器与互感器

学习目标

1. 了解电力变压器的作用、分类及在工厂中的应用。
2. 了解电流互感器、电压互感器的作用、特点。

一、电力变压器

在《电机变压器原理与维修》课程中，已经介绍过电力变压器（见图2-31）的结构、原理等基本知识。电力变压器是变配电所中最重要的一次设备，其作用是将电力系统中的电压升高或降低，合理输送、分配和使用电能。电力变压器的分类见表2-5。

图2-31　电力变压器

二、电压互感器与电流互感器

1. 互感器及主要功能

互感器是一种为测量仪器、仪表、继电器和其他类似电器供电的特殊变压器。其主要功能如下：

（1）使仪表、继电器等二次设备与一次电路（主电路）绝缘，提高电路的安全性和可靠性。

表 2-5　电力变压器的分类

分类方法	类别	工厂应用较多的类型
按功能分	升压变压器；降压变压器	降压变压器（直接供电给用电设备的终端，变配电所的降压变压器也称配电变压器）
按相数分	单相变压器；三相变压器	三相变压器
按电压调节方式分	无载调压变压器；有载调压变压器	多数采用无载调压变压器
按绕组导体材质分	铜绕组变压器；铝绕组变压器	现在多采用铜绕组变压器
按绕组型式分	双绕组变压器；三绕组变压器；自耦变压器	双绕组变压器
按绕组绝缘和冷却方式分	油浸式变压器；干式变压器；充气式（SF_6）变压器	油浸式变压器
按用途分	普通变压器；全封闭变压器；防雷变压器	普通变压器

（2）扩大仪表、继电器等二次设备的应用范围。

高压互感器是适用于 1~220 kV 电力系统中，将高电压转换成低电压或将大电流转换成小电流以便于测量、保护、使用的互感器，一般分为 3 kV、6 kV、10 kV、35 kV、66 kV、110 kV、220 kV 等电压等级。其中，10 kV 和 220 kV 的互感器应用最为广泛。高压互感器分为高压电压互感器和高压电流互感器两类。高压互感器二次输出多为 200 V 或 100 V、5 A 或 1 A。

2. 电压互感器

电压互感器是将高电压转换为低电压的互感器，其二次侧额定电压多为 100 V。

电压互感器按装设地点的条件及一次电压、二次电压（一般为 100 V）、准确度等级等条件进行选择。

电压互感器的使用条件、额定值、要求等可查阅《互感器 第 3 部分：电磁式电压互感器的补充技术要求》（GB/T 20840. 3—2013）。

电压互感器使用时的注意事项：

（1）电压互感器工作时，其二次侧不允许短路。

（2）电压互感器二次侧有一端必须接地。

（3）电压互感器在连接时，要注意其端子的极性。

3. 电流互感器

电流互感器是将大电流转换为小电流的互感器，其二次侧额定电流多为 5 A。

高压电流互感器大多制成不同准确度等级的两个铁芯和两个绕组型式，分别接测量仪表和继电器，以满足测量和保护的不同要求。

电流互感器按装设地点的条件及额定电压、一次电流、二次电流（一般为 5 A）、准确度等级等条件进行选择。

电流互感器的使用条件、额定值、要求等可查阅《互感器 第 1 部分：通用技术要求》

（GB/T 20840.1—2010）和《互感器 第 2 部分：电流互感器的补充技术要求》（GB/T 20840.2—2014）。工厂常用的高压电流互感器为 LQJ－10 型树脂浇注绝缘户内互感器（见图 2-32），常用的低压电流互感器为 LMZJ1-0.5 型树脂浇注绝缘户内互感器（见图 2-33）。

图 2-32 LQJ-10 型树脂浇注绝缘户内互感器

图 2-33 LMZJ1-0.5 型树脂浇注绝缘户内互感器

电流互感器使用时的注意事项：

（1）电流互感器工作时，其二次侧不允许开路。

（2）电流互感器二次侧有一端必须接地。

（3）电流互感器在连接时，要注意其端子的极性。

§2-4 电气设备的选择及运行维护要求

学习目标

1. 掌握高、低压电气设备选择的原则。
2. 了解高压电气设备的运行维护要求。

一、电气设备的选择方法

1. 电气设备选择的一般原则

高压一次设备的选择，必须满足一次电路在正常条件下和短路故障条件下工作的要求，同时设备应工作安全可靠、运行维护方便、投资经济合理。

电气设备按正常工作条件进行选择，要考虑电气装置的环境条件和电气要求。环境条件是指电气装置所处的位置（室内或室外）、环境温度、海拔高度以及有无防尘、防腐、防火、防爆等要求。电气要求是指电气装置对电压、电流、频率等方面的要求。对开关、熔断器等电气设备，还应考虑其断流能力。

电气设备按短路故障条件进行校验，就是要按最大可能的短路故障时的动、热稳定度校验，以保证电气设备在短路故障时不致损坏。

低压一次设备的选择，与高压一次设备的选择一样，必须满足在正常条件下和短路故障条件下工作的要求，同时设备应工作安全可靠、运行维护方便、投资经济合理。

选择原则概括起来就是“按正常工作条件选择，按短路条件校验”。

2. 按正常工作条件选择电气设备

（1）按额定电压选择电气设备。

电气设备的额定电压就是铭牌上标出的电压。额定电压应符合设备装设点电网的额定电压，并应大于或等于正常工作时可能出现的最大工作电压，即

$$U_N \geqslant U$$

式中　U_N——电气设备的额定电压；

U——电网的额定电压。

（2）按额定电流选择电气设备。

电气设备的额定电流就是铭牌上标出的电流。电气设备的额定电流应不小于电路中在各种情况下可能出现的最大负荷电流，即

$$I_N \geqslant I$$

式中　I_N——电气设备的额定电流；

I——最大负荷电流。

3. 按短路条件校验电气设备

（1）动稳定性校验。

当短路冲击电流通过电气设备时，会产生很大的电动力，在电动力的作用下，电气设备可能会受到不同程度的损害。因此，电气设备允许通过的极限电流（由制造厂给出）应不小于短路冲击电流，即

$$i_{max} \geqslant i_{sh}$$

$$I_{max} \geqslant I_{sh}$$

式中　i_{sh}、I_{sh}——短路冲击电流峰值和有效值；

i_{max}、I_{max}——电气设备允许通过的极限电流峰值和有效值。

（2）热稳定性校验。

当短路电流通过电气设备时，同时还能产生很大的热量。热量使电气设备温度升高，并会使设备的绝缘损坏。因此，校验一般电气设备（如断路器、负荷开关、隔离开关、电抗器等）时，有关参数应满足下式的要求：

$$I_t^2 t \geqslant I_\infty^2 t_{ima}$$

式中　I_t——电气设备在时间 t 内的热稳定电流，该电流是指在时间 t（1 s、4 s、5 s、10 s）内，不使电气设备任何部分受到超过规定的最大温度的电流；

t——I_t 相对应的持续时间；

I_∞——恒定的短路稳态电流；

t_{ima}——短路发热的假想时间。

二、变压器的运行维护

在工厂变配电系统中，变压器是最重要的电力设备之一，为保证其能长期正常工作，工

厂电气作业人员需要对其进行日常运行维护。变压器的运行维护需要按电力行业标准《电力变压器运行规程》（DL/T 572—2021）执行。

变压器的日常运行维护内容包括：运行监视；投运和停运；保护装置的运行维护；变压器分接开关的运行维护等。

1. 变压器的运行监视

（1）应经常监视仪表的指示，及时掌握变压器的运行情况。监视仪表的抄表次数由现场规程规定，并定期对仪表进行校对。当变压器超过额定电流运行时，应做好记录。无人值班变电所的变压器应在每次定期检查时记录其电压、电流和顶层油温，以及曾达到的最高顶层油温等。

（2）变压器的日常巡视检查，应根据实际情况确定巡视周期，也可参照相关规定执行。在特殊情况下应对变压器进行特殊巡视检查，增加巡视检查次数，如新设备或经过检修、改造的变压器在投运 72 h 内；有严重缺陷时；气象突变（如大风、大雾、大雪、冰雹、寒潮等）时；雷雨季节，特别是雷雨后；高温季节、高峰负载期间；变压器急救负载运行时等。

（3）变压器的日常巡视检查主要包括以下内容：

1）检查变压器的油温和温度计是否正常，储油柜的油位是否与温度相对应，各部位是否渗油、漏油。

2）检查绝缘套管油位是否正常，绝缘套管外部有无破损裂纹、有无严重油污、有无放电痕迹及其他异常现象；绝缘套管渗漏油时，应及时处理，防止内部受潮损坏。

3）检查变压器运行中声音是否均匀、正常。

4）检查吸湿器是否完好，吸附剂是否干燥。

5）检查引线接头、电缆、母线有无发热迹象。

6）检查压力释放器、安全气道及防爆膜是否完好无损。

7）检查有载分接开关的分接位置及电源指示是否正常。

8）检查气体继电器内有无气体。

9）检查各控制箱和二次端子箱是否关严，是否受潮，温控装置工作是否正常。

10）检查干式变压器的外部表面有无积污。

11）检查变压器室的门、窗、照明是否完好，房屋是否漏水，温度是否正常。

2. 变压器的投运和停运

变压器投运是指将停止状态的变压器投入运行的操作。变压器停运是指使运行中的变压器停止运行的操作。

投运变压器前，值班人员须仔细检查。确认变压器及其保护装置是否在良好状态，是否具备带电运行条件。还须注意变压器外部有无异物，临时接地线是否已拆除，分接开关位置、各阀门开闭等是否正确。变压器在低温投运时，还须防止呼吸器因结冰被堵。

运用中的备用变压器须保证能随时投入运行。长期停运者应定期充电，同时投入冷却装置。

变压器投运和停运的操作程序可参看现场规程有关规定。

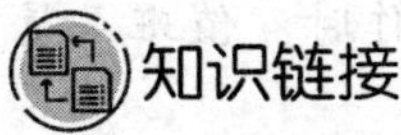

变压器投运和停运时需要遵守的要求

(1) 强制油循环变压器投运时应逐台投入冷却器，并按负载情况控制投入冷却器的台数；水冷却器应先启动油泵，再开启水系统；停电操作时先停水后停油泵；冬季停运时应将冷却器中的水放尽。

(2) 变压器的充电应在有保护装置的电源侧用断路器操作，停运时应先停负载侧，后停电源侧。

(3) 在无断路器时，可用隔离开关投切110 kV及以下且电流不超过2 A的空载变压器；装在室内的隔离开关必须在各相之间安装耐弧的绝缘隔板。

新投运的变压器须按规定试运行。

新装、大修、事故检修或换油后的变压器，在施加电压前的静止时间应不少于以下规定：110 kV及以下的为24 h；220 kV及以下的为48 h；500 kV及以下的为72 h。若有特殊情况不能满足上述规定，须经特殊批准。

装有储油柜的变压器，带电前应排尽套管升高座、散热器及净油器等上部的残留空气。对强制油循环变压器，应开启油泵，使油循环一定时间后将气排尽。开启油泵时变压器各侧绕组均应接地，防止油流动产生静电危及操作人员的安全。

在110 kV及以上中性点有效接地系统中，投运或停运变压器的操作，中性点必须先接地。投入后可按系统需要决定中性点是否断开。

干式变压器在停运和保管期间，应防止绝缘受潮。

3. 变压器保护装置和分接开关的运行维护以及其他事项

详见有关标准规定。

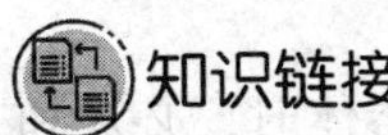

变压器的不正常运行和处理

(1) 值班人员在变压器运行中发现不正常现象时，应报告上级和做好记录，并设法尽快消除。

(2) 变压器有下列情况之一者应立即停运，若有备用的变压器，应尽可能先将其投入运行。

1) 变压器声响明显增大，很不正常，内部有爆裂声。

2) 严重漏油或喷油，使油面下降到低于油位计的指示限度。

3) 绝缘套管有严重的破损和放电现象。

4) 变压器冒烟着火。

5) 干式变压器温度突升至120 ℃。

（3）当发生危及变压器安全的故障，而变压器的有关保护装置拒绝动作时，值班人员应立即将变压器停运。

（4）当变压器附近的设备着火、爆炸或发生其他情况，对变压器构成严重威胁时，值班人员应立即将变压器停运。

（5）变压器油温指示异常时，值班人员需要及时按要求检查处理。

（6）变压器中的油因低温凝滞时，应不投冷却器空载运行，同时监视顶层油温，逐步增加负载，直至投入相应数量冷却器，转入正常运行。

（7）当发现变压器的油面较当时油温所应有的油位显著降低时，应查明原因。补油时应遵守有关标准规定，禁止从变压器下部补油。

（8）变压器油位因温度上升有可能高出油位指示极限，经查明不是假油位所致时，应放油，使油位降至与当时油温相对应的高度，以免溢油。

（9）铁芯多点接地而接地电流较大时，应安排检修处理。在缺陷消除前，可采取措施将电流限制在 300 mA 左右，并加强监视。

（10）系统发生单相接地时，应监视消弧线圈和接有消弧线圈的变压器的运行情况。

变压器跳闸后，须立即查明原因。如综合判断证明变压器跳闸不是由于内部故障所引起的，可重新投入运行。若变压器有内部故障的迹象，应做进一步检查。装有潜油泵的变压器跳闸后，应立即关停油泵。

变压器着火时，须立即断开电源，停运冷却器，并迅速采取灭火措施，防止火势蔓延。

三、高压电气设备的运行维护

1. 高压熔断器的运行维护

（1）巡视时，观察熔断器的接触触头与熔管金属帽接触是否良好。如果有接触不良等现象，应立即停电检修。

（2）在检修熔断器时，要拔下熔管，看触头与熔管是否接触完好，擦除灰尘后将其装好。

（3）在更换新熔断器时，必须和原来熔断器的规格及型号相同；更换熔体时，必须和原来的熔体额定电流相同。

2. 高压隔离开关的运行维护

（1）检查隔离开关，接触应良好，不应发热。接点及连接部分最大允许温度为 70 ℃。通过的电流不应超过额定值。

（2）检查隔离开关的闸刀和静触头，不应脏污、变形、有烧痕。弹簧片、弹簧应无锈蚀、疲劳。

（3）检查绝缘子，应完好清洁，无裂纹及放电现象。

（4）检查触头在合闸后是否到位，接触是否良好。

（5）检查闭锁装置是否完好，机械闭锁的销子应销牢，辅助触头的位置应正确，并接触良好。

（6）检查各机件，应紧固，位置应正确，无歪斜等不正常现象。

（7）运行时，应无振动和异常声音。

3. 高压负荷开关的运行维护

（1）巡视时，应观察灭弧装置有无闪络（所谓闪络，是指在高电压作用下，气体或液体介质沿绝缘表面发生的破坏性放电）、破损和放电现象。

（2）检查触头间接触是否良好，两侧的接触压力是否均匀，有无发热现象，示温片有无熔化。

（3）检查灭弧触头及喷嘴有无烧损现象。

（4）在几次的空载分、合闸操作中，触头系统和操动机构均应无任何呆滞、卡阻现象。

（5）检查载流部分，表面应无锈蚀及发热现象。

（6）检查绝缘子，应完好清洁，无裂纹及放电现象。

4. 高压断路器的运行维护

（1）检查断路器各绝缘部分，应完好，无损坏、闪络、放电现象。

（2）检查各导电部位，应无发热、变色等现象，查看示温片有无熔化。

（3）检查少油断路器油面是否在标准刻度线之上，油色应正常，无渗漏现象。

（4）检查真空断路器真空灭弧室的颜色有无变化，有无裂纹等现象。

（5）检查六氟化硫断路器压力表的压力指示是否在规定的范围内。

（6）在断路器事故跳闸后，应重点检查断路器有无喷油现象，油色有无变化，是否有沉淀物出现。

（7）检查操动机构的分、合闸线圈有无发热等异常现象，以及操动机构的分、合闸指示器的指示与断路器的实际位置是否相符。

四、互感器的运行维护

1. 电压互感器的运行维护

（1）电压互感器投入运行后，应测量二次侧电压是否正常。有功功率表、无功功率表等指示应正确。

（2）在调换电压互感器二次侧仪表前，应特别注意二次侧不能短路。

（3）三相五柱式电压互感器的一次侧装有单极中性点接地刀开关，当系统发生接地短路故障超过 2 h 后，可将该刀开关拉开，要测试时再合上。

（4）当 6~10 kV 无载母线通电时，电压互感器有时因铁磁谐振而使三相电压不平衡，开口三角形的二次绕组两端有电压出现，从而使系统接地信号动作。当投入线路负载后，该现象应消失。如果接地信号仍不消失，电压仍不正常，则应按单相接地故障处理。

2. 电流互感器的运行维护

（1）电流互感器在运行中二次侧不准开路。在调换电流表、有功功率表、无功功率表时，应先将电流回路短路后再进行仪表的调换。

（2）为了防止电流互感器在运行中二次侧开路，旋拧电流互感器试验端子的压板时，不要旋得过紧，避免螺纹损坏，造成开路。

第三章 工厂供电系统

§3-1 工厂供电系统电路图

学习目标

1. 了解电力系统变配电概略图及其绘制原则。
2. 掌握工厂供电系统一次、二次接线图的意义、区别及绘制原则。
3. 能独立识读工厂供电系统一次、二次接线图及电器位置图和电力平面图。

一、电力系统变配电概略图

1. 概略图简介

概略图是一种用单线表示法绘制，用图形符号、方框符号或带注释的框，概略地表示系统或成套装置的基本组成、相互关系及其主要特征的简图。图 3-1 所示为供电系统概略图，用发电、供电系统主要设备的图形符号（如发电机、变压器等）概略地描述供电系统的基本组成等情况。

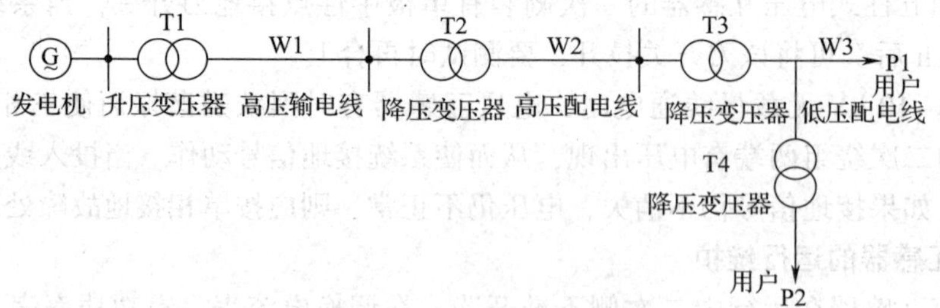

图 3-1　供电系统概略图

2. 概略图绘制原则及识图

（1）符号的使用。

主要采用图形符号、方框符号或带注释的框绘制。当采用带注释的框绘图时，框内的注释可以是图形符号，也可以是文字，还可以是图形符号加文字。

（2）电路或元件的布局方式。

概略图是按功能布局法绘制的，表示项目的图形符号、方框符号或带注释的框按工作顺序（或功能关系、信号流向等）从左至右或从上至下布置。

（3）连接线的连接方法。

用单根细实线连接，可用一相线代表三相线。

（4）项目代号的表示方法。

在概略图中，项目只标注高层代号，也可以不标注项目代号。高层代号指系统或项目中任何较高层次的代号。

（5）重复电路的表示方法。

在一张概略图中，如有重复电路，可只绘出一个，其他的电路用简化方式表示。如图 3-2 所示，项目“=WL13”电路，在其方框符号内注“电路同=WL11”，表示它们的电路完全相同。

（6）注释和说明。

可根据需要加注各种形式的注释和说明。

二、工厂供电系统一次、二次接线图

1. 接线图简介

电力系统接线图就是表示变压器、断路器、互感器等电气设备的电路连接关系的系统图，分为一次接线图和二次接线图。

一次接线图也称为主接线图或主电路图，是表示电力系统电能输送和分配路线的电路图，如图 3-3 所示。

二次接线图也称为二次电路图或二次回路图，是指电力系统中用来控制、指示、监测和保护主电路及其中设备运行的电路图。

接线图按照功能不同分为单元接线图、互连接线图和端子接线图三种。

单元接线图：指表示一个结构单元或单元组内部连接所需信息的简图，如图 3-4 所示。

互连接线图：指表示不同结构单元之间连接所需信息的简图，如图 3-5 所示。

端子接线图：指表示一个结构单元或一个设备外部连接所需信息的简图，如图 3-6 所示。

2. 接线图绘制原则及识图

（1）接线图绘制原则。

1）项目的布局方式。接线图是按位置布局法绘制的，清楚地阐述了各项目之间的相对位置和导线走向，但无须按比例定出它们之间的位置关系，如图 3-4 所示，项目 11～项目 13、X 及其端子都是按它们的实际位置布局的，但并没有给出明显的尺寸标志或比例关系。

2）项目的表示方法。接线图中的项目一般采用简单的轮廓表示（如矩形、正方形或圆形等），有时也采用简化图形表示。如图 3-4 所示，项目采用矩形表示。对一些简单的元件，为了便于识图，也可采用国家标准中规定的图形符号表示，如图 3-4 中的项目 13 就用

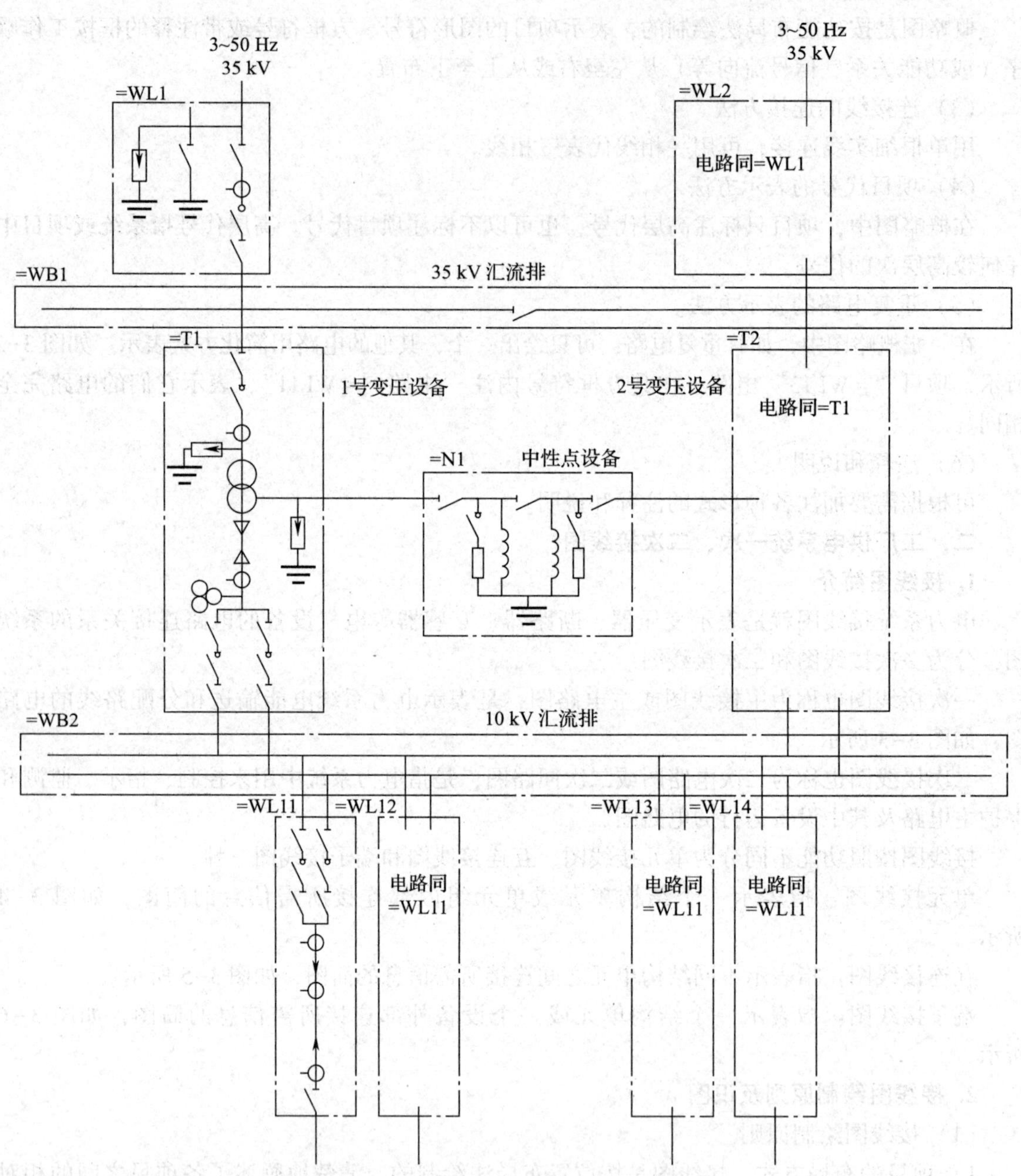

图 3-2　某工厂电力系统变电部分概略图

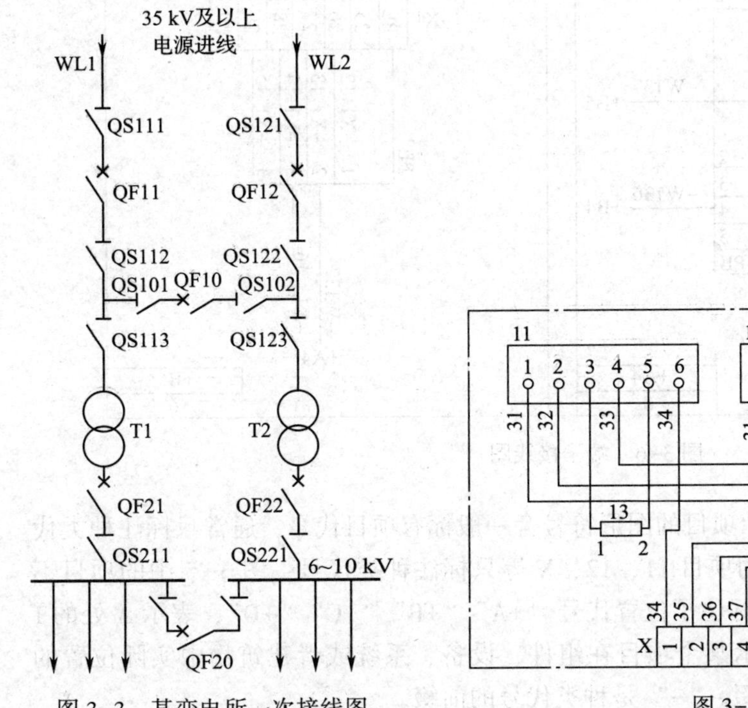

图 3-3 某变电所一次接线图

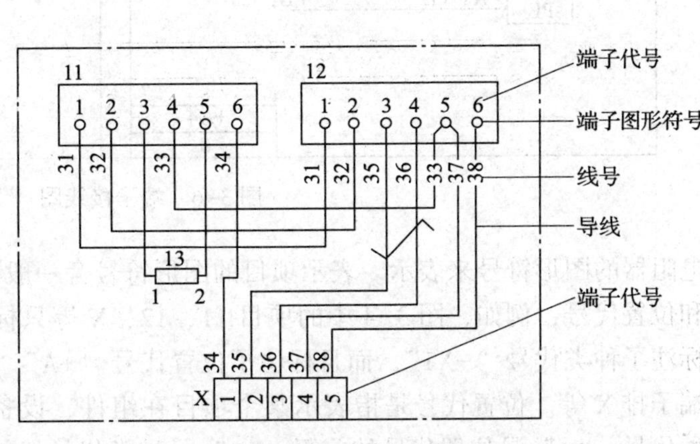

图 3-4 单元接线图

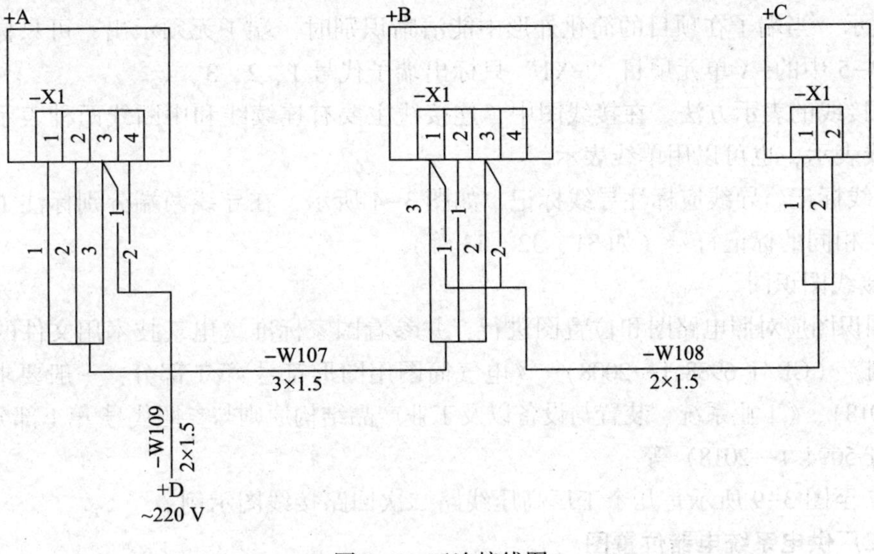

图 3-5 互连接线图

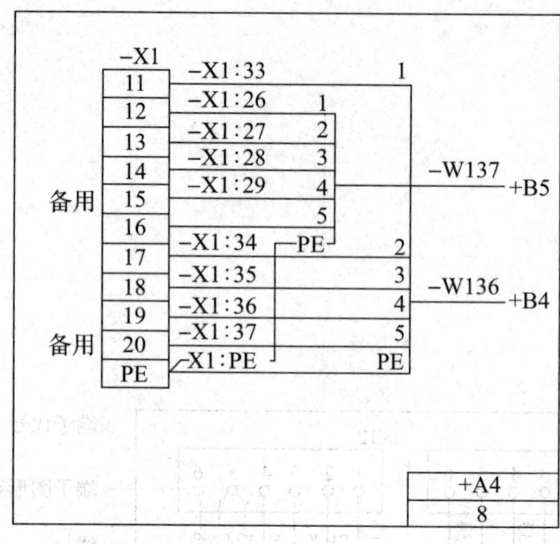

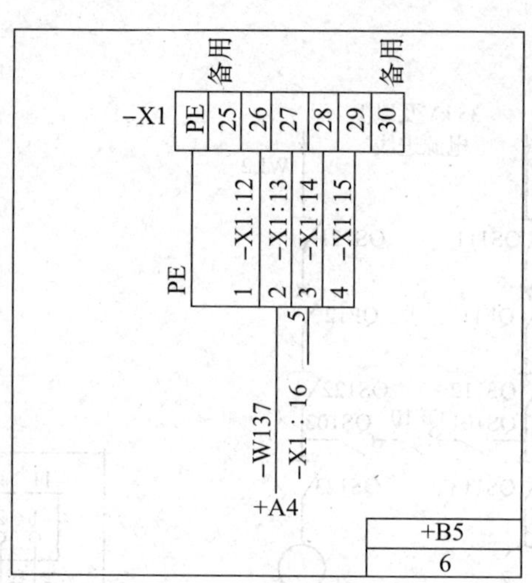

图 3-6　端子接线图

了电阻器的图形符号来表示。表示项目的图形符号旁一般标有项目代号，通常只标注种类代号和位置代号，例如，图 3-4 中的项目 11、12、X 等只标注种类代号；图 3-5 中的项目不但标注了种类代号“-X1”，而且标注了位置代号“+A”“+B”“+C”“+D”，表示 A 处的 1 号端子排 X 等。位置代号是指表示某个项目在组件、设备、系统或者建筑物中实际位置的一种代号，“+”是位置代号的前缀。“-”是种类代号的前缀。

3）端子的表示方法。在接线图中，端子一般用图形符号和端子代号表示。如图 3-4 所示，项目 11 和 12 中的端子用端子图形符号“○”和按数字顺序编写的端子代号 1、2、3、4、5、6 表示。当端子在项目的简化外形中能清晰识别时，端子无须示出，可只标出端子代号，如图 3-5 中的+A 单元项目“-X1”只标出端子代号 1、2、3、4。

4）连接线的表示方法。在接线图中，连接线主要有连续线和中断线两种表示方法。既可以用多线表示，也可以用单线表示。

5）导线标记。导线应标注导线标记，如图 3-4 所示，在导线两端分别标注了按数字顺序编号的、相同的标记符号（如 31、32、33 等）。

（2）接线图识图。

接线图识图应对照电路图和位置图进行，并参看国家标准《电气技术用文件的编制 第 1 部分：规则》（GB/T 6988.1—2008）、《电气简图用图形符号 第 1 部分：一般要求》（GB/T 4728.1—2018）、《工业系统、装置与设备以及工业产品结构原则与参照代号 第 1 部分：基本规则》（GB/T 5094.1—2018）等。

图 3-7 至图 3-9 所示是几个工厂高压线路二次回路接线图示例。

三、工厂供电系统电器位置图

电器位置图是一种用以提供电气设备的安装、接线等所需位置、尺寸、线缆路由、接地等信息的简图。位置图常与电路图、接线图配合，用于电气设备和电气线路的安装、接线、检查、维修和故障分析等。

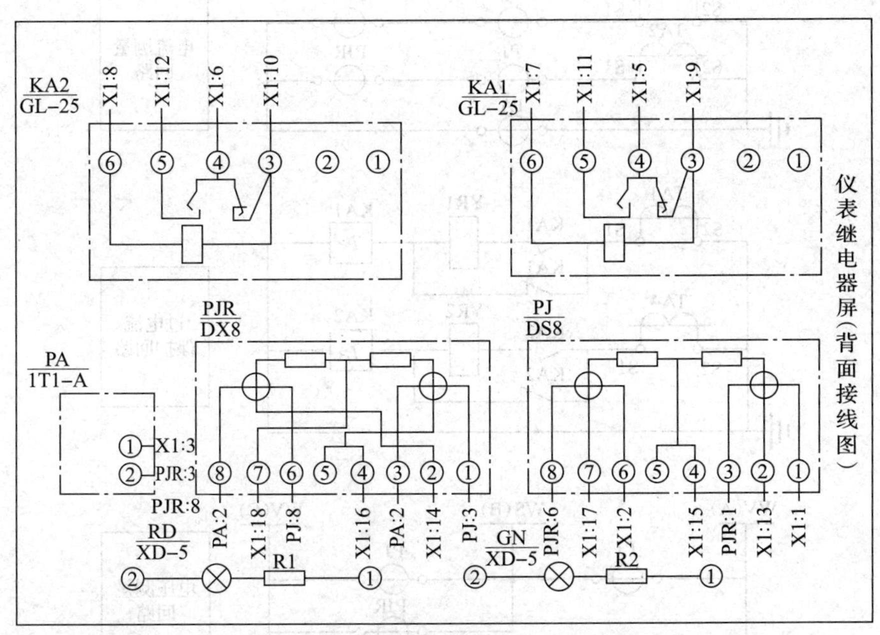

图 3-7　工厂高压线路二次回路接线图示例（一）

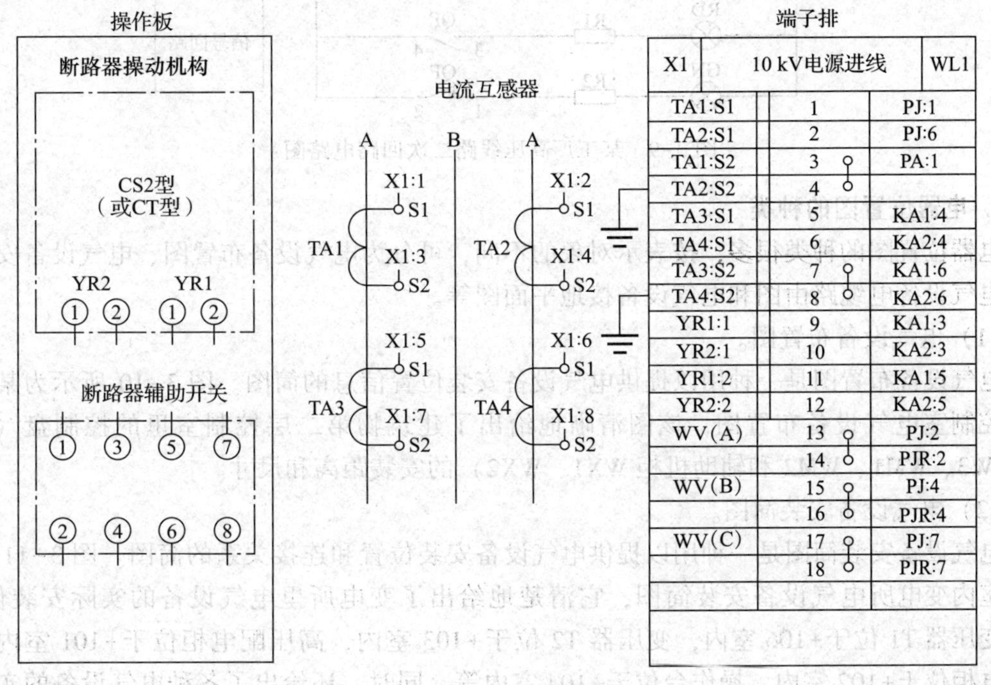

X1	10 kV电源进线	WL1
TA1:S1	1	PJ:1
TA2:S1	2	PJ:6
TA1:S2	3	PA:1
TA2:S2	4	
TA3:S1	5	KA1:4
TA4:S1	6	KA2:4
TA3:S2	7	KA1:6
TA4:S2	8	KA2:6
YR1:1	9	KA1:3
YR2:1	10	KA2:3
YR1:2	11	KA1:5
YR2:2	12	KA2:5
WV(A)	13	PJ:2
	14	PJR:2
WV(B)	15	PJ:4
	16	PJR:4
WV(C)	17	PJ:7
	18	PJR:7

图 3-8　工厂高压线路二次回路接线图示例（二）

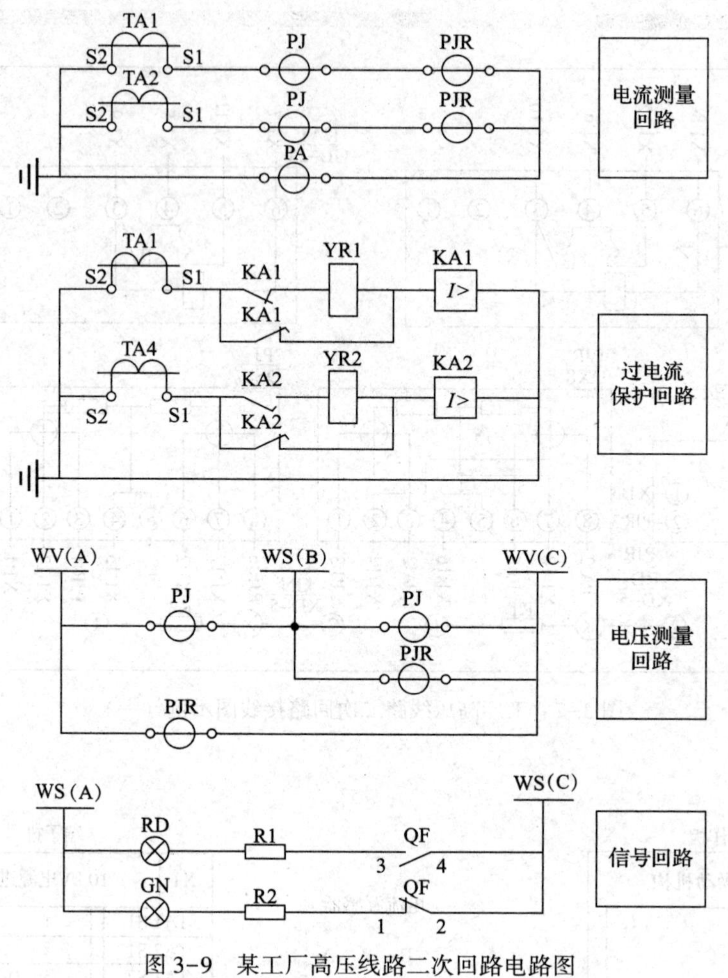

图 3-9　某工厂高压线路二次回路电路图

1. 电器位置图的种类

电器位置图的种类很多，按表示对象的不同，可分为电气设备布置图、电气设备安装简图、电气设备电缆路由图和电气设备接地平面图等。

（1）电气设备布置图。

电气设备布置图是一种用以提供电气设备安装位置信息的简图。图 3-10 所示为某高压电厂控制室电气设备布置图，该图清晰地给出了建筑物第二层控制室里的控制盘（W1、W2、W3、WM1、WM2 和辅助机柜 WX1、WX2）的安装距离和尺寸。

（2）电气设备安装简图。

电气设备安装简图是一种用以提供电气设备安装位置和连接关系的简图。图 3-11 所示为某室内变电所电气设备安装简图，它清楚地给出了变电所里电气设备的实际安装位置，如：变压器 T1 位于+106 室内，变压器 T2 位于+103 室内，高压配电柜位于+101 室内，低压配电柜位于+102 室内，操作台位于+104 室内等。同时，还给出了各种电气设备的实际连接关系，如：变压器 Tl 和 T2 的高压侧与高压配电柜相连，低压侧与低压配电柜相连；操作台与高压配电柜及低压配电柜相连等。

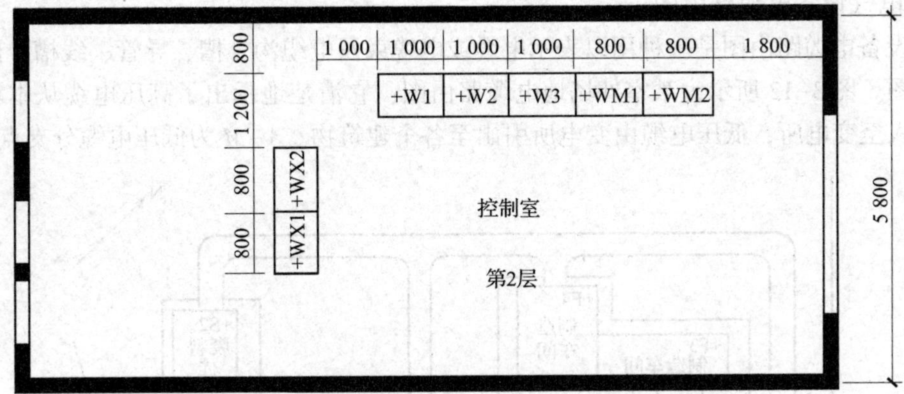

图 3-10 某高压电厂控制室电气设备布置图

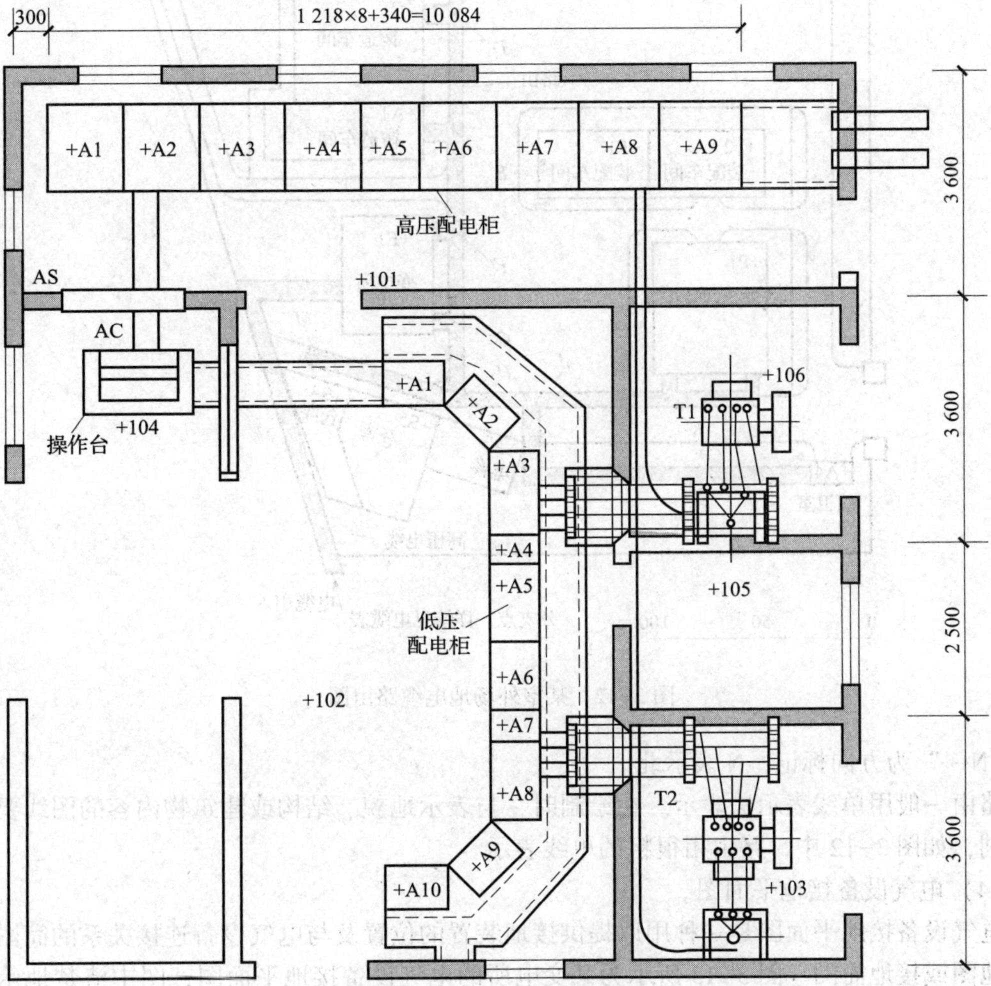

图 3-11 某室内变电所电气设备安装简图

（3）电气设备电缆路由图。

电气设备电缆路由图是一种用以表示电缆或电缆束及电缆沟、槽、导管、线槽、固定件等位置的简图。图 3-12 所示为某室外场地电缆路由图，它清楚地示出了高压电缆从本场地外西南方向引入至变电所，低压电缆由变电所引出至各个建筑物。*A*~*M* 为低压电缆分支点。

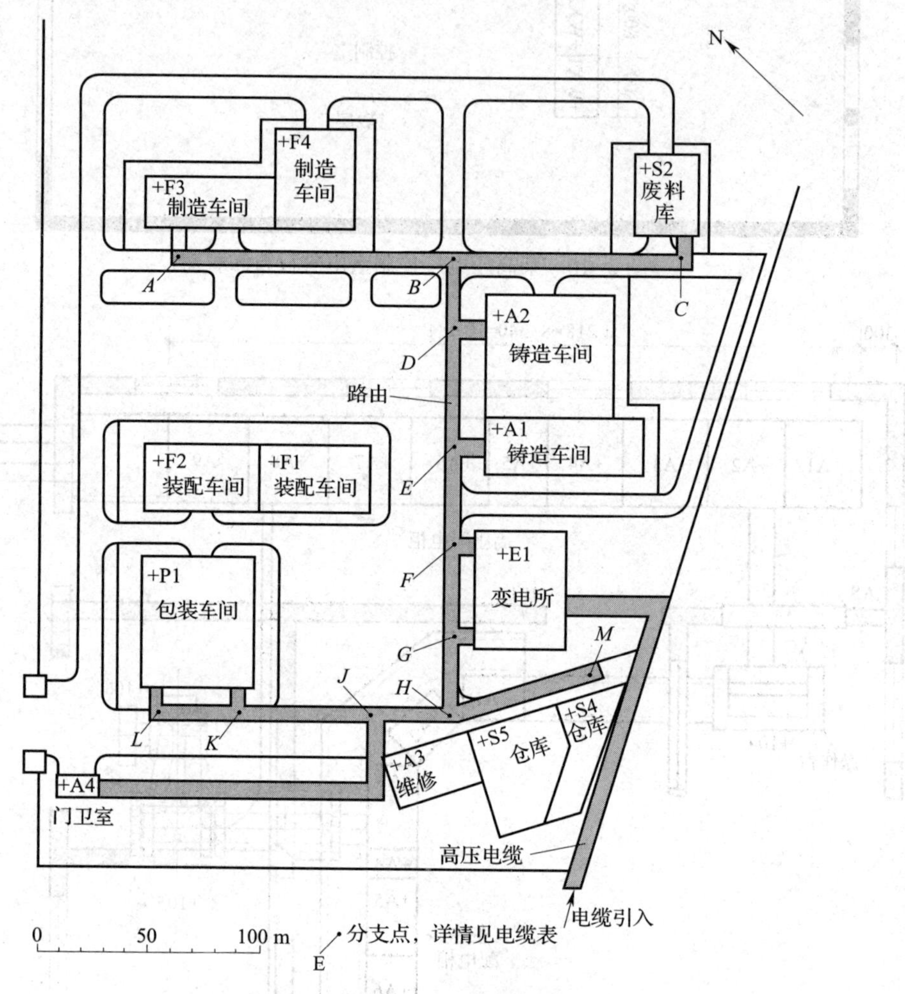

图 3-12　某室外场地电缆路由图

"N←"为方向标记，N 表示北。

路由一般用单线表示法表示。在绘制时，与表示地貌、结构或建筑物内容的图线要有明显区别，如图 3-12 中，路由用很粗的单线表示。

（4）电气设备接地平面图。

电气设备接地平面图是一种用以提供接地装置的位置及与电气设备连接关系的简图，又称接地图或接地简图。图 3-13 所示为某变电所的电气设备接地平面图，图中清楚地示出了变电所里的电气设备的布置位置及其接地线的连接情况。接地干线采用 40 mm×4 mm 的镀锌扁钢制成，用加短斜横线的粗点画线表示。室外为 3 个人工接地体，以空心圆点表示，室内为自然接地体，以实心圆点表示。接地线与建筑承力柱用混凝土钢筋相连接。

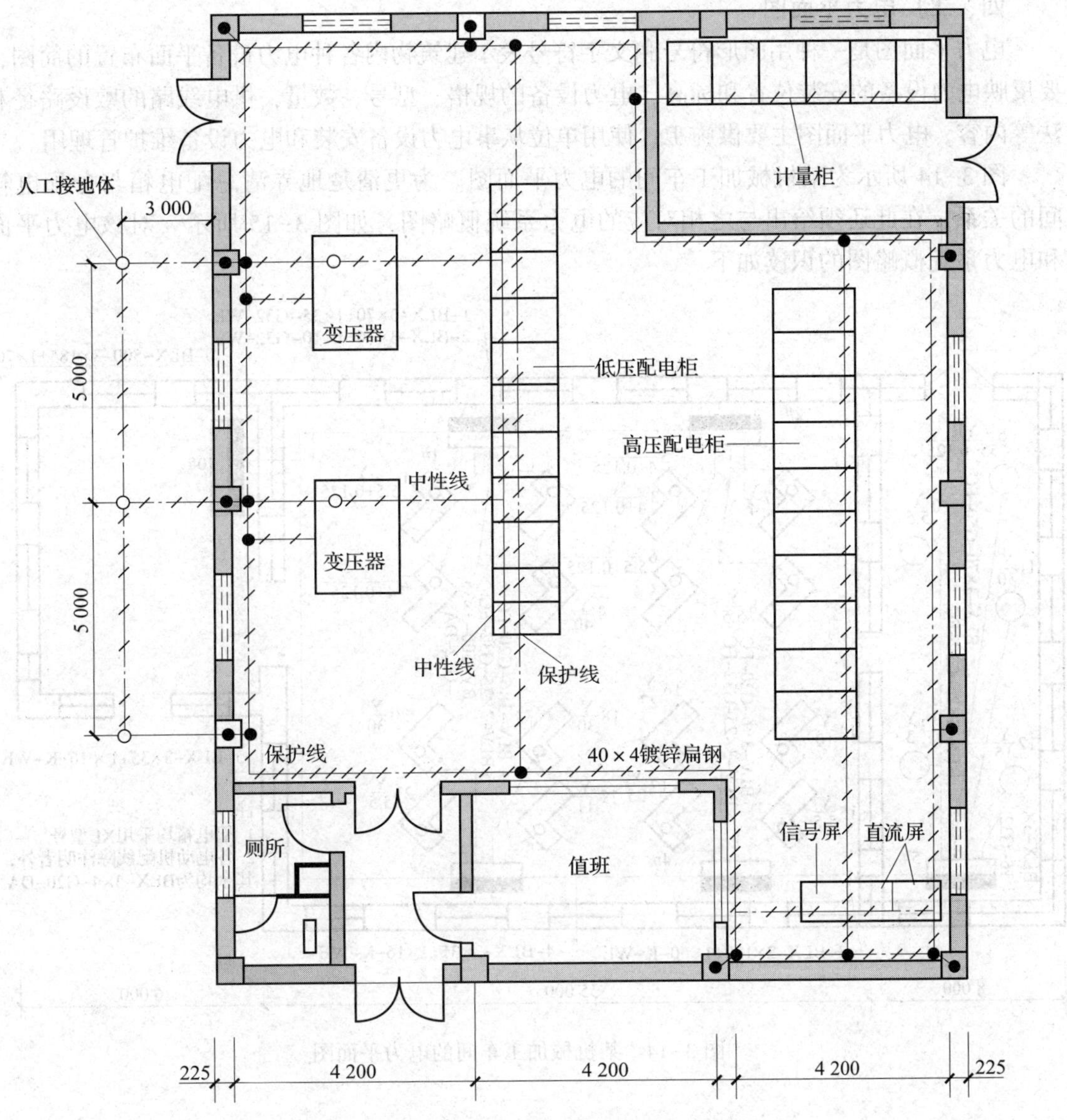

图 3-13　某变电所的电气设备接地平面图

2. 电器位置图的绘制原则

（1）布局方式。

电器位置图按照电气设备的实际位置进行布局。非电设备和电气设备要有明显区别，只有对理解电气图和电气设备安装十分重要时，才将非电设备表示出来。

（2）电气元件的表示。

电器位置图中的电气元件通常用图形符号或元器件的简化形状来表示。

（3）连接线的表示。

电器位置图中的连接线一般用单线表示，只有在需要标明复杂连接的细节时，才允许采用多线表示。连接线区别于表示地貌、结构或建筑物内容的图线。

四、工厂电力平面图

电力平面图是一种用图形符号和文字符号表示建筑物内各种电力设备平面布置的简图，主要反映电力设备的安装位置和标高，电力设备的规格、型号、数量，供电线路的敷设路径和方法等内容。电力平面图主要供施工、使用单位从事电力设备安装和电力设备维护管理用。

图 3-14 所示为某机械加工车间的电力平面图。为更清楚地弄清总配电箱与分配电箱之间的关系，在此还须给出与之相对应的电力系统概略图，如图 3-15 所示。对该电力平面图和电力系统概略图的识读如下。

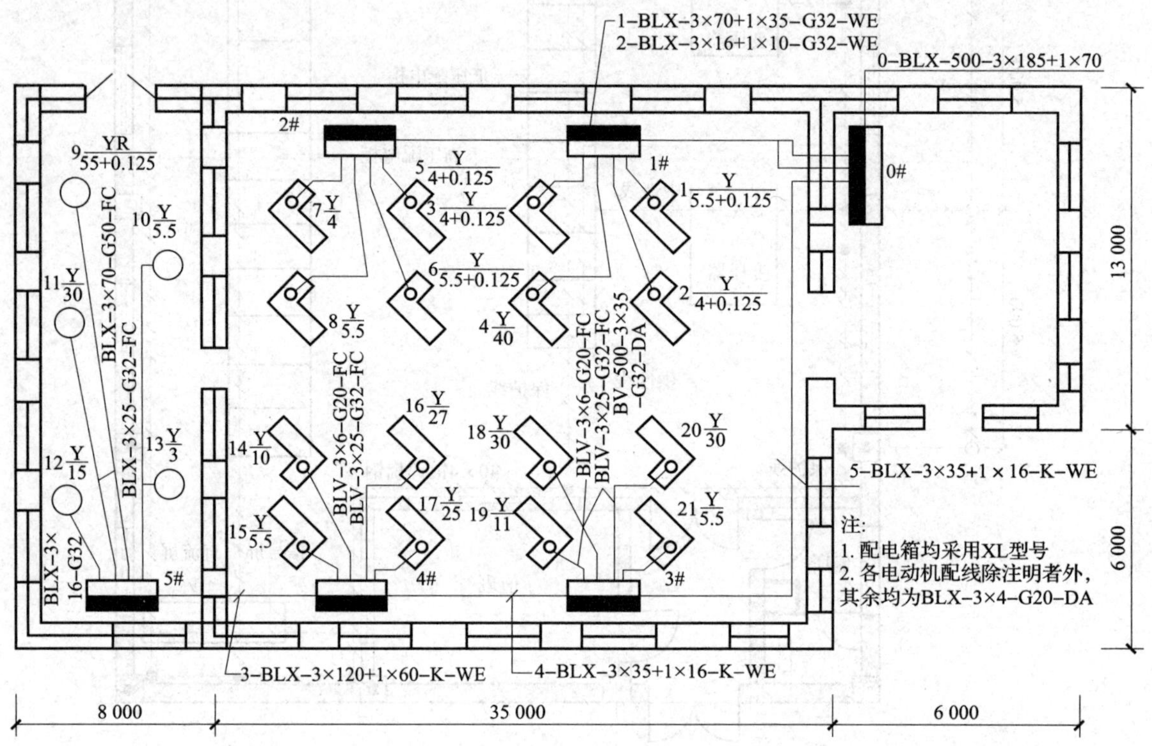

图 3-14　某机械加工车间的电力平面图

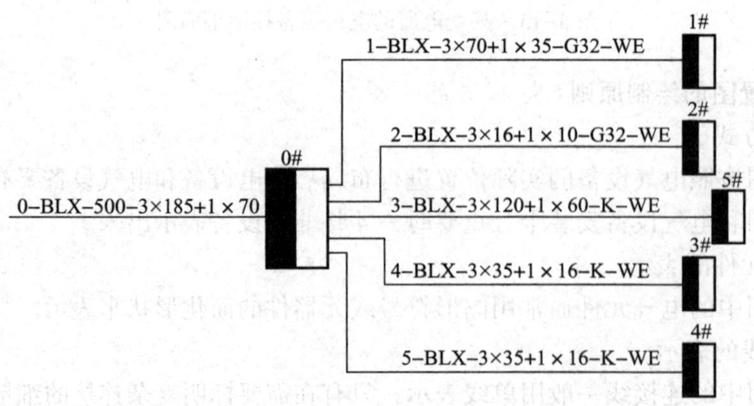

图 3-15　某机械加工车间的电力系统概略图

1. 配电线路

由概略图 3-15 可知，外电源通过电缆引至 0#总配电箱，总配电箱引出 5 路支线分别引至 1#至 5#分配电箱。由平面图 3-14 可知，各分配电箱均引出 4 路支线至各个用电设备。

在该电力平面图和电力系统概略图中，用图线和文字相结合的方式，清楚地表述了配电线路的走向、型号、规格、根数、敷设方式、敷设部位等信息。例如：由总配电箱到 5#分配电箱的配电干线 3-BLX-3×120+1×60-K-WE 可知，3 号支线采用 3 根截面积 120 mm^2和 1 根截面积 60 mm^2的铝芯橡胶绝缘线（BLX），以绝缘子方式（K），沿墙敷设（WE）；供给 9 号用电设备的配电支线 BLX-3×70-G50-FC 表明，该支线用 3 根截面积 70 mm^2的铝芯橡胶绝缘线（BLX），穿直径为 50 mm 的水煤气管（G50），暗敷在地面或地板内（FC）。线路敷设方式及敷设部位标注常用的文字代号见表 3-1。

表 3-1　线路敷设方式及敷设部位标注常用的文字代号

序号	英文代号	汉语拼音代号	代号含义
1	PR	XC	用塑制线槽敷设
2	PC	VG	用硬质塑料管敷设
3	FEC	ZVG	用半硬塑料管敷设
4	TC	DG	用薄电线管敷设
5	SC	G	用水煤气管敷设
6	SR	GCR	用金属线槽敷设
7	CT	—	用电缆桥架敷设
8	PL	CJ	用瓷夹敷设
9	PCL	VT	用塑料夹敷设
10	CP	—	用蛇皮管敷设
11	K	CP	用瓷瓶式或瓷柱式绝缘子敷设
12	SR	S	沿钢索敷设
13	BE	LM	沿屋架或层架下弦敷设
14	CLE	ZM	沿柱敷设
15	WE	QM	沿墙敷设
16	CE	PM	沿天棚顶敷设
17	ACE	PNM	在能进入的吊顶内敷设
18	BC	LA	暗敷在梁内
19	CLC	ZA	暗敷在柱内
20	CC	PA	暗敷在屋面内或顶棚内
21	FC	DA	暗敷在地面或地板内
22	AC	PNA	暗敷在人无法进入的吊顶内
23	WC	QA	暗敷在墙内

2. 电力设备

图 3-14 中的电力设备主要是电动机，各种电动机共 21 台，编号为 1~21。每台均给出标注，用以表示电动机的位置、规格、型号等，例如，6 号用电设备的标注为$6\frac{\mathrm{Y}}{5.5+0.125}$，它表示电动机的编号为 6，型号为 Y，容量为 5.5 kW，安装位置离地面高度为 12.5 cm。

五、工厂供配电系统运行模拟图

工厂供配电系统运行模拟图就是在变配电所内设置的实时显示、监控变配电所主接线（一次回路接线）设备运行情况的电子模拟盘或微机显示屏上的主接线图，当线路发生故障或负荷变化时能及时以灯光闪烁、警笛鸣叫等形式提示、报警或实施继电保护操作等，如图 3-16~图 3-18 所示。

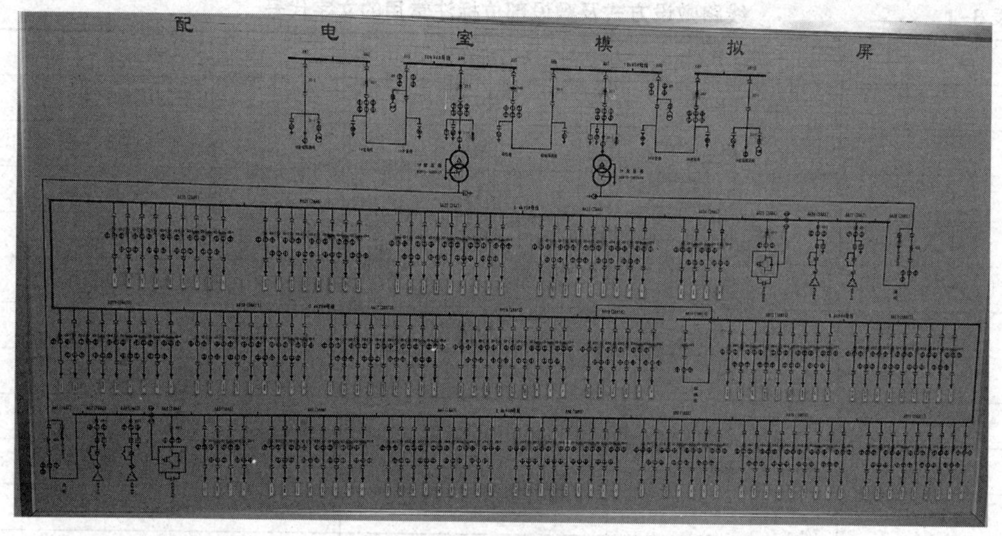

图 3-16　某工厂配电室模拟屏

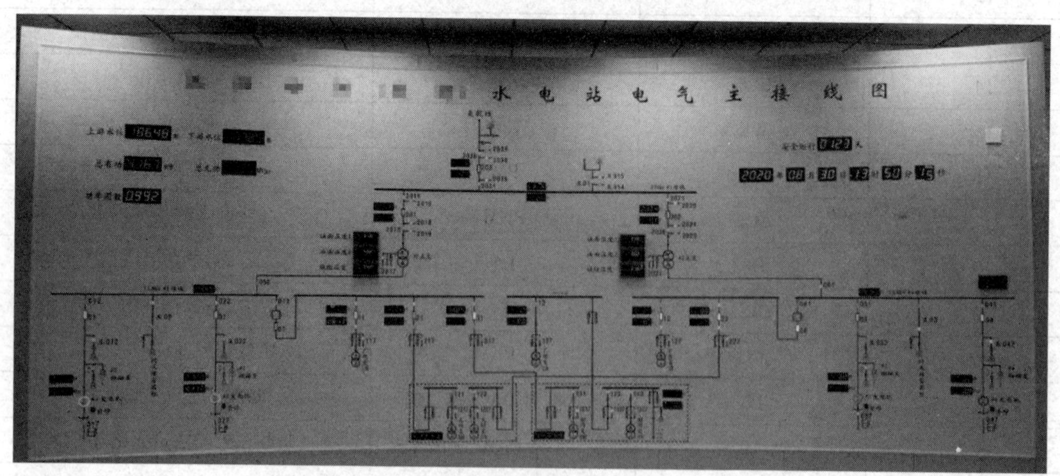

图 3-17　某水电站电气主接线图

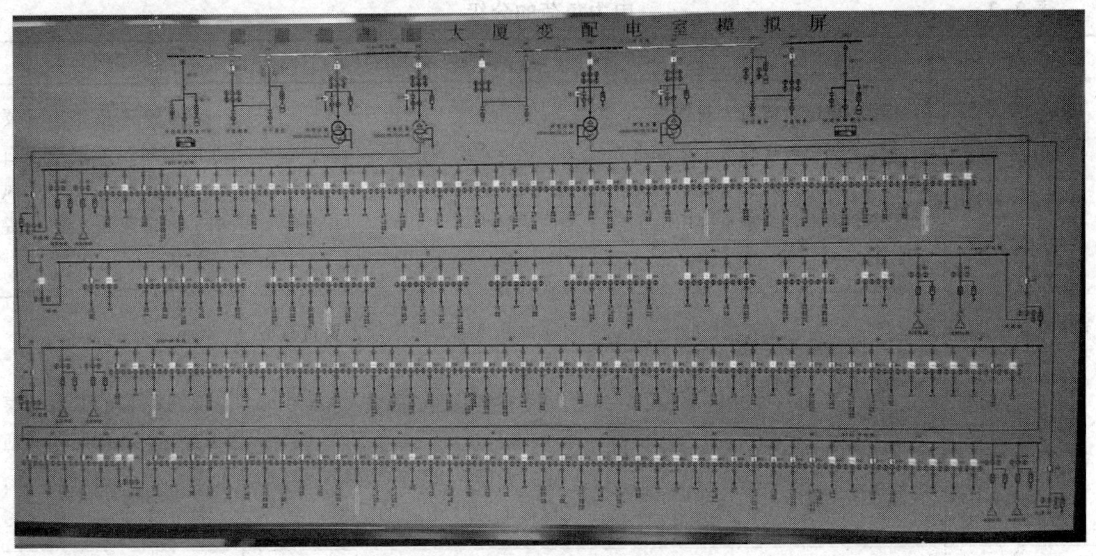

图 3-18　某大厦变配电室模拟屏

§3-2　电力负荷及其计算

学习目标

1. 了解电力负荷的概念和分级。
2. 了解日有功负荷曲线、年有功负荷曲线及与之有关的年最大负荷等物理量。
3. 重点掌握用需要系数法进行电力负荷计算的方法。

一、电力负荷分级

1. 电力负荷的概念

电力负荷又称电力负载，有两种含义。

一种是指耗用电能的用电设备或用电单位（用户），如重要负荷、不重要负荷是指不同的用电单位，动力负荷、照明负荷是指不同的用电设备等。

另一种是指用电设备或用电单位所耗用的电功率或电流大小，如轻负荷（轻载）、重负荷、空负荷、满负荷等。

电力负荷的具体含义视具体场合而定。

2. 工厂电力负荷的分级

按《供配电系统设计规范》（GB 50052—2009）的规定，工厂电力负荷根据其对供电可靠性的要求及中断供电造成的损失或影响的程度分为三级，见表 3-2。

表 3-2　　电力负荷的分级

类别		说明	对供电电源的要求	举例
一级负荷	一般重要	①中断供电将造成人身伤亡 ②中断供电将在经济上造成重大损失 ③中断供电将影响重要用电单位正常工作	应由双重电源供电。当其中一个电源发生故障时，另一个电源不应同时受到损坏	重要交通枢纽、重要通信枢纽；炼钢厂、石油提炼厂或矿井通风机、主排水泵、副井提升机等
	特别重要	①中断供电将造成重大设备损坏或发生中毒、爆炸和火灾等情况的负荷 ②特别重要场所的不允许中断供电的负荷	①由双重电源供电外，要备有应急电源 ②不得将其他负荷接入应急供电系统中 ③设备的供电电源切换时间应满足设备允许中断供电的要求	中压及以上给水泵、大型压缩机的润滑油泵的供电；应急照明、通信系统、自动控制装置
二级负荷		①中断供电将在经济上造成较大损失 ②中断供电将影响较重要用电单位的正常工作	由两回线路供电，在负荷较小或地区供电条件困难时可由一回6 kV及以上专用的架空线路供电	煤矿主井提升机、压风机；大型影剧院、大型商场等
三级负荷		不属于一级和二级负荷者	为不重要的一般负荷，允许长时间停电，因此，对供电电源无特殊要求	一般工矿企业

应急电源包括：独立于正常电源的发电机组、供电网络中独立于正常电源的专用的馈电线路、蓄电池、干电池等。

二、负荷曲线

一家工厂的电力负荷随用电设备工作时负载的变化总是在经常变动的。负荷曲线是指用于表达电力负荷随时间变化情况的函数曲线。在直角坐标系中，纵坐标表示负荷值（有功功率或无功功率），横坐标表示对应的时间（一般以小时为单位）。

负荷曲线按负荷的功率性质可分为有功负荷曲线和无功负荷曲线；按所表示的负荷变动的时间可分为日负荷曲线、月负荷曲线和年负荷曲线。

根据需要的不同，负荷曲线可以绘制成全厂的，也可以绘制成某一性质用电设备组的。

1. 日有功负荷曲线

日有功及无功负荷曲线如图 3-19 所示。为了便于在运行中制定负荷曲线，负荷曲线常绘成阶梯形，如图 3-20 所示。

2. 年有功负荷曲线

年有功负荷曲线通常绘制成年负荷持续时间曲线，图 3-21 所示为年负荷持续时间曲线的绘制。它是根据全年的负荷变化，按照各个不同的负荷值累计（全年时间按 8 760 h 计算）持续时间排列组成的。年负荷持续时间曲线根据一年中具有代表性的夏日负荷曲线

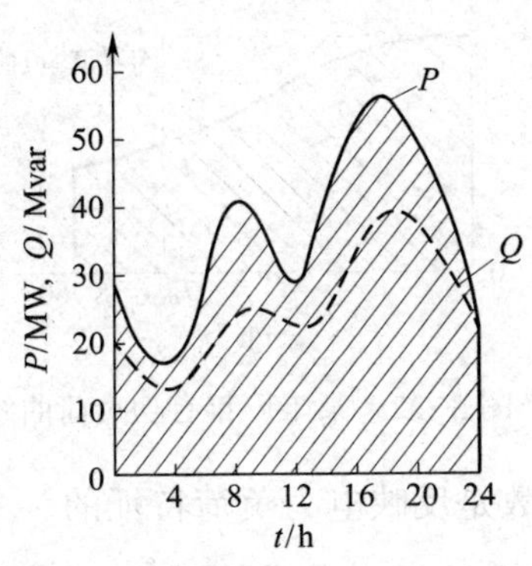

图 3-19　日有功及无功负荷曲线

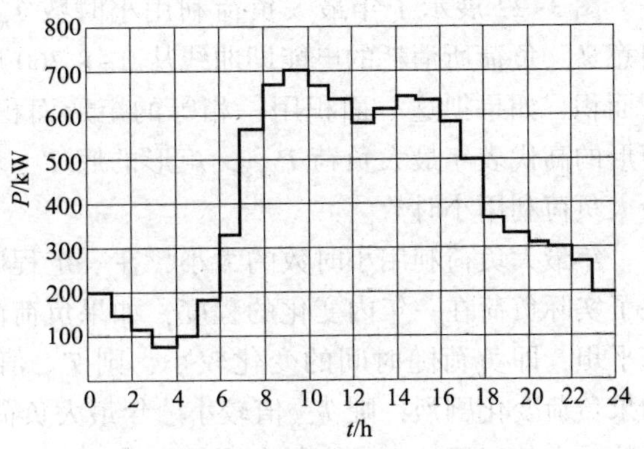

图 3-20　阶梯形日有功负荷曲线

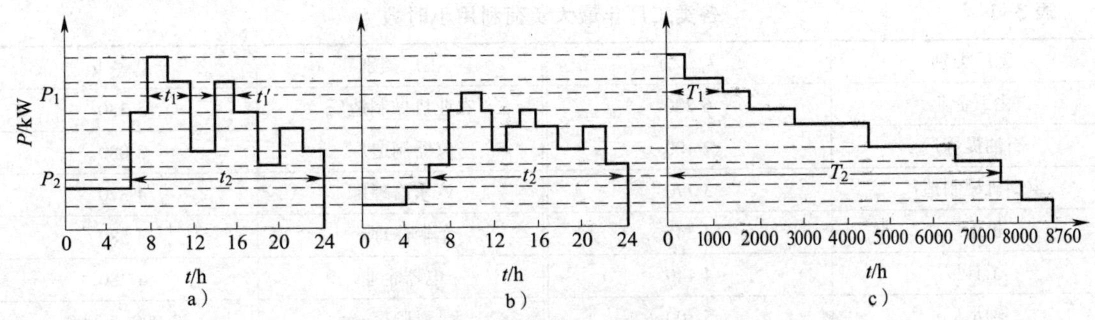

图 3-21　年负荷持续时间曲线的绘制

a）夏日负荷曲线　b）冬日负荷曲线　c）年负荷持续时间曲线

（见图 3-21a）和冬日负荷曲线（见图 3-21b）绘制。在我国北方，按夏日 165 天、冬日 200 天计算；在我国南方，按夏日 200 天、冬日 165 天计算。例如，南方某工厂年负荷持续时间曲线如图 3-21c 所示，P_1、P_2为不等的两种有功功率，T_1、T_2分别为P_1、P_2在年负荷持续时间曲线上所占的时间。t_1、t_1'为在日负荷曲线上超过P_1的两个时间段，t_2、t_2'为在日负荷曲线上超过P_2的两个时间段。因此，P_1在年负荷持续时间曲线上所占的时间$T_1 = 200\ (t_1+t_1')$，P_2在年负荷持续时间曲线上所占的时间$T_2=200t_2+165t_2'$，其余类推。

三、与负荷曲线和负荷计算有关的几个物理量

1. 年最大负荷

年最大负荷P_{max}是指全年中负荷最大的工作班组内消耗电能最多的半小时的平均功率，因此年最大负荷也称为半小时最大负荷P_{30}。

年最大负荷利用小时数又称为年最大负荷使用时间T_{max}，它是一个假想时间，在此时间内，电力负荷按年最大负荷P_{max}（或P_{30}）持续运行所消耗的电能，恰好等于该电力负荷全年实际消耗的电能。

图 3-22 所示为某工厂年有功负荷曲线，此曲线上最大负荷P_{max}就是年最大负荷，T_{max}为年最大负荷利用小时数。

图 3-22 展示了年最大负荷利用小时数 T_{max} 的几何意义。负荷所消耗的电能即曲线从 0~8 760 所围成的面积，如果把这一面积用一相等的矩形面积表示，矩形的高代表年最大负荷 P_{max}，矩形的底 T_{max} 表示年最大负荷利用小时数。

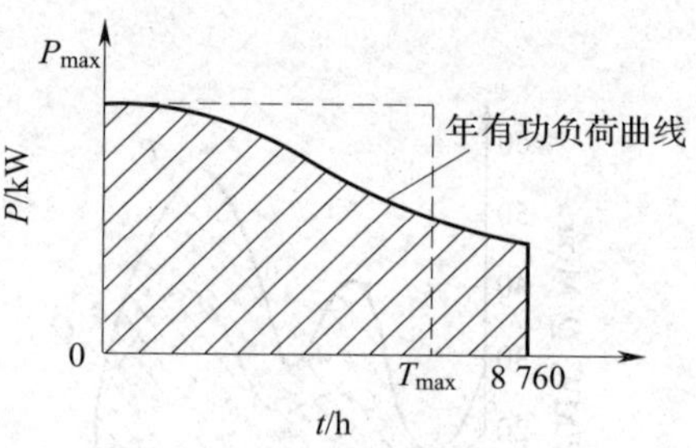

图 3-22　某工厂年有功负荷曲线

年最大负荷利用小时数的大小，在一定程度上反映了实际负荷在一年内变化的程度，如果负荷曲线比较平坦，即负荷随时间的变化较小，则 T_{max} 值较大；如果负荷变化剧烈，则 T_{max} 值较小。年最大负荷利用小时数是反映电力负荷特征的一个重要参数，它与工厂的生产班制有明显的关系。

根据电力用户长期运行和实际积累的经验，各类工厂年最大负荷利用小时数见表 3-3。

表 3-3　各类工厂年最大负荷利用小时数

工厂类别	T_{max}/h	工厂类别	T_{max}/h
化工企业	6 200	农业机械制造厂	5 330
石油提炼厂	7 100	仪器制造厂	3 080
重型机械制造厂	3 770	汽车修理厂	4 370
机床厂	4 345	车辆修理厂	3 580
工具厂	4 140	电器企业	4 280
轴承厂	5 300	氮肥厂	7 000~8 000
汽车拖拉机厂	4 960	金属加工企业	4 355
起重运输设备厂	3 300		

2. 平均负荷

平均负荷 P_v 是指电力负荷在一定时间 t 内平均消耗的功率，也就是电力负荷在该时间 t 内消耗的电能 W_t 除以时间 t 的值，即

$$P_v = W_t / t$$

年平均负荷 P_{av} 是指电力负荷在一年时间（8 760 h）内平均消耗的功率，如图 3-23 所示，也就是电力负荷在全年内实际消耗的电能 W_a 除以时间 8 760 h 的值，即

$$P_{av} = W_a / 8\ 760$$

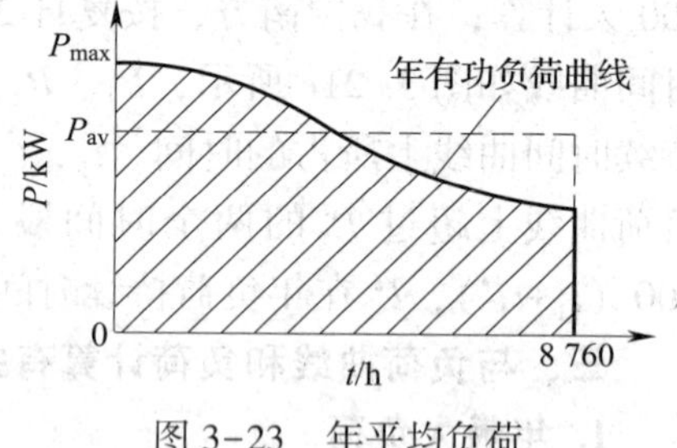

图 3-23　年平均负荷

3. 负荷系数

负荷系数又称负荷率，是用电负荷的平均负荷 P_v 与其最大负荷 P_{max} 的比值，即

$$K_L = P_v / P_{max}$$

对负荷曲线来说，负荷系数亦称负荷曲线填充系数，它表征负荷曲线不平坦的程度，即表征负荷起伏变动的程度。从充分发挥供电设备的能力、提高供电效率来说，希望此系数越高、越趋近于 1 越好。从发挥整个电力系统的效能来说，应尽量使工厂的不平坦的负荷曲线

“削峰填谷”，提高负荷系数。对用电设备来说，负荷系数就是设备的输出功率 P 与设备装机容量 P_N 的比值，即

$$K_L = P/P_N$$

四、电力负荷计算

求计算负荷的工作称为负荷计算，计算负荷是根据已知的用电设备装机容量确定的、预期不变的最大假想负荷。

负荷计算的主要目的是选择导线及电缆的规格、型号，选择工厂总降压变压器和车间变压器的容量、规格和型号，选择供电系统中各种高、低压开关设备的规格和型号。

我国目前普遍采用的负荷计算方法有需要系数法和二项式法。需要系数法是世界各国普遍采用的计算方法，简单方便。二项式法在确定设备台数较少而容量差别悬殊的分支干线计算负荷时，较需要系数法合理。本节只介绍需要系数法。

1. 用电设备的容量计算

在进行负荷计算时，必须先将用电设备按其不同工作制性质分为不同的用电设备组，由此确定用电设备组容量后进行计算。

（1）对连续工作制和短时工作制的用电设备组，用电设备组容量就是所有设备的铭牌额定容量之和，即

$$P_{\sum N} = \sum P_N$$

（2）对断续周期工作制的用电设备组，用电设备组容量就是将所有设备在不同负荷持续率下的铭牌额定容量，换算到一个统一的负荷持续率下的功率之和（负荷持续率用来表示断续周期工作制的设备，是指一个工作周期内工作时间与工作周期的百分比值。例如，如果一个工作周期为 24 h，某断续工作用电设备工作时间为 2 h，则其负荷持续率为 8.3%）。

常用的断续周期工作制的用电设备组换算如下：

1）电焊机组。要求统一换算到 $\varepsilon = 100\%$，按下式进行换算后得到的用电设备组容量为

$$P_{\sum N} = P_N \sqrt{\frac{\varepsilon_N}{\varepsilon_{100}}} = S_N \cos\varphi \sqrt{\frac{\varepsilon_N}{\varepsilon_{100}}}$$

即

$$P_{\sum N} = P_N \sqrt{\varepsilon_N} = S_N \cos\varphi \sqrt{\varepsilon_N}$$

式中　P_N、S_N——电焊机铭牌的有功功率和视在功率；

ε_N——与铭牌对应的负荷持续率；

ε_{100}——100%的负荷持续率；

$\cos\varphi$——铭牌规定的功率因数。

2）起重机电动机组。要求统一换算到 $\varepsilon = 25\%$，可得换算后的用电设备组容量为

$$P_{\sum N} = P_N \sqrt{\frac{\varepsilon_N}{\varepsilon_{25}}} = 2P_N \sqrt{\varepsilon_N}$$

式中　P_N——起重机电动机铭牌容量；

ε_N——与铭牌容量对应的负荷持续率（计算中用小数）；

ε_{25}——其值为25%的负荷持续率。

2. 按需要系数法确定计算负荷

（1）用电设备组计算负荷的确定。

考虑到用电设备组的设备实际上不一定都同时运行，运行时设备也不太可能都满负荷，同时设备本身有功率损失，配电线路也有功率损失，因此用电设备组的有功计算负荷应为

$$P_{30}=\frac{K_{\Sigma}K_{\mathrm{L}}}{\eta_{\Sigma}\eta_{\mathrm{wL}}}P_{\Sigma\mathrm{N}}$$

式中 K_{Σ}——设备组的同时系数，即设备组在最大负荷时运行的设备容量与全部设备容量之比；

K_{L}——设备组的负荷系数，即设备组在最大负荷时的输出功率与运行的设备容量之比；

η_{Σ}——设备组的平均效率；

η_{wL}——配电线路的平均效率。

令式中的$\frac{K_{\Sigma}K_{\mathrm{L}}}{\eta_{\Sigma}\eta_{\mathrm{wL}}}=K_{\mathrm{d}}$，即需要系数。则由式可知

$$K_{\mathrm{d}}=P_{30}/P_{\Sigma\mathrm{N}}$$

由此可得按需要系数法确定三相用电设备组有功计算负荷的基本公式为

$$P_{30}=K_{\mathrm{d}}P_{\Sigma\mathrm{N}}$$

实践表明，需要系数K_{d}不仅与用电设备组的工作制性质、设备台数、设备效率和线路损失等因素有关，而且与操作人员的技能和生产组织等多种因素有关。

附录表1列出了各种用电设备组的需要系数值，供参考。

在求出有功计算负荷P_{30}后，可按表3-4中所列各式分别求出其余的计算负荷。

表3-4　　计算负荷公式

负荷名称	计算公式	相关说明
有功计算负荷	$P_{30}=K_{\mathrm{d}}P_{\Sigma\mathrm{N}}$	K_{d}为需要系数
无功计算负荷	$Q_{30}=P_{30}\tan\varphi$	$\tan\varphi$ 为对应于用电设备组 $\cos\varphi$ 的正切值
视在计算负荷	$S_{30}=P_{30}/\cos\varphi$	$\cos\varphi$ 为用电设备组的平均功率因数
计算电流	$I_{30}=S_{30}/(\sqrt{3}U_{\mathrm{N}})$	U_{N}为用电设备组的额定电压

负荷计算中常用的单位：有功功率为“千瓦”（kW），无功功率为“千乏”（kvar），视在功率为“千伏·安”（kV·A），电流为“安”（A），电压为“千伏”（kV）。

【例3-1】已知某机修车间的金属切削机床组，有电压为380 V的三相异步电动机共24台：1 kW的6台；3 kW的10台；7.5 kW的4台；15 kW的4台。试求其计算负荷。

解：此机床组电动机的总容量为

$$P_{\Sigma\mathrm{N}}=1\times6+3\times10+7.5\times4+15\times4=126(\mathrm{kW})$$

查附录表1中“小批生产的金属冷加工机床电动机”项，有$K_{\mathrm{d}}=0.16\sim0.2$（取0.2），$\cos\varphi=0.5$，$\tan\varphi=1.73$。因此，可求得

有功计算负荷　$P_{30}=0.2\times126=25.2$（kW）

无功计算负荷　$Q_{30}=25.2\times1.73\approx43.6$（kvar）

视在计算负荷　$S_{30}=25.2/0.5=50.4$（kV·A）

计算电流　$I_{30}=50.4/(\sqrt{3}\times0.38)\approx76.6$（A）

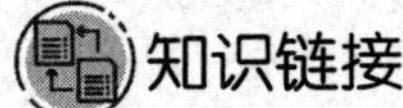

二项式法

二项式法确定计算负荷的公式为

$$P_{30}=bP_e+cP_x$$

式中　bP_e——用电设备组的平均功率；

P_e——用电设备组的总设备容量；

cP_x——用电设备组中 x 台容量最大的设备投入运行时增加的附加负荷；

P_x——x 台容量最大的设备总容量；

b、c——二项式系数（查附录表1）。

Q_{30}、S_{30}、I_{30}的计算与需要系数法相同。

（2）多组用电设备计算负荷的确定。

计算确定拥有多组用电设备的干线或车间变电所低压母线的负荷时，应考虑各组用电设备的最大负荷不同时出现的因素。因此，在确定多组用电设备计算负荷时，应结合具体情况对其有功负荷和无功负荷分别计入一个同时系数$K_{\Sigma p}$和$K_{\Sigma q}$。

对车间干线　$K_{\Sigma p}=0.85\sim0.95$

对低压母线　$K_{\Sigma q}=0.90\sim0.97$

多组用电设备计算负荷的计算公式见表3-5。

表3-5　多组用电设备计算负荷的计算公式

负荷名称	计算公式
总的有功计算负荷	$P_{30}=K_{\Sigma p}\sum_{i=1}^{n}P_{30,i}$
总的无功计算负荷	$Q_{30}=K_{\Sigma q}\sum_{i=1}^{n}Q_{30,i}$
总的视在计算负荷	$S_{30}=\sqrt{P_{30}^2+Q_{30}^2}$
总的计算电流	$I_{30}=S_{30}/(\sqrt{3}U_N)$

注：$\sum P_{30}$ 和 $\sum Q_{30}$ 分别为各组设备的有功和无功计算负荷之和。

【例3-2】某机修车间380 V线路，接有金属切削机床电动机20台，共50 kW（其中较大容量电动机有7.5 kW的1台，4 kW的3台，2.2 kW的7台）；通风机2台，共3 kW；电阻炉1台，2 kW。试确定此线路上的计算负荷。

解：先求各组的计算负荷。

1）金属切削机床组　查附录表1，取 $K_d=0.2$，$\cos\varphi=0.5$，$\tan\varphi=1.73$

故
$$P_{30(1)}=K_dP_{\sum N}=0.2\times50=10\ (\text{kW})$$
$$Q_{30(1)}=P_{30(1)}\tan\varphi=10\times1.73=17.3\ (\text{kvar})$$

2）通风机组　查附录表1，取 $K_d=0.8$，$\cos\varphi=0.8$，$\tan\varphi=0.75$

故
$$P_{30(2)}=K_dP_{\sum N}'=0.8\times3=2.4\ (\text{kW})$$
$$Q_{30(2)}=P_{30(2)}\tan\varphi=2.4\times0.75=1.8\ (\text{kvar})$$

3）电阻炉　查附录表1，取 $K_d=0.7$，$\cos\varphi=1$，$\tan\varphi=0$

故
$$P_{30(3)}=K_dP_{\sum N}''=0.7\times2=1.4\ (\text{kW})$$
$$Q_{30(3)}=P_{30(3)}\tan\varphi=0$$

因此，总计算负荷为（取 $K_{\sum p}=0.95$，$K_{\sum q}=0.97$）

$$P_{30}=K_{\sum p}\sum P_{30(n)}=K_{\sum p}[P_{30(1)}+P_{30(2)}+P_{30(3)}]=0.95\times(10+2.4+1.4)\approx13.1\ (\text{kW})$$

$$Q_{30}=K_{\sum q}\sum Q_{30(n)}=K_{\sum p}[Q_{30(1)}+Q_{30(2)}+Q_{30(3)}]=0.97\times(17.3+1.8+0)\approx18.5\ (\text{kvar})$$

$$S_{30}=\sqrt{P_{30}^2+Q_{30}^2}=\sqrt{13.1^2+18.5^2}\approx22.7\ (\text{kV}\cdot\text{A})$$

$$I_{30}=S_{30}/(\sqrt{3}U_N)=22.7/(\sqrt{3}\times0.38)\approx34.5\ (\text{A})$$

为了便于审核，在实际工程设计说明书中，常采用计算表格的形式，见表3-6。

表3-6　例3-2中需要系数法的电力负荷计算表

序号	用电设备组名称	台数 n	容量 $P_{\sum N}$/kW	需要系数 K_d	$\cos\varphi$	$\tan\varphi$	计算负荷 P_{30}/kW	Q_{30}/kvar	S_{30}/kV·A	I_{30}/A
1	金属切削机床	20	50	0.2	0.5	1.73	10	17.3		
2	通风机	2	3	0.8	0.8	0.75	2.4	1.8		
3	电阻炉	1	2	0.7	1	0	1.4	0		
车间总计		23	55				13.8	19.1		
		取 $K_{\sum p}=0.95$，$K_{\sum q}=0.97$					13.1	18.5	22.7	34.5

（3）全厂总计算负荷的确定。

将全厂用电设备总容量 $\sum P_N$（备用设备不计）乘以全厂需要系数 K_d（见附表2），就可以得到全厂总计算负荷。

五、工厂照明负荷计算

1. 确定照明用电设备的容量

（1）不用镇流器的照明设备（如白炽灯、碘钨灯等）的设备容量指灯头的额定功率，即

$$P_e=\sum P_N$$

（2）用镇流器的照明设备（如荧光灯、高压汞灯、金属卤化物灯等）的设备容量需要包括镇流器中的功率损失。

即荧光灯

$$P_e = 1.2\sum P_N$$

高压汞灯、金属卤化物灯

$$P_e = 1.1\sum P_N$$

（3）照明设备的设备容量还可以按建筑物的单位面积容量法计算。

即

$$P_e = \omega S/1\ 000$$

式中 ω——建筑物单位面积的照明容量，W/m^2；

S——建筑物面积，m^2。

2. 单个照明用电设备的负荷计算

对单个白炽灯、单台电热设备、单台电炉变压器等，设备额定容量就作为计算负荷。

即

$$P_{30} = P_N$$

3. 照明用电设备组的负荷计算

按照以下公式计算：

$$P_{30} = K_d\sum P_e$$
$$Q_{30} = P_{30}\tan\varphi$$
$$S_{30} = P_{30}/\cos\varphi$$
$$I_{30} = S_{30}/(\sqrt{3}U_N)$$

§3-3 工厂变配电所及其主接线

学习目标

1. 了解变配电所的作用和类型。
2. 掌握变配电所的主接线方式。

工厂内部供配电系统由高压和低压配电线路、变电所（或配电所）以及用电设备构成，通常由电力系统或工厂自备发电厂供电。

一般中型工厂的电源进线电压为 6~10 kV。电能先经高压配电所集中，再由高压配电线路将电能分送到各车间变电所，或由高压配电线路直接供给高压用电设备。车间变电所内装设有配电变压器，将 6~10 kV 的电压降为低压用电设备所需的电压（如 220/380 V），然后由低压配电线路将电能分送给各用电设备使用。图 3-24 所示为典型的中型工厂供配电系统图。

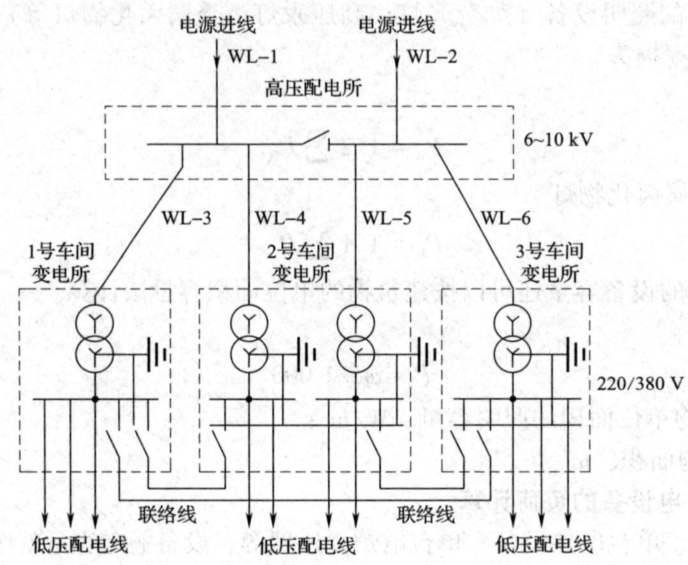

图 3-24　典型的中型工厂供配电系统图

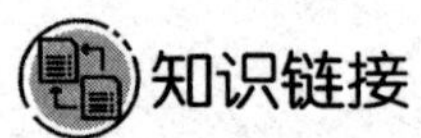

高压线路的几个基本概念

（1）高压输电线路。

从发电厂或变电所升压，把电能输送到降压变电所的高压电力线路。电压一般在 35 kV 以上。

（2）高压配电线路。

从降压变电所把电能送到配电变压器的电力线路。电压一般为 3 kV、6 kV、10 kV。

（3）母线。

在变电所中各级电压配电装置的连接，以及变压器等电气设备和相应配电装置的连接，大都采用矩形或圆形截面的裸导线或绞线，这统称为母线。母线的作用是汇集、分配和传送电能。

（4）主变压器。

在变电所正常运行条件下承担变电功能的变压器。

一、工厂变配电所的作用和类型

1. 变配电所的作用

变电所是从电力系统接收电能、变换电压并对用电设备供电的场所。

配电所是装置有起通断和分配电能作用的高、低压配电装置的场所，母线上无主变压器，具有控制电力流向和调整电压的作用。

变配电所是电力系统中变电所和配电所的合称。变配电所是工厂供配电系统的枢纽，在工厂中占有特殊的重要地位。

变电所有升压与降压之分。升压变电所通常与大型发电厂结合在一起，在发电厂电气部分装有升压变压器，把发电厂发出的电压升高，通过高压输电网络将电能送向远方。降压变电所设在用电中心，将高压的电能适当降压后，向该地区用户供电。

根据供电的范围不同，降压变电所可分为一次（枢纽）变电所和二次变电所。一次变电所从 110 kV 以上的输电网络受电，将电压降到 35~110 kV，供给一个大的区域用电。二次变电所大多数从 35~110 kV 输电网络受电，将电压降到 6~10 kV，向较小范围供电。

2. 变配电所的类型

工厂供配电系统由总降压变电所、高压配电线路、车间变电所、低压配电线路及用电设备等组成。

（1）总降压变电所。

总降压变电所负责将 35~110 kV 的外部供电电压变换为 6~10 kV 的厂区高压配电电压，给厂区各车间变电所或高压电动机供电。

（2）车间变电所。

车间变电所将 6~10 kV 的电压降为 380/220 V，再通过车间低压配电线路，给车间用电设备供电。

（3）配电线路。

配电线路分为厂区高压配电线路和车间低压配电线路。

想一想

工厂总降压变电所、车间变电所有哪些相同之处和不同之处？

现以车间变电所为例，按其主变压器的安装位置，可以把变电所分为下列几种类型，见表 3-7。

表 3-7　变电所的类型及特点

<table>
<tr><th colspan="2">类型</th><th>安装位置</th><th>特点及示例</th><th>图示</th></tr>
<tr><td rowspan="4">户内变电所</td><td>车间附设变电所</td><td>一面或几面墙体与生产车间墙体共用，变电所的门向生产车间外或墙体外开</td><td>适用于一般车间，见图示中 1、2、3</td><td rowspan="3">1 车间外墙 车 4 间 5 2 6 3</td></tr>
<tr><td>车间内变电所</td><td>设在车间内部的单独房间内，变电所的门向车间内开</td><td>适合负荷大而集中且布置比较稳定的大型车间，见图示中 4</td></tr>
<tr><td>独立变电所</td><td>设在车间以外的单独建筑物内</td><td>适合负荷较小而分散的中小型工厂，或需要远离易燃、易爆及腐蚀性物质的场所，见图示中 5、6</td></tr>
<tr><td>地下变电所</td><td>将整个变电所装置在地下设施内</td><td colspan="2">通风散热条件差，湿度也较大，建筑费用较高，但相当安全。现在我国采用的还不多</td></tr>
<tr><td colspan="2">露天变电所</td><td>安装在户外地面上，周围用栅栏或围墙保护；或安装在电杆上，低压配电设备安装在户内</td><td colspan="2">适用于工厂生活区和负荷很小的工厂</td></tr>
</table>

二、工厂变配电所的主接线

变配电所的主接线是实现电能输送和分配的一种电气接线，是由各主要电气设备（包括变压器、开关电器、母线、互感器及连接线路等）按一定顺序连接而成的、接受和分配电能的总电路。

对工厂变配电所主接线的要求是安全、可靠、灵活、经济等，在学习过程中注意比较理解。

1. 车间变电所主接线

工厂有总降压变电所或高压配电所时，车间变电所主接线高压侧的开关电器、保护装置和测量仪表等安装在总变配电所的高压配电室内，车间变电所只设变压器室和低压配电室，如图 3-25 所示。

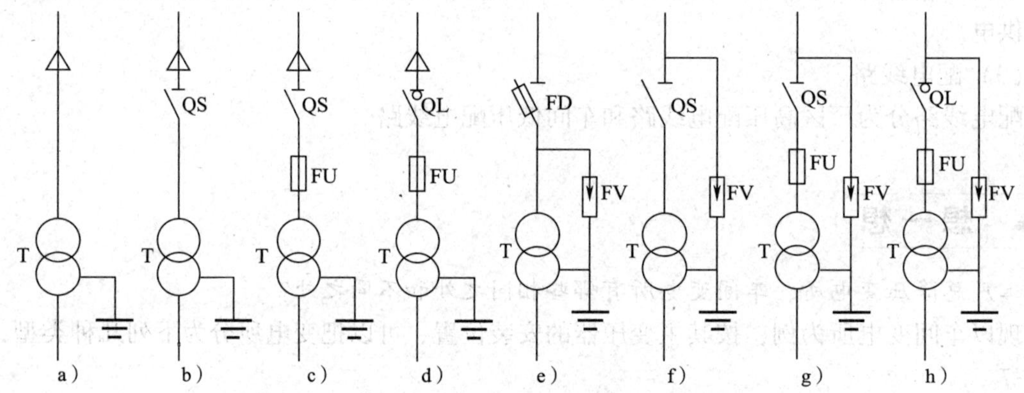

图 3-25　车间变电所高压侧主接线（八种方案）

QS—隔离开关　QL—负荷开关　FU—熔断器　FD—跌落式熔断器　FV—阀式避雷器

在图 3-25 中，各方案的区别如下：

（1）高压电缆进线，无开关。

（2）高压电缆进线，装隔离开关。

（3）高压电缆进线，装隔离开关-熔断器。

（4）高压电缆进线，装负荷开关-熔断器。

（5）高压架空进线，装跌落式熔断器和避雷器。

（6）高压架空进线，装隔离开关和避雷器。

（7）高压架空进线，装隔离开关-熔断器和避雷器。

（8）高压架空进线，装负荷开关-熔断器和避雷器。

2. 小型工厂变电所主接线

（1）只有一台变压器的变电所典型主接线方案，见表 3-8。

（2）有两台变压器的变电所典型主接线方案，见表 3-9。

表 3-8 只有一台变压器的变电所典型主接线方案

高压侧控制方式	采用隔离开关-熔断器控制或户外跌落式熔断器控制	采用负荷开关-熔断器控制	采用隔离开关-断路器控制	
主接线图	6~10 kV 电源进线 QS FD FU T QF TA 220/380 V	6~10 kV 电源进线 QL FU T QF TA 220/380 V	6~10 kV 电源进线 QS1 QS2 QF1 FU TA1 FV TV T QF2 TA2 220/380 V	6~10 kV 电源进线 QS1 QS2 QS3 QS4 QF1 FU TA1 TV T QF2 TA2 220/380 V
优缺点	简单经济，但停电和送电的操作比较复杂、供电可靠性不高	停电和送电的操作简便灵活；发生过负荷时，负荷开关装的热脱扣器保护动作，使开关跳闸。但供电可靠性不高	停电和送电的操作十分灵活方便，供电可靠性较高。只有一路电源进线	停电和送电的操作灵活方便，两路电源进线，供电可靠性高
应用	适用于 500 kV · A 及以下容量的三级负荷小型变电所	一般用于三级负荷的小型变电所	只用于三级负荷变电所，但供电容量较大	可为二级负荷供电

表 3-9　有两台变压器的变电所典型主接线方案

控制方式	高压侧无母线、低压侧单母线分段	高压侧单母线、低压侧单母线分段	高、低压侧均为单母线分段形式
主接线图	6~10 kV 电源进线 QS3 QS1 QS2 QS4 QF1 QF2 TV1 FV1 FV2 TV2 TA1 TA2 T1 T2 QF3 QF4 QK1 QK2 TA3 TA4 220/380 V QF5	6~10 kV 电源进线 6~10 kV QS4 QS1 QS2 QS3 FU QF1 QF2 QF3 TV 联络线 T1 T2 QF4 QF5 QK1 QK2 220/380 V QF6	6~10 kV 电源进线 QF1 QF2 FV1 FV2 TV1 TV2 T1 T2 QF3 QF4 220/380 V QF5
优缺点	供电可靠性较高	供电可靠性较高	供电可靠性相当高
应用	可为一、二级负荷供电	可为二、三级负荷供电	可为一、二级负荷供电

3. 工厂总降压变电所的主接线

电源进线电压为 35 kV 及以上的大中型工厂，须经工厂总降压变电所降为 6～10 kV 后，再经车间变电所降压为低压 220/380 V，为低压设备供电。

（1）只有一台变压器的总降压变电所主接线。

只有一台变压器的总降压变电所，其主接线通常采用一次侧无母线、二次侧单母线的主接线形式，如图 3-26 所示。这种主接线形式简单经济，但供电可靠性不高。

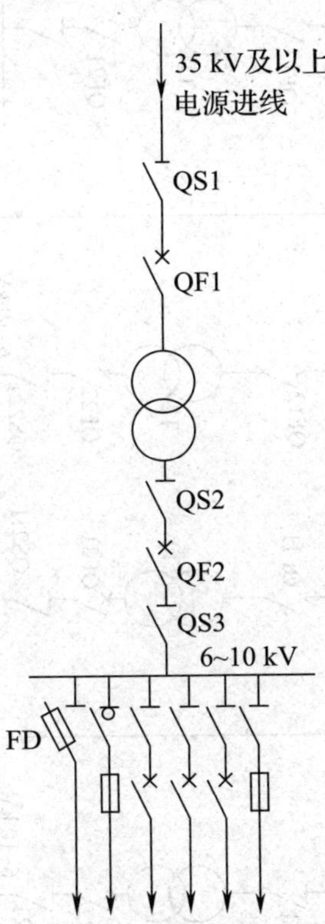

图 3-26　只有一台变压器的总降压变电所主接线图

（2）有两台变压器的总降压变电所典型主接线方案，见表 3-10。

表 3-10　有两台变压器的总降压变电所典型主接线方案

一次侧接线方式	内桥式接线	外桥式接线	单母线分段
二次侧接线方式	单母线分段	单母线分段	单母线分段
主接线图	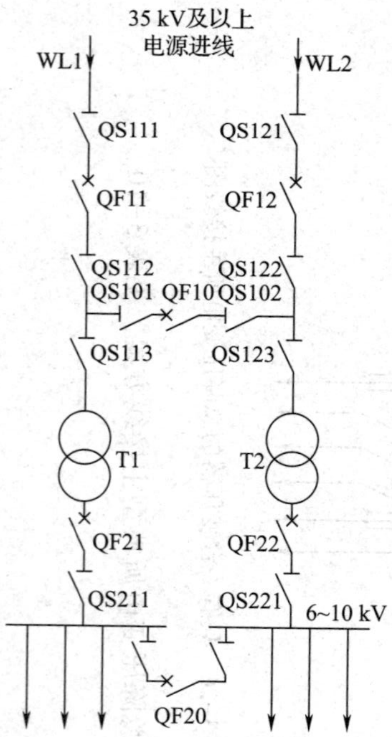 35 kV及以上电源进线 WL1 WL2 QS111 QS121 QF11 QF12 QS112 QS122 QS101 QF10 QS102 QS113 QS123 T1 T2 QF21 QF22 QS211 QS221 6~10 kV QF20	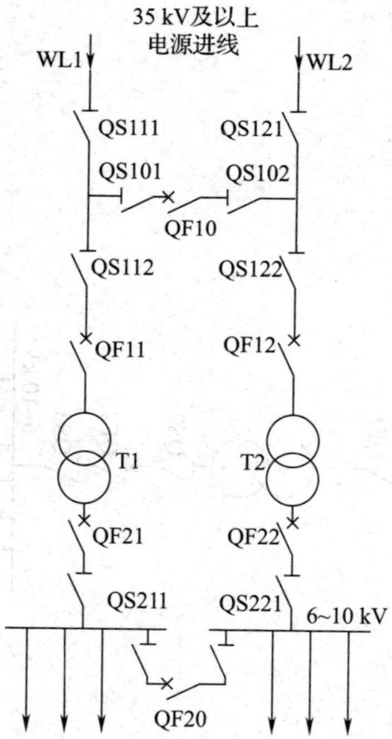 35 kV及以上电源进线 WL1 WL2 QS111 QS121 QS101 QS102 QF10 QS112 QS122 QF11 QF12 T1 T2 QF21 QF22 QS211 QS221 6~10 kV QF20	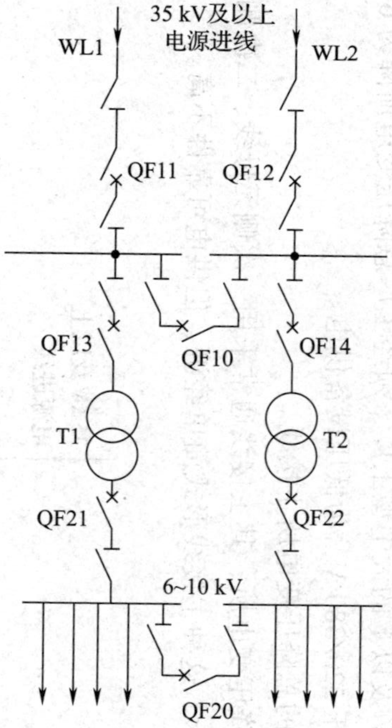 35 kV及以上电源进线 WL1 WL2 QF11 QF12 QF13 QF10 QF14 T1 T2 QF21 QF22 6~10 kV QF20
优缺点	高压断路器 QF10 跨接在两路电源进线 WL1、WL2 之间，并且在线路断路器 QF11 和 QF12 的内侧，因此称之为内桥式接线。其运行灵活性较好，供电可靠性较高	高压断路器 QF10 跨接在两路电源进线 WL1、WL2 之间，并且在线路断路器 QF11 和 QF12 的外侧，因此称为外桥式接线。其运行灵活性较好，供电可靠性较高	兼有内外桥式接线的优点，但设备多、投资大
应用	适用于一、二级负荷的工厂。适用于电源线路较长、故障和停电检修的次数较多且变压器无须经常切换的变电所	适用于一、二级负荷的工厂。适用于电源线路较短、变电所昼夜负荷变动较大、须经常切换变压器的变电所	可供一、二级负荷，适用于一、二次进出线较多的变电所

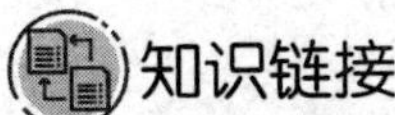

分析某工厂高压配电所及其附设 2 号车间变电所的主接线，如图 3-27 所示。

1. 电源进线

该高压配电所有两路 6 kV 电源进线，一路是架空线 WL1，另一路是电缆线 WL2。最常见的进线方案是一路电源来自工厂自备发电厂或电力系统变电所，作为正常工作电源；而另一路电源来自邻近单位的高压联络线，作为备用电源。

2. 母线

母线又称汇流排，是配电装置中用来汇集和分配电能的导体。高压配电所的母线通常采用单母线制。如果是两路及以上的电源进线，则采用母线分段制。

图 3-27 所示的高压配电所的主接线，通常采用一路电源工作、另一路电源备用的运行方式，因此母线分段开关通常是闭合的。当工作电源进线发生故障（或检修）时，切除该进线后，投入备用电源即可使整个高压配电所恢复供电。

为了测量、监视、保护和控制一次电路设备的需要，每段母线上都接有电压互感器，进线上和出线上均串接有电流互感器。该高压电流互感器均有两个二次绕组，其中一个接测量仪表，另一个接继电保护装置。为了防止雷电波侵入高压配电所击毁其中的电气设备，各段母线上都装设了避雷器。避雷器和电压互感器装在同一个高压柜中，并共用一组高压隔离开关。

3. 高压配电出线

高压配电所共有六路高压配电出线：

第一路由左段母线 WB1 经隔离开关、断路器，供电给无功补偿用的高压电容器组。

第二路由左段母线 WB1 经隔离开关、断路器，供电给 1 号车间变电所。

第三路、第四路分别由两段母线经隔离开关、断路器，供电给 2 号车间变电所。

第五路由右段母线 WB2 经隔离开关、断路器，供电给 3 号车间变电所。

第六路由右段母线 WB2 经隔离开关、断路器，供电给 6 kV 高压电动机组。

由于配电出线为母线侧来电，因此只在断路器的母线侧装设隔离开关，就可以保证断路器和出线的安全检修。

4. 2 号车间变电所

该车间变电所是将 6~10 kV 降至 220/380 V 的终端变电所。由于该厂有高压配电所，因此该车间的高压侧开关电器、保护装置和测量仪表等按通常情况安装在高压配电出线的首端，即高压配电所的高压配电室内。该车间变电所采用两个电源、两台变压器供电，说明其一、二级负荷较多。低压侧母线（220/380 V）采用单母线分段接线，并装有中性线。220/380 V 母线后的低压配电，采用低压配电柜（共五台），分别配电给动力和照明装置。其中，低压照明线采用低压刀开关—低压断路器控制，而低压动力线均采用刀熔开关控制。低压配电线上的电流互感器，其二次绕组均为一个绕组，供低压测量仪表和继电保护使用。

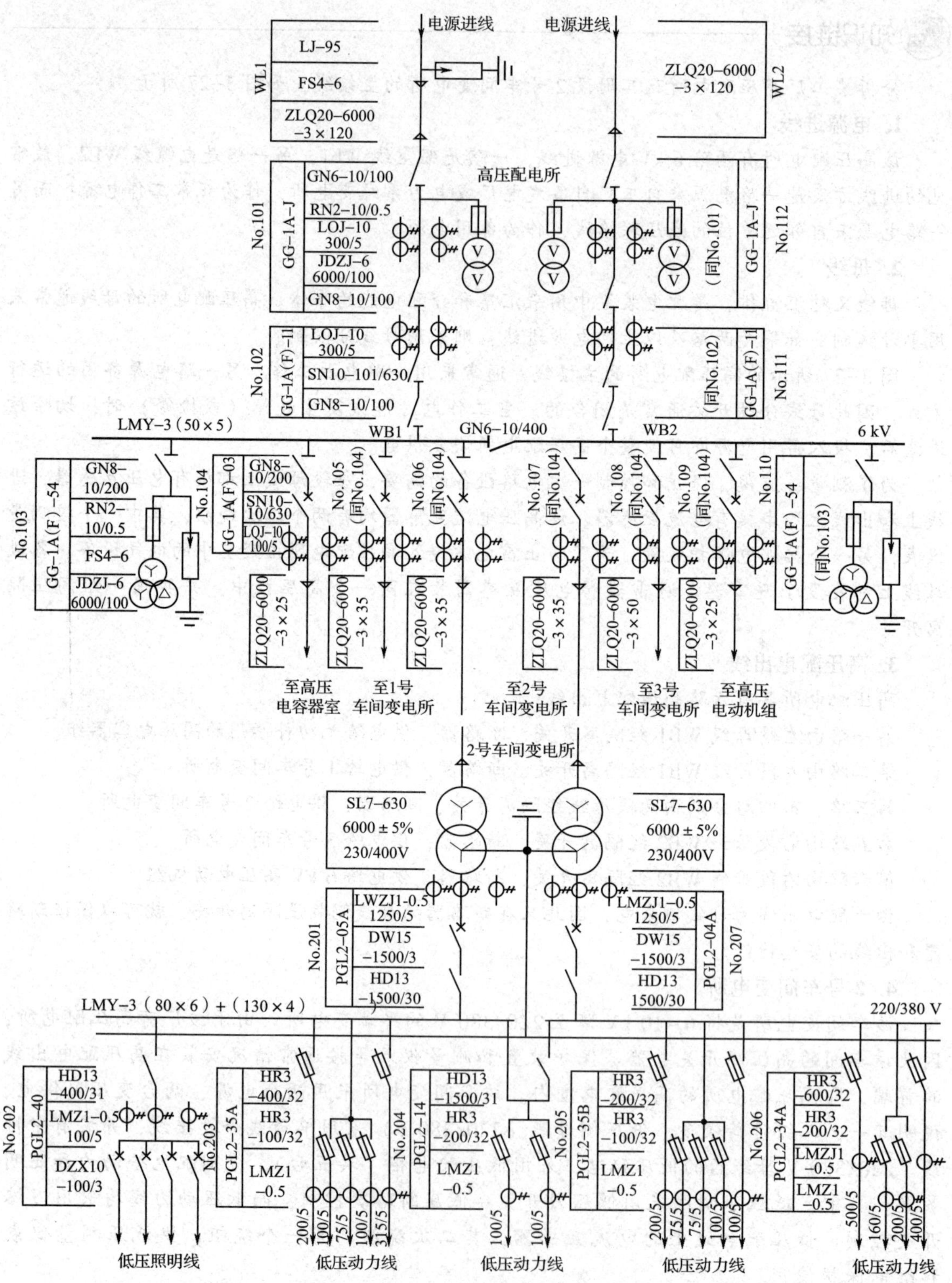

图 3–27　某工厂高压配电所及其附设 2 号车间变电所的主接线

§3-4 工厂变配电所的运行管理

学习目标

1. 了解工厂变配电所的运行管理制度。
2. 掌握工厂变配电所的送电和停电操作步骤及操作要求。

一、工厂变配电所的值班制度

工厂变配电所的值班制度主要有轮班制和无人值班制等。无人值班制，即变配电所无固定值班人员进行日常监视和操作，可以节约人力，减少运行费用，但需要有一定的物质条件，如有较完善的监测信号系统或自动装置等，才能确保变配电所的安全运行。轮班制，即全天分为早、中、晚三班，将人员分组，轮流值班，全年都不间断，这种值班制度对于确保变配电所的安全运行有很大的好处，但人力耗用较多。一些小型工厂的变配电所和大中型工厂的车间变电所，往往采用无人值班制，每天仅由工厂的维修电工或工厂总变配电所的值班人员定期巡视检查。

二、工厂变配电所值班人员的职责

（1）遵守变配电所值班工作制度，坚守工作岗位，做好安全保卫工作，确保变配电所的安全运行。

（2）积极钻研本职业务，认真学习和贯彻有关规程，熟悉变配电所的一、二次系统的接线及设备的装设位置、维护方法和操作要求，掌握安全用具和消防器材的使用方法及触电急救方法，了解变配电所现在的运行方式、负荷情况及负荷调整、电压调节等措施。

（3）监视所内各种设备的运行情况，定期巡视检查，按照规定抄报各种运行数据，记录运行日志。发现设备缺陷或运行不正常时，及时处理或报告，并做好记录，以备查考。

（4）按上级调度命令进行操作，发生事故时进行紧急处理，并做好记录，以备查考。

（5）保管好所内各种资料图表、工具仪器和消防器材等，并保持好所内设备及环境的清洁卫生。

（6）按规定进行交接班。值班人员未办好交接手续时，不得擅离岗位，处理事故时，一般不得交接班。接班人员可在当班人员的要求和主持下，协助处理事故。如事故一时难以解决，在征得接班人员或上级同意后，可进行交接班。

（1）无论高压设备带电与否，值班人员都不得单独移开或越过遮栏进行工作；有必要移开遮栏时，必须有监护人在场，并符合高压设备不停电时的安全距离：10 kV 及以下时，安全距离为 0.7 m；20～35 kV 时，安全距离为 1 m。

（2）雷雨天气巡视露天高压设备时，应穿绝缘靴，并不得靠近避雷器和避雷针。

（3）高压设备发生接地故障时，室内不得接近故障点 4 m 以内的范围，室外不得接近故障点 8 m 以内的范围。进入上述范围的人员必须穿绝缘靴，接触设备的外壳和构架时，应戴绝缘手套。

三、工厂变配电所电气装置的运行维护

1. 一般要求

配电装置应定期进行巡视检查，以便及时发现运行中出现的设备缺陷和故障，如导体连接的接头部分发热、瓷绝缘子闪络或破损、油断路器漏油等，应设法采取措施予以消除。

在有人值班的变配电所内，配电装置应每班或每天进行一次外部检查。在无人值班的变配电所内，配电装置应至少每月检查一次。如遇短路引起开关跳闸或其他特殊情况（如雷击时），应对设备进行特别检查。

2. 巡视项目

（1）依母线及接头的外观或其温度指示装置（如变色漆、示温蜡）的显示，检查母线及接头的发热温度是否超过允许值。

（2）检查断路器、变压器中所装的绝缘油颜色和油位是否正常，有无漏油现象，油位指示器有无破损。

（3）检查瓷绝缘子是否脏污、破损，有无放电痕迹。

（4）检查电缆及其接头有无漏油及其他异常现象。

（5）检查熔断器的熔体是否熔断，熔断器有无破损和放电痕迹。

（6）检查二次系统的设备，如仪表、继电器等的工作是否正常。

（7）检查接地装置及 PE 线、PEN 线的连接处有无松脱、断线的情况。

（8）检查整个配电装置的运行状态是否符合当时的运行要求。停电检修部分有没有在其电源侧断开的开关操作手柄处悬挂“禁止合闸，有人工作”等标示牌，有没有装设必要的临时接地线。

（9）检查高、低压配电室的通风、照明及安全防火装置是否正常。

（10）检查配电装置本身和周围有无影响安全运行的异物（如易燃、易爆物体等）和异常现象。若巡视中发现异常情况，应记入专用记录本内，重要情况应及时汇报上级，请示处理。

四、工厂变配电所的送电和停电操作步骤

1. 倒闸操作

送电和停电操作即倒闸操作。倒闸操作是将电气设备由一种状态转换到另一种状态。这种操作主要是指拉开或合上某些断路器、隔离开关，以及与此有关的一些操作，如拉开或合上某些直流操作回路，切除或投入某些继电保护装置、自动装置或改变其整定值，拆除或装设临时接地线，以及检查设备的绝缘等操作。

倒闸操作是供配电系统运行过程中一项经常性的重要工作。倒闸操作的正确与否，关系到操作人员的人身安全和设备、系统的正常运行，也关系到生产能否顺利进行，因此必须严格执行倒闸操作票制度和监护制度。

2. 倒闸操作的基本制度

为了确保运行安全，防止误操作，电气设备运行人员必须严格执行倒闸操作票（见表 3-11）制度和监护制度。

表 3-11　　倒闸操作票（样例）

操作开始时间：× 年× 月× 日× 时×分		操作终了时间：× 年×月×日×时× 分
操作任务：WL1 电源进线送电		
执行	顺序	操作项目
√	1	拆除线路端及接地端接地线；拆除标示牌
√	2	检查 WL1、WL2 进线所有开关均在断开位置，合××#母联隔离开关
√	3	依次合 No. 102 隔离开关，No. 101 1#、2#隔离开关，合 No. 102 高压断路器
√	4	合 No. 103 隔离开关，合 No. 110 隔离开关
√	5	依次合 No. 104 ~ No. 109 隔离开关；依次合 No. 104 ~ No. 109 高压断路器
√	6	合 No. 201 刀开关；合 No. 201 低压断路器
√	7	检查低压母线电压是否正常
√	8	合 No. 202 刀开关；依次合 No. 202 ~ No. 206 低压断路器或刀熔开关
备注：		
操作人：××　　监护人：×××	值班负责人：×××	值班长：×××

倒闸操作票应由操作人根据操作任务通知，按供配电系统一次接线模拟图的运行方式用钢笔或圆珠笔正确填写。设备应使用双重名称，即设备名称和编号。操作票票面应整洁，字迹应清楚，并不得任意涂改。操作票填写完毕须经监护人核对无误，分别签名，然后经值班负责人审核签名。操作前，还应在模拟接线图上预演，以防误操作。

现在，有条件的工厂采用了计算机综合操作系统，操作流程图如图 3-28 所示。

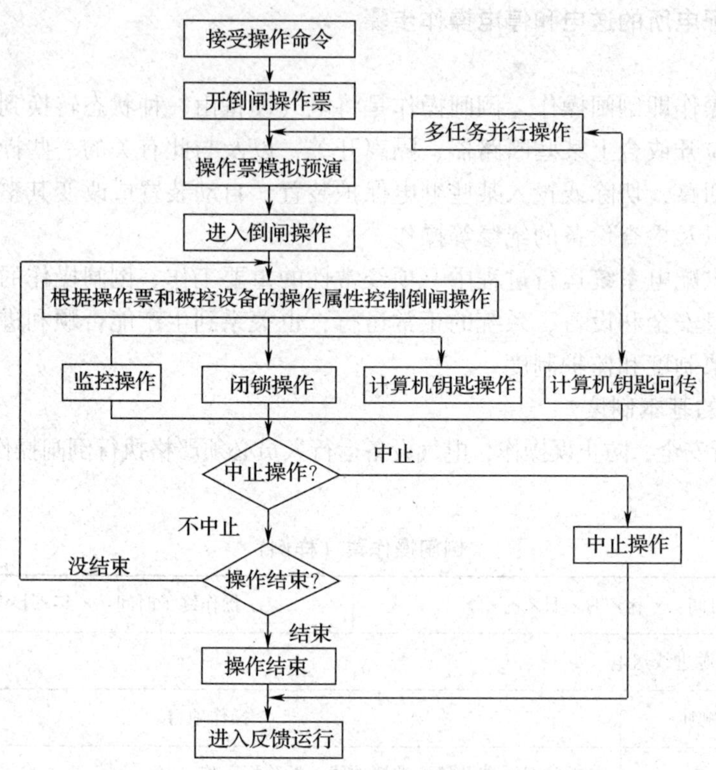

图 3-28　计算机综合操作系统操作流程图

倒闸操作必须由二人或二人以上执行，并应严格执行监护制度，操作人和监护人都必须明确操作目的和顺序，由监护人按顺序口述操作任务，操作人核对设备名称、编号并复诵，监护人确认复诵正确发出执行口令。操作完毕，二人共同检查无误后，在操作票上做“√”记号。全部操作完毕后进行复查。操作中若发生疑问，应立即停止操作，向值班负责人报告并及时处理。

倒闸操作票应预先编号，按照编号顺序使用。作废的操作票和已执行的操作票，应明确注明。执行完的操作票应由有关负责人保管三个月，备查。

3. 倒闸操作的基本原则

断路器和隔离开关是进行倒闸操作的主要电气设备。为了减少和避免因断路器未断开或未合好而引起带负荷拉、合隔离开关，倒闸操作的中心环节和基本原则是围绕着不能带负荷拉、合隔离开关的问题。因此，在倒闸操作时，应遵循下列基本原则。

（1）在拉、合闸时，必须用断路器接通或断开负荷电流或短路电流，绝对禁止用隔离开关切断负荷电流或短路电流。

（2）在合闸时，应先从电源侧进行，依次到负荷侧。在检查断路器确在断开位置后，先合上母线（电源）侧隔离开关，再合上线路（负荷）侧隔离开关，最后合上断路器。

（3）在拉闸时，应先从负荷侧进行，依次到电源侧。

4. 倒闸操作的基本要求

（1）操作隔离开关的基本要求。

1）在手动合隔离开关时，必须迅速果断。合闸开始时如发生弧光，应毫不犹豫地将隔离开关迅速合上，严禁将其再行拉开。因为带负荷拉开隔离开关，会使弧光更大，造成设备更严重的损坏，这时只能用断路器切断该回路后，才允许将误合的隔离开关拉开。

2）在手动拉开隔离开关时，应缓慢而谨慎，特别是在刀片刚离开静触头时，如产生电弧，应立即反向重新将开关合上，并停止操作，查明原因，做好记录。但在切断允许范围内的小容量变压器空载电流、一定长度的架空线路和电缆线路的充电电流、少量的负荷电流时，拉开隔离开关时都会有电弧产生，此时应迅速将隔离开关拉开，电弧会立即熄灭。

3）在拉开单极操作的高压熔断器刀开关时，应先拉中间相线再拉两边相线。因为切断第一相时弧光最小，切断第二相时弧光最大，这样操作可以减少相间短路的可能性。在接通高压熔断器刀开关时顺序则相反。

4）在操作隔离开关后，必须检查隔离开关的开、合位置，因为有时可能由于操动机构的原因，操作隔离开关后，实际上未合好或未拉开。

（2）操作断路器的基本要求。

在运行和操作中，断路器本身的故障一般有拒绝合、分闸，假合闸，三相不同期，操动机构不灵，短路电流切断能力不够等现象。要避免或减少这类故障，应注意以下几个方面。

1）在改变运行方式时，应检查断路器的断流容量是否大于该电路的短路容量。

2）在一般情况下，断路器不允许带电手动合闸。因为手动合闸的速度慢，易产生电弧，但有特殊需要时例外。

3）遥控操作断路器时，扳动控制开关不能用力过猛，以防损坏控制开关；也不得使控制开关返回太快，防止断路器合闸后又跳闸。

4）在操作断路器后，应检查有关信号灯及测量仪表（如电压表、电流表、功率表）的指示，确认断路器触头的实际位置。必要时，可依现场断路器机械位置指示器来确定实际分、合位置，以防止在操作隔离开关时，发生带负荷拉、合隔离开关事故。

五、工厂变配电所的送电和停电操作要求

1. 变配电所的送电操作

变配电所送电时，一般应从电源侧的开关合起，依次合到负荷侧开关。按这种程序操作，可使开关的闭合电流减至最小（比较安全），万一某部分存在故障，也容易发现。但是在高压断路器-隔离开关电路及低压断路器-刀开关电路中，送电时，一定要

按照母线侧隔离开关或刀开关，线路侧隔离开关或刀开关，高、低压断路器的顺序依次操作。

变配电所在事故停电后恢复送电，操作程序因开关类型的不同而有所不同。如果电源进线装设高压断路器，则高压母线发生短路故障时，断路器自动跳闸，在故障消除后，直接合上断路器即可恢复送电；如果电源进线装设高压负荷开关，则在故障消除、更换熔断器的熔管后，可合上负荷开关来恢复送电；如果电源进线装设的是高压隔离开关-熔断器，则在故障消除、更换熔断器的熔管后，先断开所有馈出线开关，然后合隔离开关，最后合上所有馈出线开关才能恢复送电；如果电源进线装设跌落式熔断器（不是负荷型的），其操作程序也是要先断开所有馈出线开关，其余如上所述。

2. 变配电所的停电操作

变配电所停电时，一般应从负荷侧的开关拉起，依次拉到电源侧开关。按这种程序操作，可使开关的开断电流减至最小（也比较安全）。但是在高压断路器-隔离开关电路及低压断路器-刀开关电路中，停电时，一定要按照高、低压断路器，线路侧隔离开关或刀开关，母线侧隔离开关或刀开关的顺序依次操作。

为了安全，线路或设备停电以后，一般规定要在主开关的操作手柄上悬挂“禁止合闸，有人工作”的标示牌。如有线路或设备检修，应在电源侧（如可能两侧来电，应在其两侧）安装临时接地线。安装接地线时，应先接接地端，后接线路端；拆除接地线时，则应先拆线路端，后拆接地端。

§3-5 工厂电力线路

学习目标

1. 了解架空线路、电缆线路的敷设方法。
2. 掌握工厂电力线路的接线方式。
3. 掌握电缆的结构和导线截面的选择原则。

一、工厂电力线路的接线方式

工厂电力线路按电压高低可分为高压线路（1 kV 以上线路）和低压线路（1 kV 及以下线路）；按结构形式可分为架空线路、电缆线路和室内（车间）线路等。工厂常见高、低压电力线路的接线方式有放射式、树干式和环形接线等，见表 3-12。

工厂高、低压配电系统常常是几种接线方式的组合。大中型工厂的高压配电系统常选用放射式接线，对于供电可靠性要求不高的辅助生产区等，则采用比较经济的树干式或环形接线方式。工厂低压配电系统常采用树干式接线方式，比较经济。

表 3-12 工厂高、低压电力线路的接线方式比较

接线方式	高压线路	低压线路	优缺点	应用
放射式接线	6~10 kV 电源 高压配电所 QS QF FD 高压配电线 车间变电所 220/380 V	6~10 kV 220/380 V M M M 电动机 电阻炉 电弧炉 配电箱 动力或照明	供电可靠性较高，但开关设备较多	适于为设备容量较大或对供电可靠性要求较高的用电线路供电
树干式接线	6~10 kV 电源 高压配电线 FD QS QF FD 车间变电所 220/380 V	6~10 kV 220/380 V	开关设备较少，但供电可靠性较低	适于为容量较小、设备分布较均匀的用电线路供电

续表

接线方式	高压线路	低压线路	优缺点	应用
环形接线	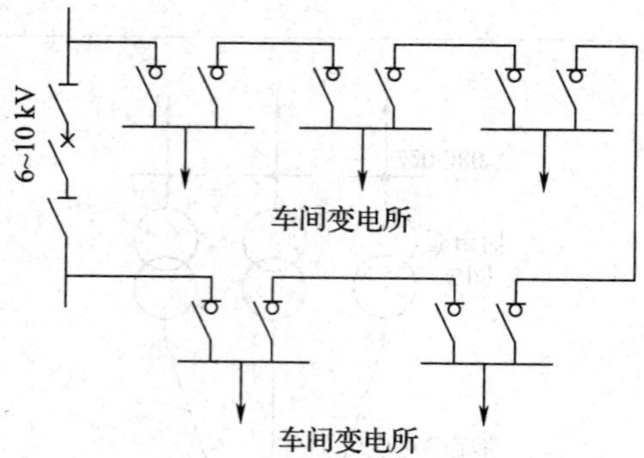 6~10 kV 车间变电所 车间变电所	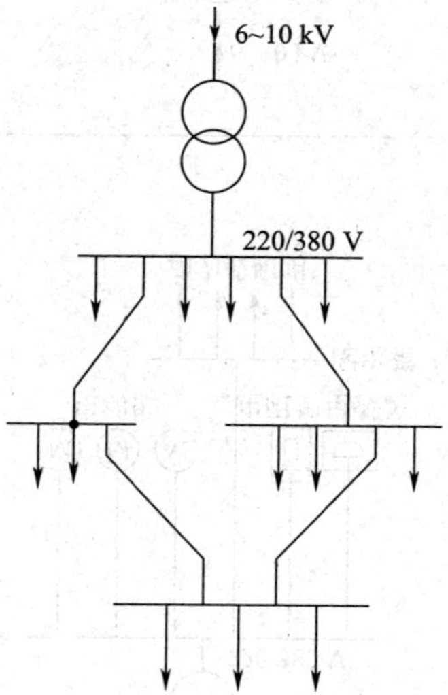 6~10 kV 220/380 V	供电可靠性较高，但系统保护装置的整定配合比较复杂。实际上，低压环形接线常采用“开口”方式运行	在高压城市电网中应用较广

二、架空线路的结构与敷设

由于架空线路与电缆线路相比有较多优点，如结构简单、施工容易、投资少，维护和检修方便，易于发现和排除故障等，所以，架空线路在一般工厂中应用相当广泛。但由于其易受雷击、风暴、冰雪和空气污染影响，占用地面和空间，因此，很多有条件的工厂都逐渐减少架空线路，改为用电缆线路供电。

架空线路由导线、电杆、绝缘子和金具等主要元件组成，如图 3-29 所示。为了防雷，有的高压架空线路上还装设有避雷线（又称架空地线）。为了加强电杆的稳固性，有的电杆还安装有拉线或扳桩。

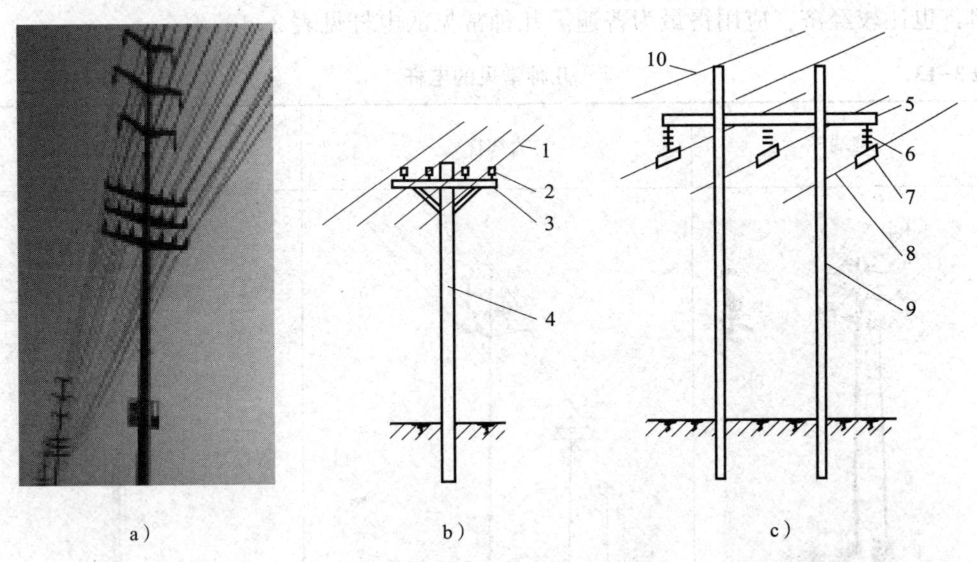

图 3-29　架空线路

a）实物图　b）低压架空线路的结构　c）高压架空线路的结构

1—低压导线　2—针式绝缘子　3—低压横担　4—低压电杆　5—高压横担

6—高压悬式绝缘子串　7—高压线夹　8—高压导线　9—高压电杆　10—避雷线

1. 架空线路的导线和避雷线

导线是线路的主体，担负着传导电流、输送电能的重任，常用的有铜绞线、铝绞线和钢芯铝绞线等。导线架设在电杆上，要经常承受自身质量和各种外力（如导线上的覆冰、风压）的作用，并要承受大气中各种有害物质的侵蚀。因此，导线除了必须具有良好的导电性外，还要具有一定的机械强度和耐腐蚀性能，以及质轻价廉的特点。

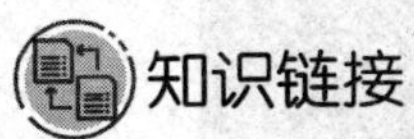

铜、铝导线的连接

铜、铝导线连接时，由于两种金属的化学性能不同，会产生化学腐蚀，严重时还会使导线接头烧断而造成事故。所以，这两种导线不能直接连接，应采用专用的铜、铝过渡接头连接（一般使用铜、铝闪光线夹和连接管）。

架空线路一般采用裸导线。在机械强度要求较高和 35 kV 及以上的架空线路上，多采用钢芯铝绞线。

架设在导线上方的避雷线，其作用是保护导线免受直接雷击。避雷线一般采用截面积不小于 35 mm^2的镀锌钢绞线。但 10 kV 及以下的配电线路一般不装设避雷线。

2. 电杆、横担

电杆是支持导线、避雷线的支柱，是架空线路的重要组成部分。对电杆的要求主要是要有足够的机械强度，同时要经久耐用、价廉、便于搬运和安装。

电杆按其采用的材料分为木杆、水泥杆和铁塔三种。对工厂来说，水泥杆经久耐用，维护简单，也比较经济，应用得最为普遍。几种常见的电杆见表 3-13。

表 3-13　几种常见的电杆

电杆种类	终端杆	直线杆	分支杆
图片			
电杆种类	转角杆	耐张杆	
图片			

电杆按其在架空线路中的功能和地位分为直线杆、耐张杆、转角杆、终端杆、跨越杆和分支杆等形式。图 3-30 是上述各种杆型在低压架空线路上的应用示意图。

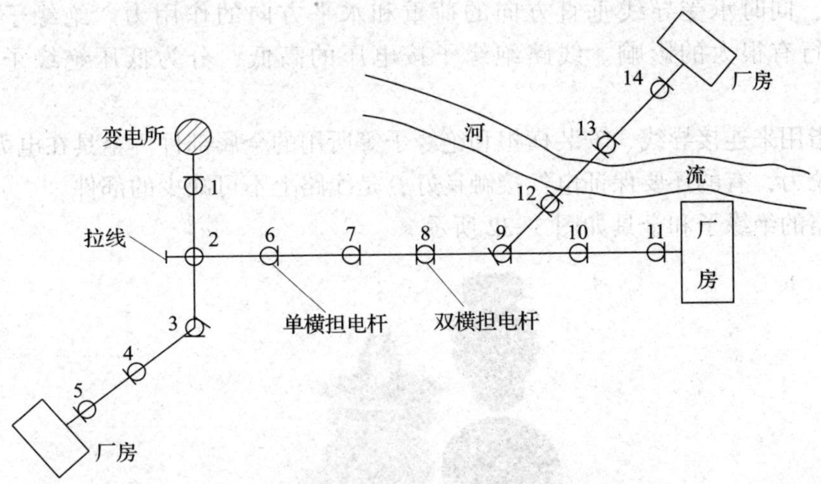

图 3-30　各种杆型在低压架空线路上的应用示意图

1、5、11、14—终端杆　2、9—分支杆　3—转角杆　4、6、7、10—直线杆（中间杆）

8—分段杆（耐张杆）　12、13—跨越杆

横担安装在电杆的上部，用来安装绝缘子以架设导线。常用的横担大多为用角钢制造的铁横担，也有瓷横担。

3. 拉线

拉线是地面加固电杆的一种有效措施。它能抵抗风力，在承受不平衡拉力的电杆上，拉线还用来平衡电杆各方面的拉力，防止电杆倾倒。如终端杆、转角杆、分段杆等，往往都装有拉线。拉线的结构如图 3-31 所示。

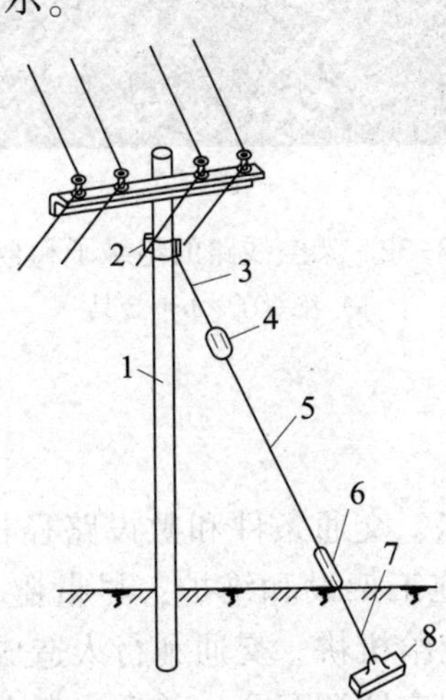

图 3-31　拉线的结构

1—电杆　2—固定拉线的抱箍　3—上把　4—拉线绝缘子　5—腰把

6—花篮螺钉　7—底把　8—拉线底座

4. 绝缘子和金具

绝缘子又称瓷瓶，是用来支持导线的绝缘体。绝缘子使导线与横担、电杆之间保持足够的绝缘，同时承受导线垂直方向的荷重和水平方向的作用力。绝缘子的好坏对线路的安全运行有很大的影响。线路绝缘子按电压的高低，分为低压绝缘子和高压绝缘子两大类。

金具是指用来连接导线、安装横担和绝缘子等所用的金属部件。金具在电力运行中大都受到较大的拉力，有的还要保证电气接触良好，是线路上不可缺少的部件。

架空线路的绝缘子和金具如图 3-32 所示。

a）

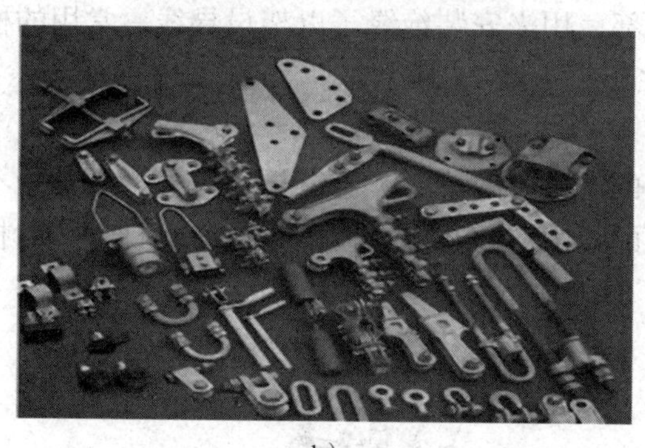

b）

图 3-32　架空线路的绝缘子和金具

a）绝缘子　b）金具

5. 架空线路的敷设

（1）敷设的要求。

敷设时应综合考虑运行、施工、交通条件和敷设路径长度等因素。其原则：路径要短，转角要少；交通运输方便，便于施工架设和维护；尽量避开河洼和雨水冲刷地带，以及易撞、易燃、易爆等危险场所；不应给机耕、交通和行人造成困扰；要与建筑物保持足够的安全距离；与工厂和城镇的建设规划应协调配合，并适当考虑长远发展。

（2）导线在电杆上的排列方式。

三相四线制低压架空线路的导线，一般都采用水平排列，如图 3-33a 所示。由于中性线的电位在三相对称时为零，而且其截面积也较小，机械强度较差，所以中性线一般架设在靠近电杆的位置。

三相三线制架空线路的导线，可三角形排列，如图 3-33b、c 所示，也可水平排列，如图 3-33f 所示。

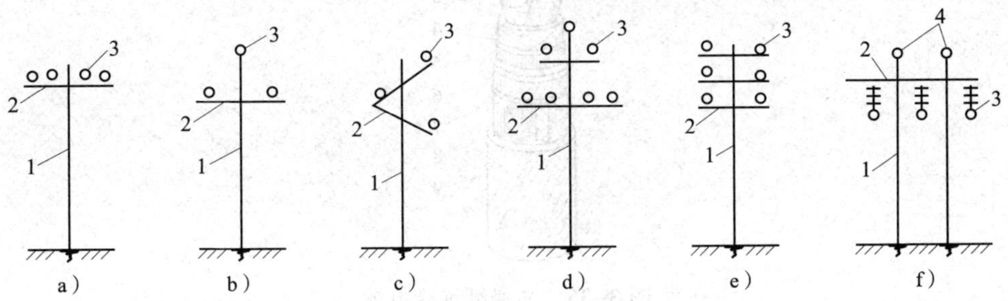

图 3-33　导线在电杆上的排列方式

1—电杆　2—横担　3—导线　4—避雷线

多回路导线同杆架设时，可三角、水平混合排列，如图 3-33d 所示，也可全部垂直排列，如图 3-33e 所示。电压不同的线路同杆架设时，电压较高的线路应架设在上面，电压较低的线路则架设在下面。

架空线路的档距、线距、弧垂等要求可查看有关技术表格数据。

构成架空线路的最基本要素是什么？架空线路是怎样敷设的？

三、电缆的结构、种类和敷设

电缆线路与架空线路相比，具有成本高、投资大、维修不便等缺点，但是它具有运行可靠、不易受外界干扰、无须架设电杆、不占地面等优点，特别是在有腐蚀性气体和易燃、易爆场所，不宜架设架空线路时，只能敷设电缆线路。在现代化企业中，电缆线路得到了越来越广泛的应用。

1. 电缆的结构

电缆（见图 3-34）是一种特殊的导线，在几根（或单根）绞绕的绝缘导电芯线外面，统包有绝缘层和保护层。保护层又分内护层和外护层。内护层用以直接保护绝缘层，外护层用以防止内护层受机械损伤和腐蚀。外护层通常为钢丝或钢带构成的钢铠，外覆麻被、沥青或塑料护套。

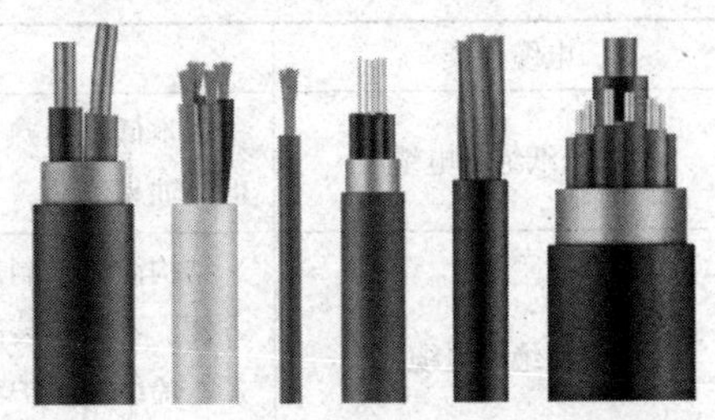

图 3-34　电缆

电缆线芯分铜芯和铝芯两种；按线芯数目可分为单芯、双芯、三芯和四芯四种；按截面形状又可分为圆形、半圆形和扇形三种。根据电缆不同的品种与规格，线芯可以制成实体，也可以制成绞合线芯。

2. 电缆的种类

电缆按其线芯材质分为铜芯和铝芯两大类；按其采用的绝缘介质分为油浸纸绝缘电缆

（见图 3-35）、塑料绝缘电缆（见图 3-36）、橡胶绝缘电缆（见图 3-37）等。

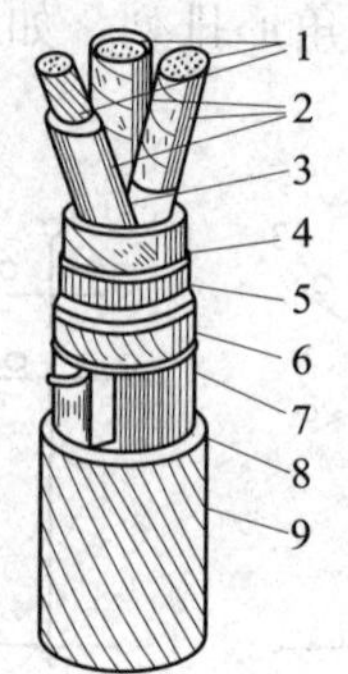

图 3-35　油浸纸绝缘电缆

1—线芯（铝芯或铜芯）　2—油浸纸绝缘层　3—麻筋（填充物）　4—油浸纸（统包绝缘）
5—铝包（或铅包）　6—纸带（内护层）　7—麻包（内护层）
8—钢铠（外护层）　9—麻被（外扩层）

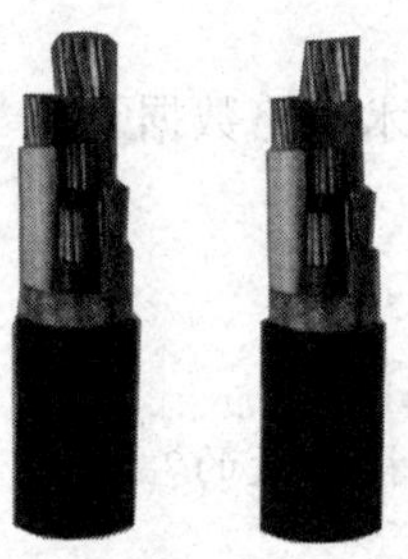

图 3-36　塑料绝缘电缆

图 3-37　橡胶绝缘电缆

工厂常用电缆的比较见表 3-14。

表 3-14　　**工厂常用电缆的比较**

电缆种类	优缺点	应用
油浸纸绝缘电缆	成本低、耐热性能好、工作寿命长、结构简单。但因油易流淌，不宜做高落差敷设	应用相当普遍
塑料绝缘电缆	结构简单、制造加工方便、质量较小、敷设安装方便、不受安装高度限制，能防酸碱腐蚀。分为聚氯乙烯绝缘及护套电缆和交联聚乙烯绝缘聚氯乙烯护套电缆两种	有逐步取代油浸纸绝缘电缆的趋势
橡胶绝缘电缆	柔软性好、易弯曲，在很大的温差范围内具有弹性，耐寒性能较好，有较好的电气性能、力学性能和化学稳定性，对气体、潮气、水的防渗透性较好。但橡胶绝缘电缆耐电晕、耐臭氧、耐热、耐油的性能较差	适于多次拆装的线路，作低压电缆使用

3. 电缆的敷设

（1）电缆的敷设方式。

工厂中常见的电缆敷设方式有直接埋地敷设、在电缆沟内敷设和电缆桥架敷设等几种，如图 3-38～图 3-41 所示。

（2）电缆敷设路径的选择。

选择电缆敷设路径时，应考虑以下原则：

1）避免电缆遭受机械性外力、过热、腐蚀等危害。

2）在满足安全要求条件下应使电缆较短。

3）便于敷设、维护；避开将要挖掘、施工的地方。

（3）电缆敷设的要求。

敷设电缆时一定要严格遵守有关技术规程的规定和设计的要求。竣工以后，要按国家标准《电气装置安装工程 电缆线路施工及验收标准》（GB 50168—2018）进行检查和验收，确保线路的质量。

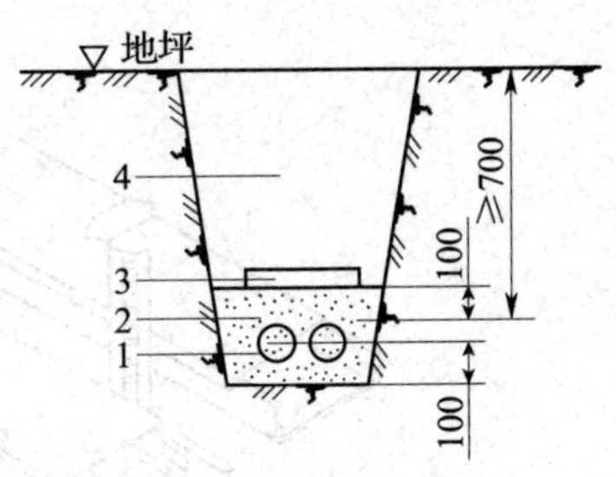

图 3-38 电缆直接埋地敷设

1—电缆 2—砂 3—保护盖板 4—填土

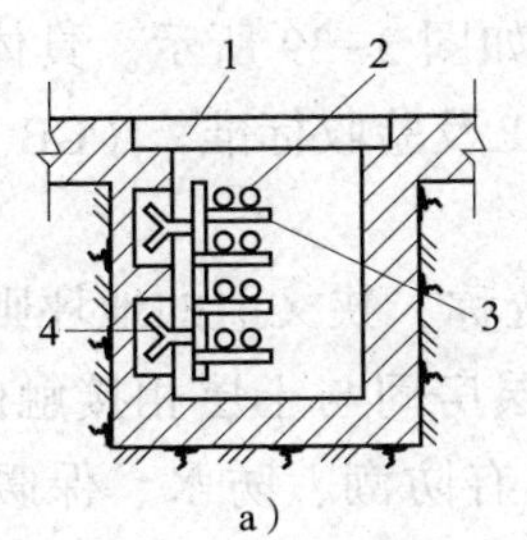

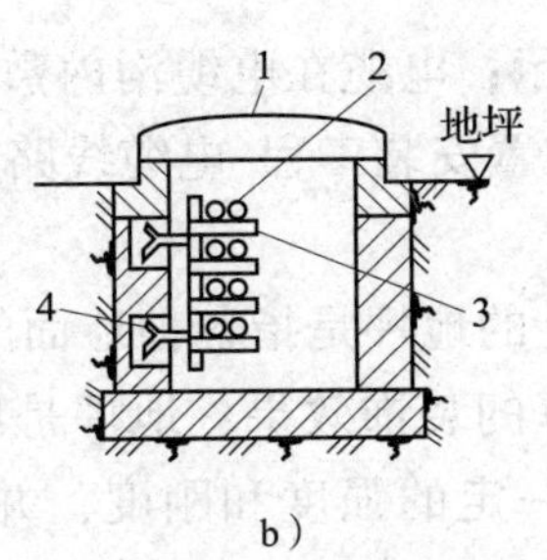

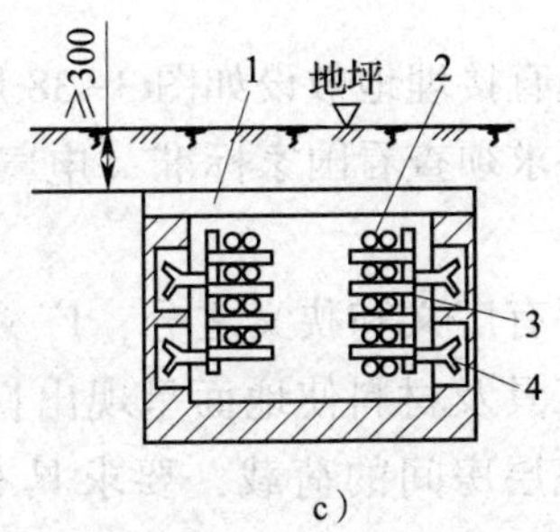

图 3-39 电缆在电缆沟内敷设

a）户内电缆沟 b）户外电缆沟 c）厂区电缆沟

1—盖板 2—电缆 3—电缆支架 4—预埋铁件

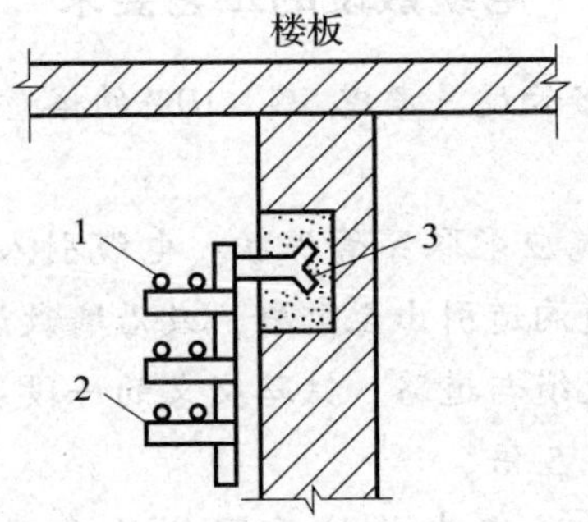

图 3-40 电缆桥架敷设

1—电缆 2—电缆支架 3—预埋铁件

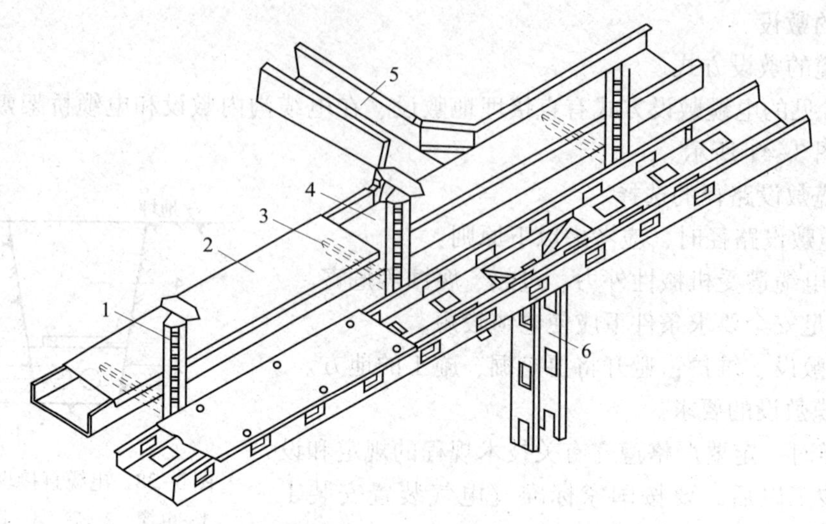

图 3-41　电缆桥架

1—支架　2—盖板　3—支臂　4—线槽　5—水平分支线槽　6—垂直分支线槽

电缆直接埋地敷设如图 3-38 所示；电缆在电缆沟内敷设如图 3-39 所示。具体、详细的技术要求须查看国家标准《电气装置安装工程 电缆线路施工及验收标准》（GB 50168—2018）。

地坪有广义和狭义之分，广义上的地坪是指各种地面的统称，狭义上的地坪则是指通过一些工具及材料使地面呈现出良好的装饰效果。地坪是底层房间与土层相接触的部分，它承受底层房间的荷载，要求具有一定的强度和刚度，并具有防潮、防水、保暖、耐磨的性能。

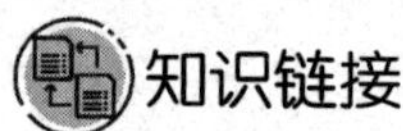

电缆敷设的工艺要求

（1）电缆长度宜按实际线路长度另考虑 5%~10%的裕量，以作为安装、检修时的备用。直埋电缆应作波浪形埋设。

（2）下列场合的非铠装电缆应采取穿管保护：电缆引入或引出建筑物或构筑物；电缆穿过楼板及主要墙壁处；从电缆沟道引出至电杆，或沿墙敷设的电缆距地面 2 m 高度及埋入地下小于 0.3 m 深度的一段；电缆与道路、铁路交叉的一段。所用保护管的内径不得小于电缆外径或多根电缆包络外径的 1.5 倍。

（3）多根电缆敷设在同一通道中并位于同侧的多层支架上时，应按下列要求进行配置：

1）按电压等级由高至低的电力电缆、强电至弱电的控制和信号电缆、通信电缆的顺序排列。

2）支架层数受通道空间限制时，35 kV 及以下的相邻电压等级电力电缆，可排列于同一层支架上，1 kV 及以下电力电缆也可与强电控制和信号电缆配置在同一层支架上。

3）同一重要回路的工作电缆与备用电缆实行耐火分隔时，宜适当配置在不同层次的支架上。

(4) 明敷的电缆不宜平行敷设于热力管道上部。电缆与管道之间无隔板防护时，相互间距应符合有关允许距离的要求。

(5) 电缆应远离爆炸性气体释放源。敷设在爆炸性危险较小的场所时，应符合下列要求：

1）易燃气体密度比空气大时，电缆应在较高处架空敷设，且对非铠装电缆采取穿管或置于托盘、槽盒内等机械性保护。

2）易燃气体密度比空气小时，电缆应敷设在较低处的管、沟内，沟内非铠装电缆应埋沙。

(6) 电缆沿输送易燃气体的管道敷设时，应配置在危险程度较低的管道一侧，且应符合下列规定：

1）易燃气体密度比空气大时，电缆宜在管道上方。

2）易燃气体密度比空气小时，电缆宜在管道下方。

(7) 电缆沟的结构应考虑到防火和防水。电缆沟从厂区进入厂房处应设置防火隔板。为了顺畅排水，电缆沟的纵向排水坡度不得小于0.5%，而且不能排向厂房内侧。

(8) 直埋敷设于非冻土地区的电缆，其外皮至地下构筑物基础的距离不得小于0.3 m；至地面的距离不得小于0.7 m；当位于车行道或耕地的下方时，应适当加深，且不得小于1 m。电缆直埋于冻土地区时，宜埋入冻土层以下。直埋敷设的电缆，严禁位于地下管道的正上方或下方。在有化学腐蚀性的土壤中，电缆不宜直埋敷设。

(9) 电缆的金属外皮、金属电缆头及保护钢管和金属支架等，均应可靠接地。

四、车间线路的结构和敷设

车间线路包括室内配电线路和室外配电线路。室内配电线路大多采用绝缘导线，少数采用电缆。室外配电线路是指沿车间外墙或屋檐敷设的低压配电线路，都采用绝缘导线，也包括车间之间用绝缘导线敷设的短距离的低压架空线路。

1. 绝缘导线的分类和敷设

绝缘导线按线芯材质分为铜芯和铝芯两种。除重要回路及振动场所或对铝有腐蚀的场所应采用铜芯绝缘导线外，一般应优先选用铝芯绝缘导线。

绝缘导线按绝缘材料分为橡胶绝缘和塑料绝缘两种。塑料绝缘导线的绝缘性能好，耐油和抗酸碱腐蚀，价格较低，且可节约大量的橡胶和棉纱，因此，在室内明敷和穿管敷设中，应优先选用塑料绝缘导线。但塑料绝缘在低温时会变硬发脆，高温时又易软化，因此，室外敷设宜优先选用橡胶绝缘导线。

绝缘导线的敷设方式分为明敷和暗敷两种。明敷是指导线直接或在管子、线槽等保护体内，敷设于墙壁、顶棚的表面及桁架、支架等处。暗敷是指导线在管子、线槽等保护体内，敷设于墙壁、顶棚、地坪及楼板等内部，或者在混凝土板孔内敷线等。

2. 裸导线的结构和敷设

车间内的配电裸导线大多采取硬母线的结构，其截面形状有圆形、管形和矩形等，其材质有铜、铝和钢。车间中以采用 LMY 型硬铝母线最为普遍。现代化的生产车间大多采用封闭式母线（亦称“母线槽”）布线，如图 3-42 所示。封闭式母线安全、灵活、美观，但耗用钢材较多，投资较大。

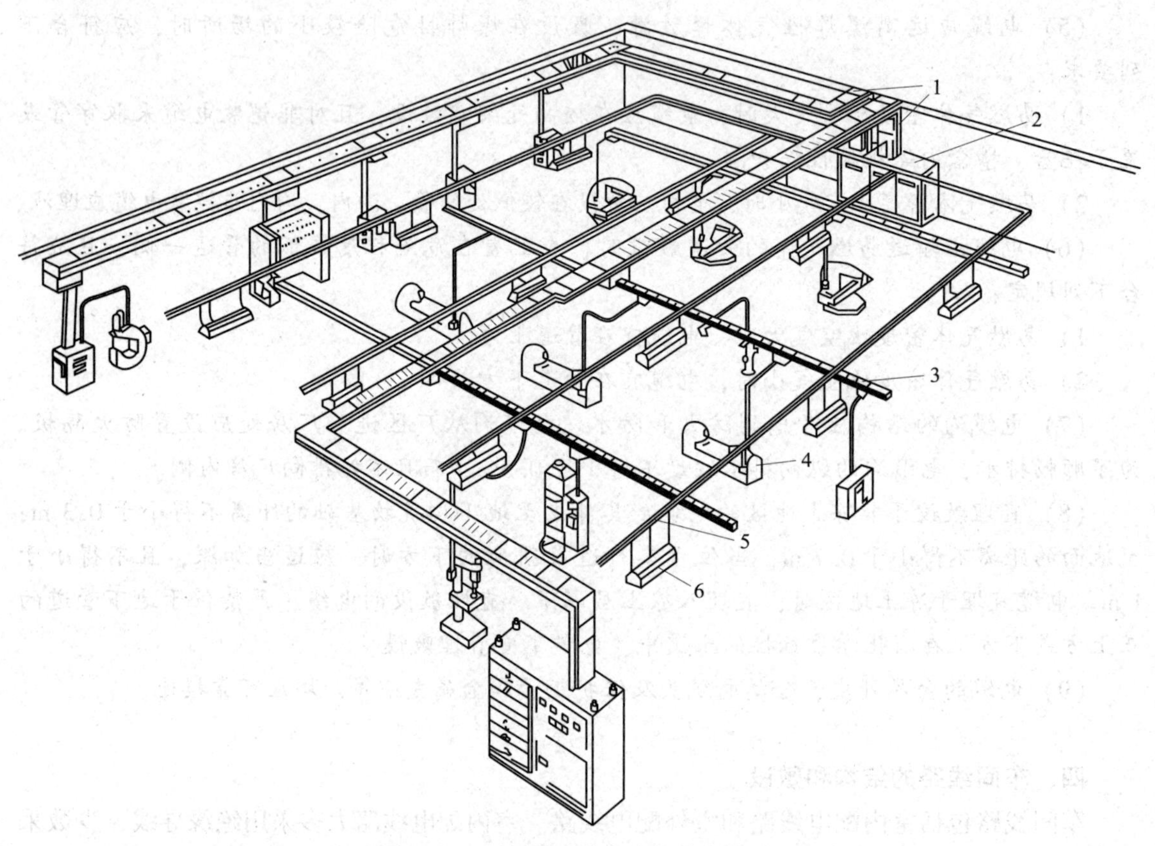

图 3-42　封闭式母线在车间内的应用

1—馈电母线槽　2—配电装置　3—插接式母线槽　4—机床　5—照明母线槽　6—灯具

封闭式母线水平敷设时，至地面的距离应不小于 2.2 m；垂直敷设时，距地面 1.8 m 以下部分应采取防止机械损伤措施。但敷设在电气专用房间内（如配电室、电动机室等）时除外。

封闭式母线水平敷设时，支持点间距不宜大于 2 m；垂直敷设时，应在通过楼板处采用专用附件支撑。垂直敷设的封闭式母线，当进线盒及末端悬空时，应采用支架固定。

封闭式母线终端无引出、引入线时，端头应封闭。

封闭式母线的插接分支点应设在安全及安装、维护方便的地方。

为了识别裸导线相序，以利于运行维护和检修，《电线电缆识别标志方法 第 2 部分：标准颜色》（GB/T 6995.2—2008）规定交流三相系统中的裸导线应按表 3-15 涂色。裸导线涂色不仅用来辨别相序，而且能防腐蚀和改善散热条件。

表 3-15　交流三相系统中裸导线的涂色

导线类别	U 相	V 相	W 相	N 线、PEN 线	PE 线
涂漆颜色	黄	绿	红	淡蓝	黄绿双色

五、电力线路导线截面的选择

1. 选择原则

合理选择电力线路的导线截面，在技术上和经济上都是必要的。导线截面选择过大，虽能降低电能损失，但有色金属的消耗量增加，初始投资显著增加；导线截面选择过小，运行时会产生过大的电压损失和电能损失，难以保证供电质量，并增加运行费用，甚至可能会因接头处温度过高而引起事故。为此，导线和电缆截面必须满足表 3-16 中的条件。

表 3-16　导线和电缆截面须满足的条件

条件	要求
发热条件	导线和电缆在通过正常最大负荷电流即计算电流时产生的发热温度，应不超过其正常运行时的最高允许温度
电压损失条件	导线和电缆在通过正常最大负荷电流即计算电流时产生的电压损失，应不超过正常运行时允许的电压损失
经济电流密度条件	10 kV 及以下线路通常不按经济电流密度选择； 35 kV 及以上线路宜按经济电流密度选择，使线路的年运行费用最小
机械强度条件	导线截面应不小于其最小允许截面，见附录表 7 和表 8

对于电缆，不必校验其机械强度，但需校验其短路热稳定度；对于绝缘导线和电缆，还应满足工作电压的要求。

计算电流是计算负荷在额定电压下的正常工作电流，它是选择导体、电器，计算电压偏差、功率损耗等的依据。

2. 选择方法

（1）按发热条件选择导线和电缆截面。

1）三相系统中相线截面的选择。按发热条件选择三相系统中的相线截面，应使其长期发热的最大允许电流 I_{a1} 不小于通过相线的计算电流 I_{30}，即

$$I_{a1} \geqslant I_{30}$$

部分导线的 I_{a1} 值见附录表 3 至表 5。如果导线敷设地点的环境温度与导线允许载流量所采用的环境温度不同，则导线的允许载流量应乘以温度校正系数 K_{θ}（见附录表 6）。

2）中性线（N 线）截面的选择。一般三相四线制线路的中性线截面 S_0 应不小于相线截面 S_{ϕ} 的 50%，即

$$S_0 \geqslant 0.5S_{\phi}$$

由三相四线制线路引出的两相三线线路和单相线路，由于其中性线电流与相线电流相等，因此，它们的中性线截面 S_0 应与相线截面 S_{ϕ} 相同，即

$$S_0 = S_{\phi}$$

3）保护线（PE线）截面的选择。根据短路热稳定度的要求，按《低压配电设计规范》（GB 50054—2011）的规定，保护线的截面 S_{PE} 可按以下条件选择：

当 $S_{\phi} \leqslant 16\ mm^2$ 时，$S_{PE} \geqslant S_{\phi}$；

当 $16\ mm^2 < S_{\phi} \leqslant 35\ mm^2$ 时，$S_{PE} \geqslant 16\ mm^2$；

当 $S_{\phi} > 35\ mm^2$ 时，$S_{PE} \geqslant 0.5S_{\phi}$。

4）保护中性线（PEN线）截面的选择。保护中性线兼有保护线和中性线的功能，因此，其截面选择应同时满足上述保护线和中性线的要求，取其中的最大值作为保护中性线截面 S_{PEN}。

（2）按经济电流密度选择导线和电缆截面。

所谓经济电流密度，是指线路年运行费用最低时所对应的电流密度。导线或电缆的截面越大，线路电能损耗就越小，但是线路投资、维修管理费用和有色金属消耗量却要增加。因此，从经济方面考虑，导线应选择一个比较合理的截面，既可以使电能损耗小，又不致过分增加线路投资、维修管理费用和有色金属消耗量。导线和电缆的经济电流密度见表 3-17。

表 3-17　导线和电缆的经济电流密度　单位：A/mm^2

线路类别	导线材质	年最大负荷利用小时数		
		3 000 h 以下	3 000～5 000 h	5 000 h 以上
架空线路	铝	1.65	1.15	0.90
	铜	3.00	2.25	1.75
电缆线路	铝	1.92	1.73	1.54
	铜	2.50	2.25	2.00

按经济电流密度 J_{ec} 计算经济截面 A_{ec} 的公式为

$$A_{ec} = I_{30}/J_{ec}$$

按上式计算出 A_{ec} 后，应选最接近的标准截面（可取较小的标准截面），然后校验其他条件，包括架空裸导线的最小截面（附录表 7）或绝缘导线芯线的最小截面（附录表 8）等。

（3）按允许电压损失选择导线和电缆截面。

由于线路存在阻抗，所以，在负荷电流通过线路时要产生电压损失。所谓电压损失，是指线路首、末两端电压的代数差。

按规定，高压配电线路的电压损失一般不超过线路额定电压的 5%；从变压器低压侧母线到用电设备受电端的低压线路的电压损失，一般不超过用电设备额定电压的 5%；对视觉要求较高的照明线路，则为 2%～3%。如线路的电压损失值超过了允许值，则应适当加大导线的截面，使之满足允许的电压损失要求。根据经验，低压照明线路对电压要求较高，一般先按允许电压损失选择导线截面，然后按发热条件和机械强度进行校验。

对照明线路或较长线路，一般按允许电压损失选择导线和电缆截面；对电流较大，线路长度较短的照明线路，应按发热条件选择导线和电缆截面；而对于电流较大，线路长度较长的照明线路，应按经济电流密度选择导线和电缆截面。

六、电力线路的运行维护

1. 架空线路的运行维护

（1）一般要求。

对厂区架空线路，一般要求每月进行一次巡视检查，并根据负荷情况适当进行夜间巡视。如遇大风、大雨及发生故障等特殊情况，应临时增加巡视次数。

（2）巡视项目。

1）检查电杆有无倾斜、变形、腐朽、损坏及基础下沉等现象，如有，则应设法修理。

2）检查沿线路的地面是否堆放有易燃、易爆和强腐蚀性物体，如有，则应立即设法挪开。

3）检查沿线路周围有无危险建筑物，在雷雨季节和大风季节里，应尽可能保证这些建筑物不致对线路造成损坏。

4）检查线路上有无树枝、风筝等悬挂杂物，如有，则应设法清除。

5）检查拉线和扳桩是否完好，绑扎线是否紧固可靠，如有缺陷，则应设法修理或更换。

6）检查导线的接头是否接触良好，有无过热发红、严重氧化、腐蚀或断脱、绝缘子破损和放电现象，如有，则应设法修理或更换。

7）检查避雷装置的接地是否良好，接地线有无锈断情况，在雷雨季节到来之前，应重点检查，以确保防雷安全。

8）检查有无其他危及线路安全运行的异常情况。

在巡视中发现的异常情况，应记入专用记录本内，重要情况应及时向上级汇报，请示处理。

2. 电缆线路的运行维护

（1）一般要求。

电缆线路大多是敷设在地下的，要做好电缆的运行维护工作，就要全面了解电缆的敷设方式、结构布置、线路走向及电缆头位置等。对电缆线路，一般要求每季度巡视检查一次，并应经常监视其负荷大小和发热情况。如遇大雨、洪水及地震等特殊情况及发生故障，应临时增加巡视次数。

（2）巡视项目。

1）检查电缆头及绝缘套管有无破损和放电痕迹；对填充有电缆胶（油）的电缆头，还应检查有无漏油、溢胶现象。

2）对明敷电缆，须检查电缆外皮有无锈蚀、损伤，沿线支架或挂钩有无脱落，线路上及附近有无堆放易燃、易爆及强腐蚀性物体。

3）对暗敷及埋地电缆，应检查沿线的盖板和其他保护物是否完好，有无挖掘痕迹，路线标桩是否完整无缺。

4）检查电缆沟内有无积水或渗水现象，是否堆有杂物及易燃、易爆危险品。

5）检查线路上各种接地是否良好，有无松脱、断股和腐蚀现象。

6）检查有无其他危及电缆安全运行的异常情况。

在巡视中发现的异常情况，应记入专用记录本内，重要情况应及时向上级汇报，请示处理。

3. 车间配电线路的运行维护

（1）一般要求。

要做好车间配电线路的运行维护工作，必须全面了解车间配电线路的布线情况、结构形式、导线型号规格及配电箱和开关、保护装置的位置等，并了解车间负荷的要求、大小及车间变电所的有关情况。车间配电线路有专职维护电工时，一般要求每周巡视检查一次。

（2）巡视项目。

1）检查导线的发热情况。例如，裸母线在正常运行时的最高允许温度一般为70℃。温度过高将使母线接头处氧化加剧，接触电阻增大，运行情况迅速恶化，最后可能引起接触不良或断线。所以，一般应在母线接头处涂以变色漆或示温蜡，以检查其发热情况。

2）检查线路的负荷情况。线路的负荷电流不得超过导线的允许载流量，否则导线会过热。对于绝缘导线，导线过热还可能引起火灾。因此，运行维护人员要经常注意线路的负荷情况，一般用钳形电流表来测量线路的负荷电流。

3）检查配电箱、分线盒、开关、熔断器、母线槽及接地保护装置等的运行情况，着重检查母线接头有无氧化、过热变色和腐蚀等情况，以及接线有无松脱、放电和烧毛的现象，螺栓是否紧固等。

4）检查线路上和线路周围有无影响线路安全的异常情况。绝对禁止在绝缘导线上悬挂物体，禁止在线路近旁堆放易燃、易爆危险品。

5）对敷设在潮湿、有腐蚀性物质场所的线路和设备，要做定期的绝缘检查，绝缘电阻一般不得低于0.5 MΩ。

在巡视中发现的异常情况，应记入专用记录本内，重要情况应及时向上级汇报，请示处理。

4. 线路运行中突然停电的处理

电力线路在运行中，如遇突然停电的情况，可按不同情况分别处理。

（1）当进线没有电压时，说明电力系统方面暂时停电。这时总开关不必拉开，但出线开关应全部拉开，以免突然来电时，用电设备同时启动，造成过负荷和电压骤降，影响供电系统的正常运行。

（2）当双回路进线中的一回路进线停电时，应立即进行切换操作（又称倒闸操作），将负荷（特别是其中重要负荷）转移给另一回路进线供电。

（3）厂内架空线路发生故障使开关跳闸时，如开关的断流容量允许，可以试合一次，争取尽快恢复供电。由于架空线路的多数故障是暂时性的，所以多数情况下可能试合成功。如果试合失败，开关再次跳闸，说明架空线路上的故障尚未消除，这时应该对线路故障进行停电隔离检修。

（4）对放射式线路中某一分支线的故障检查，可采用“分路合闸检查”的方法，将故障范围逐步缩小，找出故障线路，并迅速恢复其他完好线路的供电。

§3-6 短路的基础知识

学习目标

1. 掌握工厂变配电系统短路的原因、后果。
2. 掌握工厂变配电系统短路的形式及含义。

一、短路的原因

工厂变配电系统在正常地对用电负荷供电，以保证生产和生活有序进行的过程中，由于一些原因系统会出现故障，使系统的正常运行遭到破坏。工厂变配电系统中最常见的故障就是短路。

短路是指电路中不同电位的导电部分之间的短接。在正常运行的变配电系统中，相与相、相与地之间是绝缘的。系统短路故障是人们不希望发生的。

造成短路的原因，首先，是电气设备载流部分的绝缘损坏。绝缘损坏的原因很多，如由于设备长期运行而造成绝缘老化；由于设备自身质量问题，绝缘强度不够而被正常电压击穿；设备绝缘正常，但被雷电过电压等击穿；设备绝缘受到外力损伤而造成短路。

其次，工作人员违反安全操作规程而误操作，或者误将低电压设备接入较高电压的电路中，也可能造成短路。

此外，鸟兽跨越在裸露的相线之间或相线与接地物体之间，或者咬坏设备和导线、电缆的绝缘，也可能造成系统短路。

二、短路的后果

工厂变配电系统发生短路后，短路电流将比正常电流大很多，可达几千安甚至几万安。这么大的短路电流将对变配电系统造成如下极大危害。

（1）短路时，将产生很大的电动力和很高的温度，使系统中的故障元件和短路电路中的其他元件损坏。

（2）短路时，短路电路中电压会骤降，严重影响其中电气设备的正常运行。

（3）短路时，工厂变配电系统中的保护装置动作，将造成停电，并且短路故障点越靠近电源侧，停电范围越大，造成的损失也越大。

（4）单相短路和两相短路等不对称短路，其短路电流将产生较强的不平衡交变磁场，对附近的通信线路、电子设备等产生干扰，影响正常运行，甚至使其发生误动作。

工厂变配电系统发生短路的后果十分严重，因此，必须尽力设法消除可能引起短路的一切因素。正确选择电气设备，使其具有足够的动稳定性和热稳定性，保证在流过最大短路电流时不致损坏。按照电力行业规程要求进行设备的安装和使用。及时监视系统运行情况，加强系统巡视检查等。对有关人员要进行上岗前的培训和岗位上的专业知识培训、技能训练等。

三、短路的形式

在工厂变配电三相系统中，系统短路可分为三相短路、两相短路、单相短路和两相接地短路等。

三相短路是指 U、V、W 三相之间的不正常短接，用 k（3）表示（见图 3-43a）。

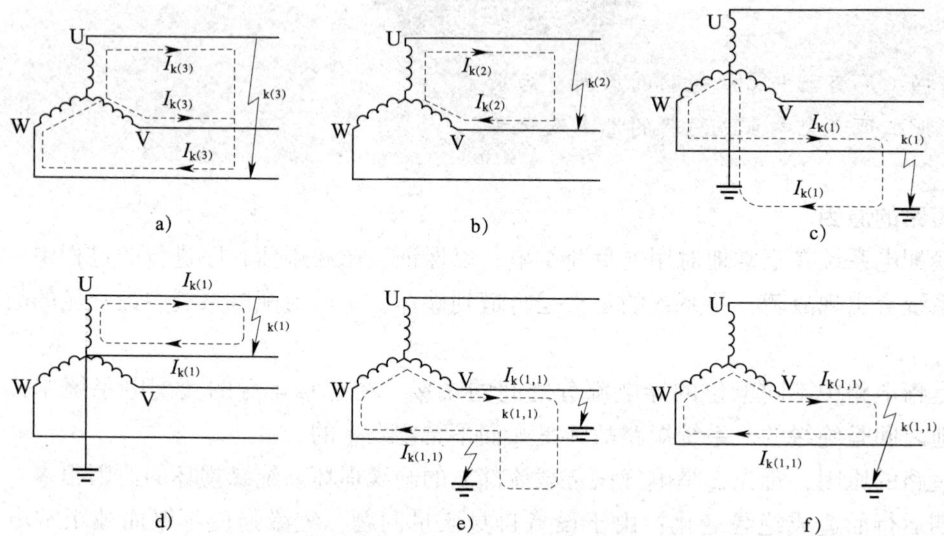

图 3-43　工厂变配电系统短路形式

a）三相短路　b）两相短路　c、d）单相短路　e、f）两相接地短路

两相短路是指 U、V、W 三相中任意两相之间的不正常短接，用 k（2）表示（见图 3-43b）。

单相短路是指 U、V、W 三相中任意一相直接接地或与接地中性线之间的不正常短接，用 k（1）表示（见图 3-43c、图 3-43d）。

两相接地短路是指 U、V、W 三相中任意两相分别直接接地（有两处不同接地点）或两相之间不正常短接并接地（有一处接地点），用 k（1，1）表示（见图 3-43e、图 3-43f）。

在图 3-43 中，$I_{k(3)}$、$I_{k(2)}$、$I_{k(1)}$、$I_{k(1,1)}$ 分别表示三相短路电流、两相短路电流、单相短路电流和两相接地短路电流。图中虚线表示短路电流路径。

上述短路形式中，三相短路称为对称性短路，其他形式的短路称为不对称短路。

在工厂变配电系统中，发生单相短路的可能性最大，发生三相短路的可能性最小。但是，三相短路造成的危害最严重。为了使工厂变配电系统的电气设备在最严重的短路状态下也能可靠地工作，在选择和校验电气设备时常以三相短路计算为主。

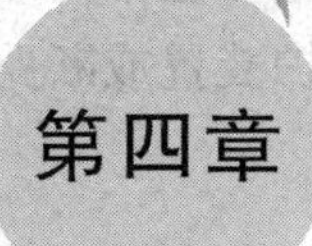

第四章 工厂变配电系统的保护及二次回路

§4-1 继电保护装置的作用及基本原理

学习目标

1. 了解什么是继电保护装置，有何作用，对其有哪些基本要求。
2. 掌握继电保护装置的组成及基本原理。

一、继电保护装置的作用

1. 继电器及继电保护装置的定义

继电器是一种在输入的物理量达到规定值时，其电气输出电路接通或断开的自动电器。

继电保护装置是指一个或多个保护元件（如继电器）和逻辑元件按要求组配在一起，并完成电力系统中某项特定保护功能的装置。当供电系统中的电气元件（如发电机、线路等）或电力系统本身发生故障或出现不正常工作状态时，它能使断路器跳闸或启动信号装置发出预报信号。

2. 继电保护装置的作用

继电保护装置主要用于监视电力系统的正常运行，实现电力系统的自动化和远程操作，以及工业生产的自动控制。

继电保护装置的主要作用：

（1）供电系统发生故障时，自动、迅速、有选择性地将故障电气元件从供电系统中切除，使其他非故障部分迅速恢复正常供电。

（2）供电系统出现不正常工作状态时，能正确反映电气设备的不正常运行状态，并根据要求，发出预报信号。

（3）继电保护装置与供电系统的自动装置（如自动重合闸装置 ARD、备用电源自动投入装置 APD 等）配合，可以大大缩短事故停电时间，从而提高供电系统的运行可靠性。

3. 继电保护装置的基本要求

继电保护装置应满足可靠性、选择性、灵敏性和速动性的要求，这四“性”之间紧密联系，既矛盾又统一。

（1）动作选择性。

动作选择性是指切断系统中的故障部分，而其他非故障部分仍然继续供电。通常由故障设备或线路本身的继电保护装置切除故障，当故障设备或线路本身的继电保护装置或断路器拒绝动作时，才允许由相邻设备的继电保护装置来切除故障。

（2）动作速动性。

动作速动性是指继电保护装置应尽快切除故障，其目的是提高系统稳定性，减轻故障设备和线路的损坏程度，缩小故障波及范围，提高自动重合闸和备用设备自动投入的效果。

（3）动作灵敏性。

动作灵敏性是指在保护范围内发生故障或出现不正常工作状态时，继电保护装置的反应能力。

（4）动作可靠性。

动作可靠性是指继电保护装置在保护范围内该动作时应可靠动作，在正常运行状态，不该动作时应可靠不动作。

任何电力设备（线路、母线、变压器等）都不允许在无继电保护的状态下运行，可靠性是对继电保护装置性能的最根本要求。

二、继电保护装置的基本原理

继电保护装置主要利用电力系统中器件发生短路或异常情况时电气量（电流、电压、功率、频率等）的变化构成继电保护动作的原理，还有，检测其他的物理量，也能反映电气设备的故障状态实施保护。例如，变压器油箱内故障时，伴随着会产生大量瓦斯和油流速度的增大或油压压力的增高，检测气体、液流流速、液压等参数的变化，就能判断变压器的故障原因和故障部位。大多数情况下，不管反映哪种物理量，继电保护装置都包括测量部分（包括设定值调整部分）、逻辑部分、执行部分等。

供电系统运行中的参数（如电流、电压）在正常运行和发生故障时是有明显区别的。继电保护装置就是利用这些参数的变化，在反映、检测的基础上判断系统故障的性质和范围，进而做出相应的反应和处理（如发出警告信号或令断路器断开等）。

继电保护装置的原理框图如图 4-1 所示。

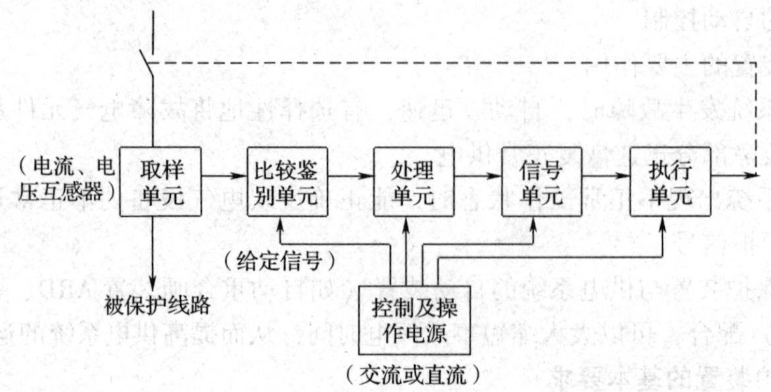

图 4-1　继电保护装置的原理框图

（1）取样单元（测量部分）。

取样单元将被保护线路运行中的参数经过电气隔离并转换为继电保护装置中比较鉴别单元可以接收的信号，由一台或几台电流、电压互感器组成。

（2）比较鉴别单元（逻辑部分）。

比较鉴别单元将取样单元发来的信号与给定信号进行比较，向下一级处理单元发出鉴别信号（正常状态、异常状态或故障状态）。比较鉴别单元由电流继电器组成。

（3）处理单元。

处理单元接收比较鉴别单元发来的信号，按比较鉴别单元的要求进行处理，根据比较环节输出量的大小、性质、组合方式以及出现的先后顺序，来确定继电保护装置是否应该动作。处理单元由时间继电器、中间继电器等构成。

（4）执行单元（执行部分）。

故障的处理通过执行单元来实施。执行单元一般分两类：一类是声、光信号继电器（如电笛、电铃、闪光信号灯等）；另一类为断路器操动机构的分断线圈，使断路器即时断开。

（5）控制及操作电源。

继电保护装置要求有自己独立的交流或直流电源，而且电源功率也因所控制设备的多少而增减。

§4-2　常用的保护继电器

学习目标

1. 了解典型电磁式继电器的内部结构和文字符号、图形符号。
2. 掌握电磁式电流继电器、时间继电器、中间继电器、信号继电器等的作用、工作原理。

一、电磁式电流继电器

1. 作用及符号

电磁式电流继电器在继电保护装置中属于比较鉴别单元部件，属于测量继电器，用来反映被保护元件电流的特性变化。其文字符号为 KA，图形符号如图 4-2 所示。

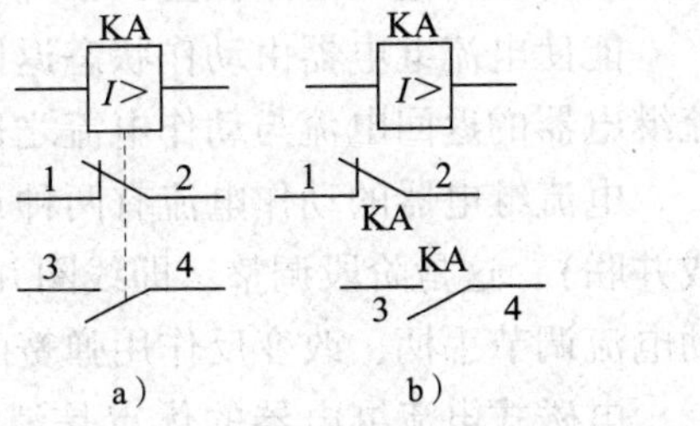

图 4-2　电磁式电流继电器的图形符号
a）集中表示的图形符号　b）分开表示的图形符号

2. 结构组成

工厂供配电系统常用的 DL-10 系列电磁式电流继电器由线圈、电磁铁、触头、反作用弹簧等组成，如图 4-3 所示。

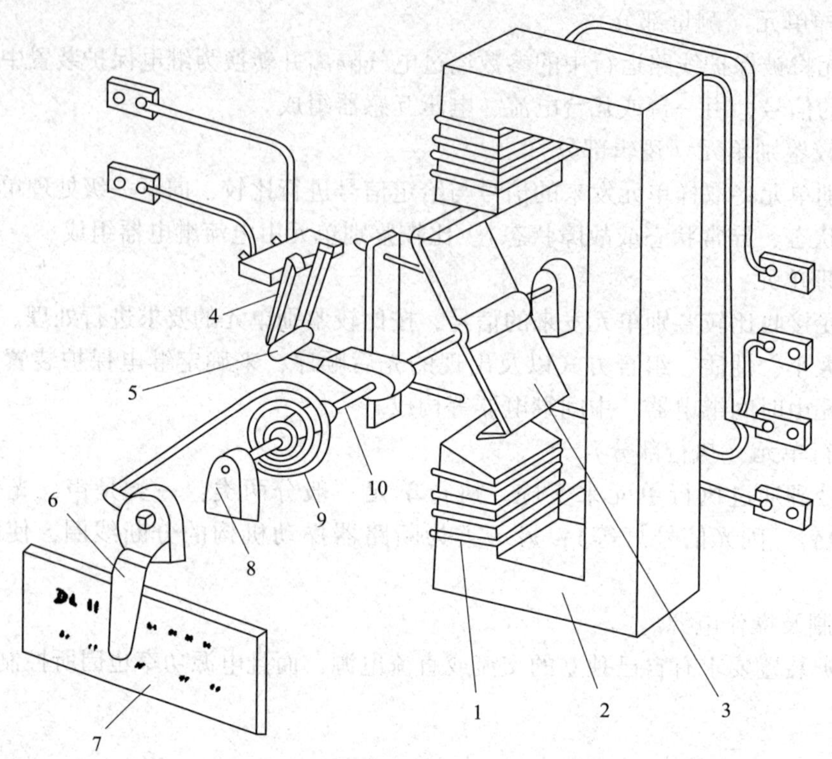

图 4-3　DL-10 系列电磁式电流继电器内部结构

1—线圈　2—电磁铁　3—Z 形钢舌片（衔铁）　4—静触头　5—动触头

6—启动电流调节手柄　7—铭牌（标度盘）　8—轴承　9—反作用弹簧　10—轴

3. 工作原理

当继电器线圈通过电流时，电磁铁中产生磁通，使 Z 形钢舌片（衔铁）向磁极偏转，而轴上的反作用弹簧则阻止衔铁偏转。当继电器线圈中的电流增大到使衔铁所受转矩大于反作用弹簧的反作用力矩时，衔铁被吸近磁极，使常开触头 4、5 闭合，此时称为继电器动作或启动。能使电流继电器动作的最小电流，称为电流继电器的动作电流。

继电器动作后，当线圈中电流减小到一定数值时，衔铁由于电磁力矩小于反作用弹簧的反作用力矩而返回起始位置，常开触头 4、5 断开，此时称为继电器返回。

能使电流继电器由动作状态返回起始位置的最大电流，称为电流继电器的返回电流。电流继电器的返回电流与动作电流之比，称为电流继电器的返回系数。

电流继电器的动作电流有两种调节方法：一是粗调，改变两个线圈的连接方式（串联或并联），这是阶段调整，即线圈并联时其动作电流比串联时增大 1 倍；二是细调，转动启动电流调节手柄，改变反作用弹簧的反作用力矩，实现平滑调节。

电磁式电流继电器的优点是消耗功率小，灵敏度高，动作迅速（0.02～0.04 s）；缺点是触头容量小，不能直接用于接通断路器分断线圈，使断路器断开。因此，它常用作继电保护装置的启动元件。

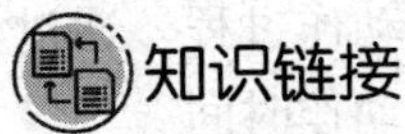

工厂供配电系统电磁式电压继电器的特点

工厂供配电系统中，常用的电磁式电压继电器（KV）的结构和工作原理与上述电磁式电流继电器类似，只是电压继电器的线圈匝数多，阻抗大，反映的参数是电压，多做成低压（欠电压）继电器。它也常用作继电保护装置的启动元件。

二、电磁式时间继电器

1. 作用及符号

电磁式时间继电器在继电保护装置中属于处理单元部件，用来使保护装置获得所要求的延时（时限）。其文字符号为KT，图形符号如图4-4所示。

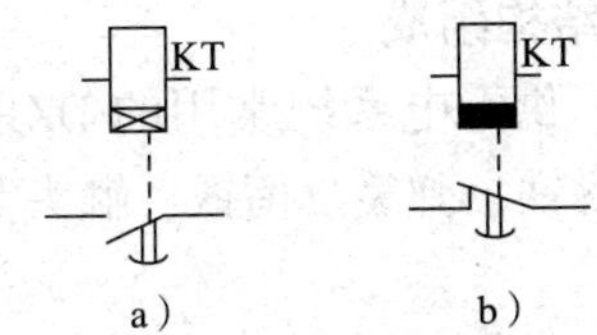

图4-4　电磁式时间继电器的图形符号

a）通电延时型　b）断电延时型

2. 结构组成

工厂供配电系统常用的DS－110（用于直流）、DS-120（用于交流）系列电磁式时间继电器由线圈、电磁铁、可动铁芯、触头等组成，如图4-5所示。

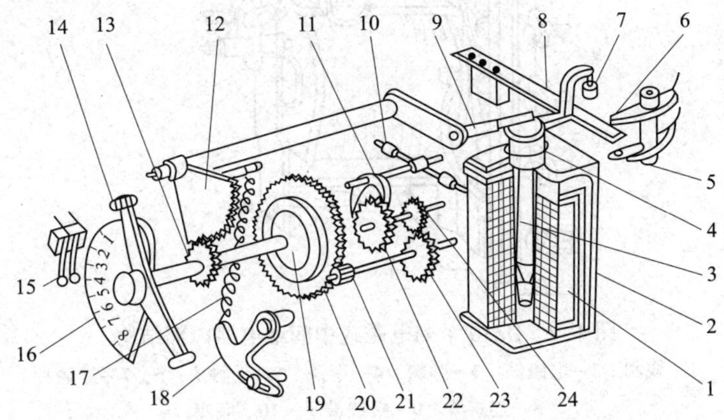

图4-5　DS-110、DS-120系列电磁式时间继电器内部结构

1—线圈　2—电磁铁　3—可动铁芯　4—返回弹簧　5、6—瞬时静触头　7—绝缘件　8—瞬时动触头　9—压杆　10—平衡锤　11—摆动卡板　12—扇形齿轮　13—传动齿轮　14—主动触头　15—主静触头　16—动作时限标度盘　17—拉引弹簧　18—弹簧拉力调节机构　19—摩擦离合器　20—主齿轮　21—小齿轮　22—掣轮　23、24—钟表机构传动齿轮

3. 工作原理

在时间继电器线圈接上工作电压后，可动铁芯（衔铁）被瞬时吸入线圈中，扇形齿轮的压杆被释放，在拉引弹簧的作用下，扇形齿轮按顺时针方向转动，并带动传动齿轮，经摩擦离合器，使同轴的主齿轮转动，带动钟表机构。因钟表机构中摆动卡板和平衡锤的作用，

主动触头恒速运动，经过一定时间后与主静触头相接触，完成时间继电器的动作过程。通过改变主静触头的位置，也就是改变主动触头的行程，即可调整时间继电器的动作时间。

当线圈断电时，在返回弹簧的作用下，衔铁被顶回原来位置，同时扇形齿轮的压杆也立即被顶回原处，使扇形齿轮复原。继电器返回原来位置，返回过程是瞬时完成的。

三、电磁式中间继电器

1. 作用及符号

电磁式中间继电器在继电保护装置中属于处理单元部件，用来弥补其他继电器触头数量或触头容量的不足。其文字符号为 KM（接触器文字符号也是 KM，当其和中间继电器在一起时，用单字母 K 表示中间继电器），图形符号如图 4-6 所示。

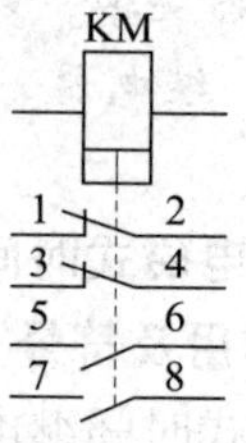

图 4-6　电磁式中间继电器的图形符号（线圈和触头）

2. 结构组成

工厂供配电系统常用的 DZ10 系列电磁式中间继电器由线圈、电磁铁、弹簧、衔铁、触头等组成，如图 4-7 所示。

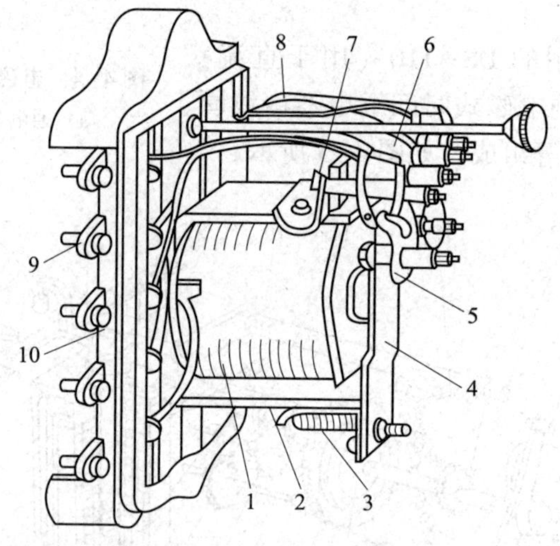

图 4-7　DZ10 系列电磁式中间继电器内部结构

1—线圈　2—电磁铁　3—弹簧　4—衔铁　5—动触头　6、7—静触头
8—连接线　9—接线端子　10—底座

3. 工作原理

电磁式中间继电器一般都按电磁原理构成，当其线圈通电时，衔铁被快速吸向电磁铁，并带动触头动作，常开触头闭合，常闭触头断开。当断开电源时，衔铁被快速释放，触头全部返回起始位置。

四、电磁式信号继电器

1. 作用及符号

电磁式信号继电器在继电保护装置中属于信号单元部件，用来发出保护装置动作的指示信号。其文字符号为 KS，图形符号如图 4-8 所示。

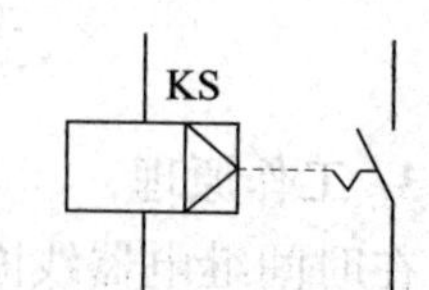

图 4-8　电磁式信号继电器的图形符号

2. 结构组成

工厂供配电系统常用的 DX-11 型电磁式信号继电器由线圈、电磁铁、衔铁、触头等组成，如图 4-9 所示。

3. 工作原理

在正常状态时（未通电时），其信号牌被衔铁支持住。当继电器线圈通电时，衔铁被吸向电磁铁，使信号牌掉下，显示动作信号，同时带动转轴旋转 90°，固定在转轴上的动触头（导电条）与静触头接通，从而接通信号回路，发出音响或灯光信号。若要信号停止，需旋转外壳上的复位旋钮，断开信号回路，同时使信号牌复位。

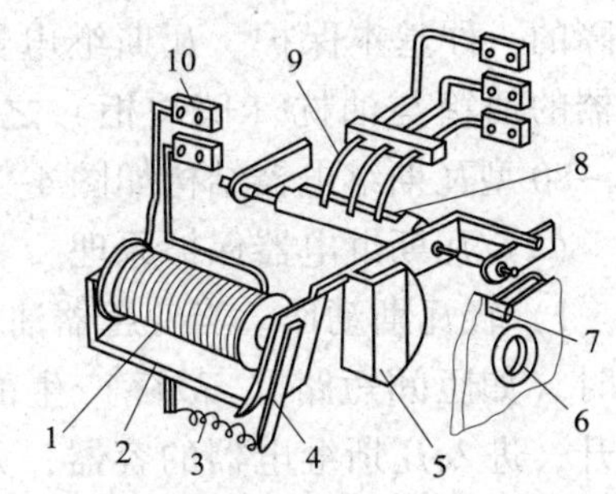

图 4-9　DX-11 型电磁式信号继电器内部结构

1—线圈　2—电磁铁　3—弹簧　4—衔铁　5—信号牌　6—玻璃窗口　7—复位旋钮　8—动触头　9—静触头　10—接线端子

§4-3　电力变压器的继电保护

学习目标

1. 了解常见的电力变压器继电保护措施：瓦斯保护、过电流保护、电流速断保护、差动保护等。

2. 掌握电力变压器瓦斯保护、定时限过电流保护的工作原理。

一、电力变压器的故障类型

电力变压器是工厂供配电系统的核心设备，做好对其保护和维护工作至关重要。从实际经验来看，其常见故障类型有内部故障和外部故障两大类。

内部故障是指油箱内的短路故障，包括变压器绕组的相间短路、变压器绕组的匝间短路、中性点接地侧的单相接地短路故障。

外部故障是指油箱外引出线的短路故障，包括相间短路、单相接地短路故障。

除此之外，变压器还可能有不正常工作状态，主要包括：过负荷、油面降低、油温过高、绕组温度过高、油箱压力过高、产生瓦斯或冷却系统故障等。

二、电力变压器的继电保护措施

国家标准《电力装置的继电保护和自动装置设计规范》（GB/T 50062—2008）规定，电力变压器对下列故障及异常运行方式，应装设相应的保护装置。

绕组及其引出线的相间短路和在中性点直接接地或经小电阻接地侧的单相接地短路、绕组的匝间短路、外部相间短路引起的过电流以及其他不正常工作状态等情况。

1. 瓦斯保护

瓦斯保护又称气体保护，是利用瓦斯继电器（气体继电器）来保护油浸式变压器内部故障的一种基本保护。瓦斯继电器安装在油浸式变压器的油箱与油枕（储油柜）之间的联通管中部，FJ_3-80 型瓦斯继电器结构如图 4-10 所示。

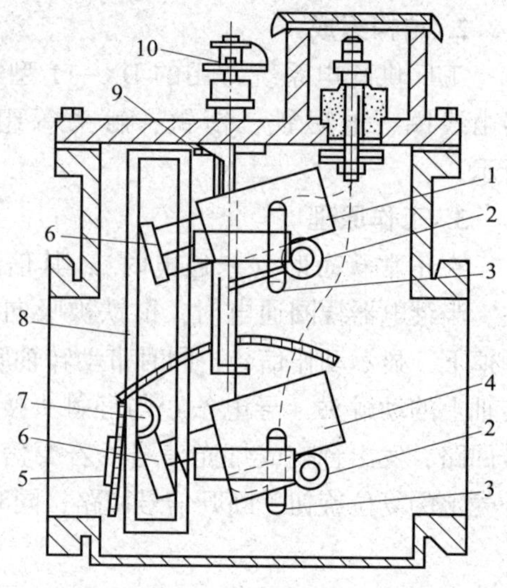

图 4-10　FJ_3-80 型瓦斯继电器结构

1—上开口杯　2—永久磁铁　3—干簧触头　4—下开口杯　5—进油挡板　6—平衡锤　7—挡板　8—支架　9—探针　10—放气阀

（1）瓦斯继电器保护原理。

1）轻瓦斯动作。当变压器油箱内部发生轻微故障时（如匝间短路），故障产生的少量气体会慢慢上升，进入瓦斯继电器的容器，并由上而下排除其中的油，使油面下降，上开口杯因其中盛有残余的油而使其力矩大于另一端平衡锤的力矩而降落。此时，上触头闭合，接通信号回路，发出音响和灯光信号。

2）重瓦斯动作。当变压器油箱内部发生严重故障时（如相间短路、铁芯起火），故障产生的气体很多，会带动油流迅猛地从油箱通过联通管进入油枕。这些油气混合体经过瓦斯继电器时冲击挡板，使下开口杯下降。此时，下触头闭合，通过中间继电器接通跳闸回路，使断路器跳闸，同时发出音响和灯光信号。

（2）变压器瓦斯保护的接线。

图 4-11 所示为变压器瓦斯保护原理。当变压器油箱内部发生轻微故障时，瓦斯继电器 KG 的上触头 KG1—KG2 闭合，动作于报警信号。当变压器油箱内部发生严重故障时，瓦斯继电器 KG 的下触头 KG3—KG4 闭合，经中间继电器 KM 动作于断路器 QF 的跳闸线圈 YR，同时，通过信号继电器 KS 发出跳闸信号。

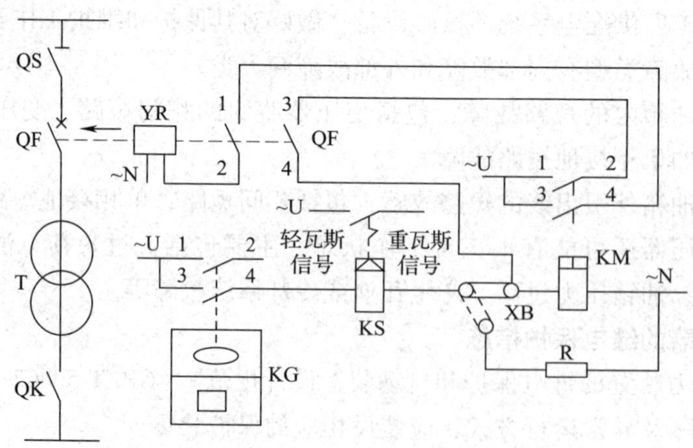

图 4-11　变压器瓦斯保护原理

T—电力变压器　KG—瓦斯继电器　KS—信号继电器　KM—中间继电器　QF—断路器　YR—跳闸线圈　XB—切换片

瓦斯继电器实物图如图 4-12 所示。

2. 过电流保护

过电流保护是当电流超过预定最大值时，保护装置动作的一种保护方式。如图 4-13 所示，当一次回路 k 处发生相间短路时，保护装置的各个部件依次动作，最终使断路器 QF 跳闸，切除故障。

变压器的过电流保护包括定时限过电流保护和反时限过电流保护两种：定时限过电流保护是指保护装置的动作时间是按整定（计算后设定）的动作时间固定不变的，与故障电流大小无关；反时限过电流保护是指保护装置的动作时间与故障电流大小成反比关系，故障电流越大，动作时间越短。

图 4-12　瓦斯继电器实物图

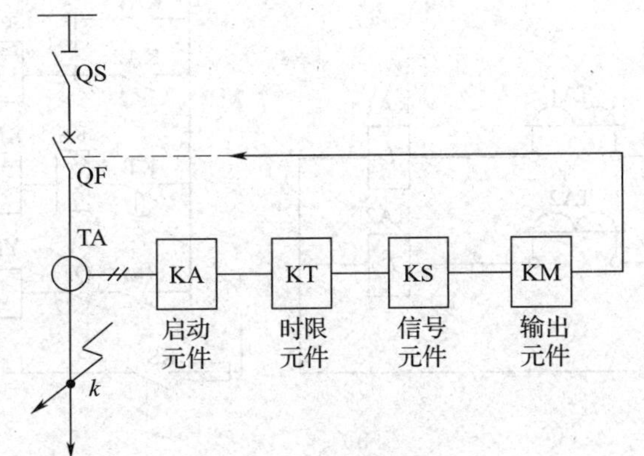

图 4-13　过电流保护框图

KA—电流继电器　KT—时间继电器　KS—信号继电器　KM—中间继电器

（1）定时限过电流保护装置的组成和工作原理。

定时限过电流保护装置由电流互感器、断路器、电流继电器（DL 系列）、时间继电器、信号继电器、中间继电器等组成，如图 4-14 所示。

当一次电路发生相间短路时，至少有一个 KA 瞬时动作，其常开触头闭合，KT 线圈得电，经过整定的时限后，其延时触头闭合，使 KS、KM 得电动作。KS 动作后，其信号牌掉下，同时接通信号回路，发出灯光信号和音响信号。KM 动作后，接通 YR 回路，使 QF 跳闸，切除短路故障。在短路故障被切除后，继电保护装置除 KS 外，继电器均自动返回起始状态，KS 可以手动复位。

（2）反时限过电流保护装置的组成和工作原理。

反时限过电流保护装置由电流互感器、电流继电器（GL 系列）、断路器等组成，如图 4-15所示。

当一次电路发生相间短路时，至少有一个 KA 动作，经过一定延时后，其常开触头先闭合，常闭触头后断开（这是两对先合后断触头），QF 因 YR 回路分流而跳闸，切除短路故障。在 GL 系列电流继电器去分流跳闸的同时，其信号牌掉下，指示保护装置已经动作。故障被切除后，继电器自动返回，其信号牌可利用外壳上的旋钮手动复位。

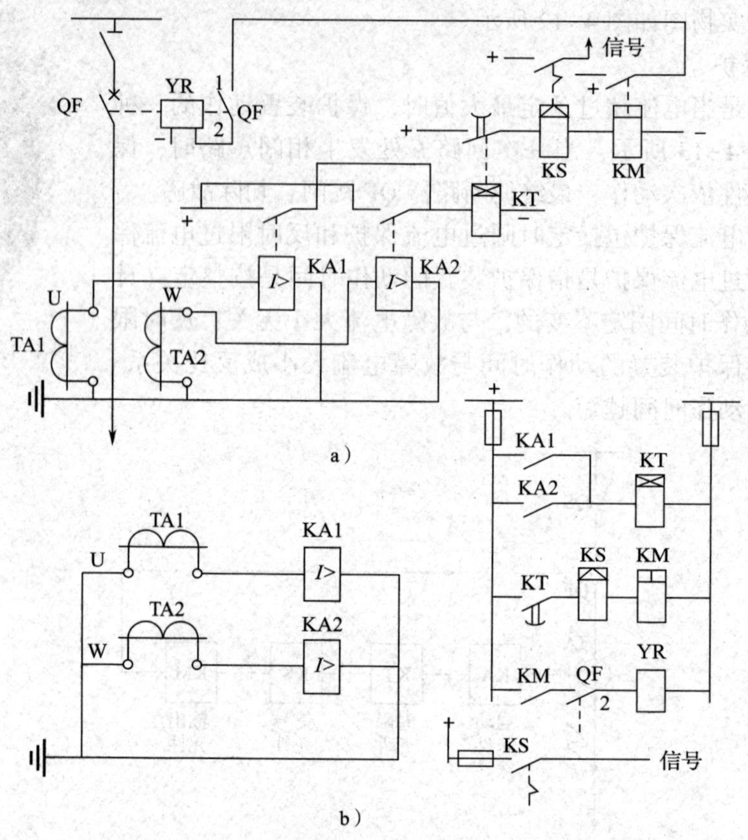

图 4-14　定时限过电流保护的原理与接线图

a）原理图　b）接线图

QF—断路器　KA—电流继电器　KT—时间继电器　KS—信号继电器

KM—中间继电器　YR—QF 跳闸线圈　TA—电流互感器

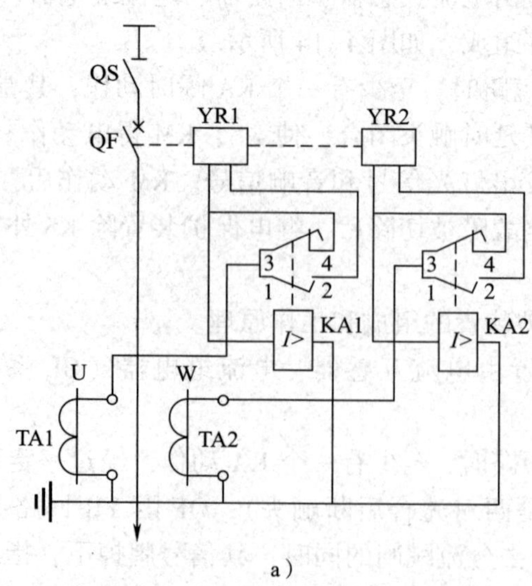

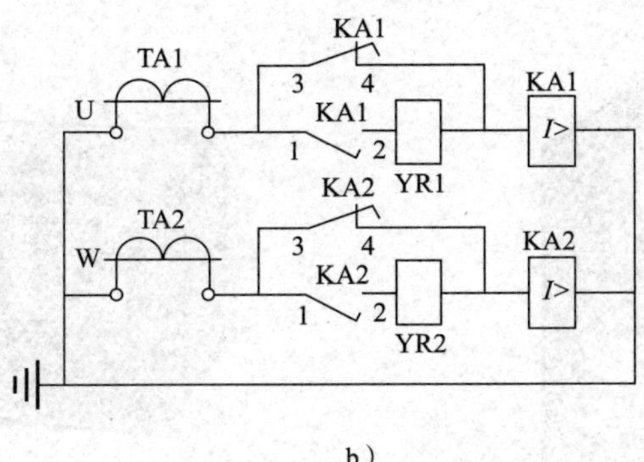

b）

图 4-15　反时限过电流保护的原理与接线图

a）原理图　b）接线图

QF—断路器　KA—电流继电器　YR—QF 跳闸线圈　TA—电流互感器

带时限的过电流保护，其缺点是越靠近电源的保护装置，其动作时间越长，而短路电流则是越靠近电源，其值越大，危害也更加严重。

3. 电流速断保护

国家标准《电力装置的继电保护和自动装置设计规范》（GB/T 50062—2008）规定，在过电流保护动作时间超过 0.5~0.7 s 时，应装设瞬动的电流速断保护装置。

电流速断保护就是一种瞬时动作的过电流保护，用电流继电器等来实现。

采用 DL 系列电流继电器的速断保护，在电流继电器之后直接接信号继电器和中间继电器，由中间继电器触头接通断路器的跳闸回路。如图 4-16 所示，其中，KA1、KA2、KT、KS1 和 KM 属于定时限过电流保护，KA3、KA4、KS2 和 KM 属于电流速断保护，中间继电器 KM 为两种保护公用部件。

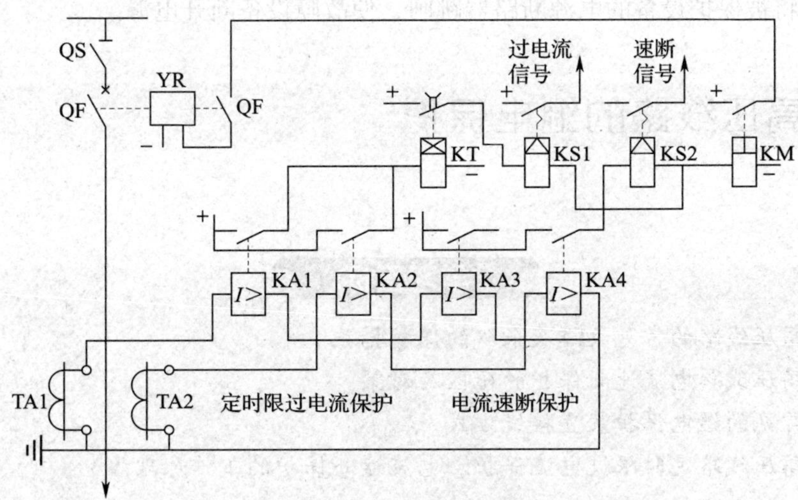

图 4-16　定时限过电流保护和电流速断保护电路图

采用 GL 系列电流继电器，则利用该继电器的电磁元件来实现电流速断保护，其感应元件则用来作反时限过电流保护，简单经济。DL 系列、GL 系列电流继电器实物如图 4-17 所示。

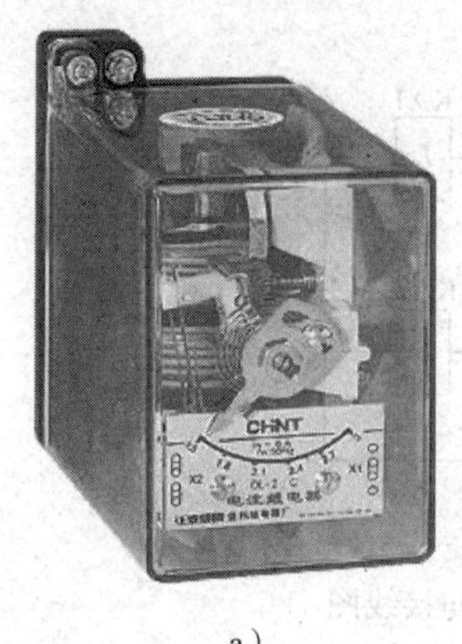

a）

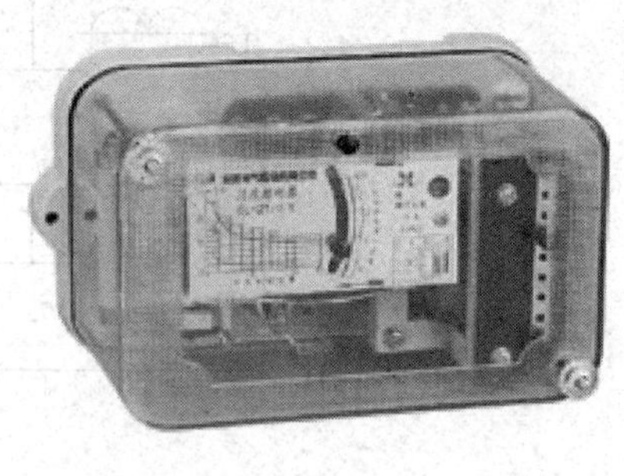

b）

图 4-17　DL 系列、GL 系列电流继电器实物

a）DL-20C 电流继电器　b）GL-20 电流继电器

4. 差动保护

差动保护是根据基尔霍夫第一定律原理，利用故障时产生的不平衡电流触发保护继电器动作，使被保护设备的电源断路器跳闸，切断故障的一种保护，主要元件是差动继电器。

变压器的差动保护主要用来保护变压器内部以及引出线和绝缘套管的相间及相对外壳的短路，也可用来保护变压器的匝间短路，其保护区在变压器一、二次侧所装电流互感器之间，保护灵敏度很高、动作迅速。

差动保护的工作原理是差动保护把被保护的电气设备看作一个接点，正常时流进被保护设备的电流和流出的电流相等，差动电流等于零。当设备出现故障时，流进被保护设备的电流和流出的电流不相等，差动电流大于零。当差动电流大于差动保护装置的整定值时，保护继电器动作，将被保护设备的电源断路器跳闸，使故障设备断开电源。

§ 4-4　高压线路的继电保护

学习目标

1. 了解高压线路的常见故障及采取的保护措施。
2. 了解高压线路电流速断保护的死区及对策。
3. 掌握常见的继电保护装置接线方式。
4. 掌握高压线路定时限过电流保护、电流速断保护的工作原理。

一、工厂高压线路的常见故障

实践证明，工厂架空高压线路易发生断线、碰线、绝缘子被击穿、相间飞弧、各种形式的短路等故障。对电缆来说，因其直接埋地或敷设在管道、隧道中等，受外界因素影响少，特殊条件下才使相间或相、地之间绝缘击穿、断裂。电缆接头连接不良或由于污秽而产生的故障占其全部故障的70%以上。

针对以上故障，常采取相间短路保护、单相接地保护和过负荷保护等保护措施。

线路的相间短路保护主要采用带时限的过电流保护和瞬时动作的电流速断保护。

线路的单相接地保护有两种方式，一是绝缘监视装置，装设在变配电所的高压母线上，动作于信号（即发出音响或灯光信号等）；二是零序电流保护，也动作于信号，但当单相接地故障危及人身和设备安全时，应动作于跳闸。

对于可能经常过负荷的电缆线路，应装设过负荷保护。

线路中允许连续通过而不至于使电路过热的电流称为线路的安全载流量或安全电流；如线路中流过的电流超过了安全电流，就称为线路过负荷。

二、继电保护装置的接线方式

1. 两相一继电器式接线

如图4-18所示，这种接线又称为两相电流差接线。正常工作时，流入继电器的电流为两相电流互感器二次电流之差。

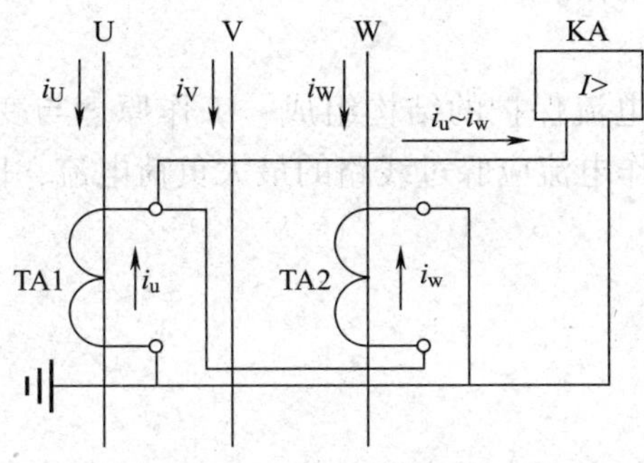

图4-18　两相一继电器式接线

2. 两相两继电器式接线

如图4-19所示，将两只电流继电器分别与装设在U、W两相的电流互感器连接，因此又称为不完全星形联结。由于V相没有装设电流互感器和电流继电器，因此，它不能反映单相短路，只能反映相间短路；但不能保护某些两相接地短路和未装电流互感器那一相的单相接地短路故障。这种接线方式所用设备较少，接线方式比较简单，多用于中性点不接地或经消弧线圈接地的系统中。

如果一次电路发生三相短路或任意两相短路，都至少有一个继电器动作，而使一次电路的断路器跳闸。

比较可知：两相一继电器式接线能反映各种相间短路，但保护灵敏度不足，较为简单经济；两相两继电器式接线保护灵敏度高。

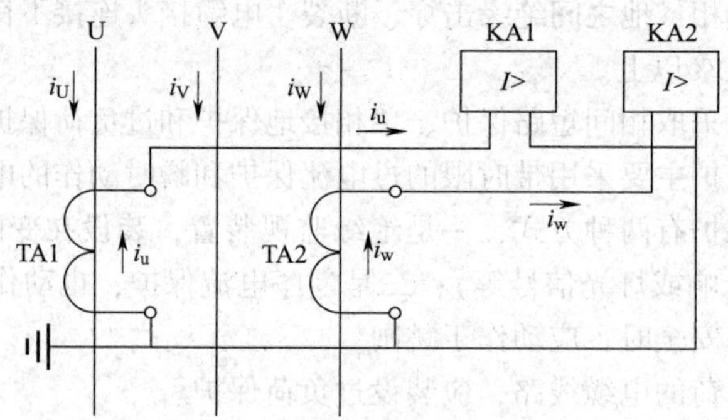

图 4-19　两相两继电器式接线

3. 三相三继电器式接线

在被保护线路的每一相上都装有电流互感器和电流继电器，分别反映每相电流的变化，这种接线方式对各种形式的短路故障都有反应。当发生任何形式的相间短路时，最少有两个电流互感器二次侧的继电器中流过故障相对应的二次故障电流，故至少有两个继电器动作。三相三继电器式接线图略。

在中性点直接接地系统中，发生单相接地时，有一相流过短路电流，且只有接在故障相电流互感器二次侧的继电器动作。

三、定时限过电流保护

高压电力线路定时限过电流保护的结构组成、工作原理与变压器定时限过电流保护相同。定时限过电流保护的动作电流应躲过线路的最大负荷电流，以免在最大负荷电流通过时保护装置误动作。

变压器定时限过电流保护由哪些元件组成？

四、电流速断保护

高压电力线路电流速断保护的结构组成、工作原理与变压器电流速断保护相同。由于电流速断保护的动作电流要躲过线路末端的最大短路电流（避免误动作），因此，靠近末端的一段线路上发生的不一定是最大的短路电流时，电流速断保护不会动作，即电流速断保护不能保护线路的全长。

这种保护装置不能保护的区域称为死区。为弥补这种缺陷，凡装设有电流速断保护的线路，必须配备带时限的过电流保护。

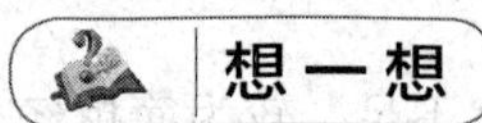

变压器电流速断保护由哪些元件组成？

§4-5　高压电动机的继电保护

学习目标

1. 了解什么是高压电动机及其优缺点。
2. 掌握高压电动机相间短路保护、过负荷保护的工作原理、接线方法及要求。

高压电动机是指额定电压在 1 kV 以上的电动机，常使用的是 6 kV 和 10 kV 电压，由于国外的电网不同，也有 3.3 kV 和 6.6 kV 的电压等级。高压电动机的优点是功率大，承受冲击能力强；缺点是惯性大，启动和制动都困难。工厂大型通风机、压缩机、水泵、破碎机、轧钢机、切削机床、运输机械等需要用具有大功率的高压电动机来驱动。

高压电动机的常见故障有定子绕组相间短路、定子绕组单相接地、定子绕组低电压、定子绕组过负荷等。国家标准《电力装置的继电保护和自动装置设计规范》（GB/T 50062—2008）规定，对高压电动机的运行需装设相应的保护装置。

一、相间短路保护

1. 采用电流速断保护接线

一般采用两相一继电器式接线。电流速断保护的动作电流应按躲过电动机的最大启动电流来整定。

2. 采用纵联差动保护接线

在 3~10 kV 系统中，电动机差动保护可以采用两相两继电器式接线。可以选用 DL-11 型电流继电器，也可以选用专门的差动继电器。差动保护的动作电流应按躲过电动机的额定电流来整定。

二、过负荷保护

对生产过程中易发生过负荷的高压电动机，应装设过负荷保护。引起过负荷的原因一般是电动机所带机械负载过大、电动机端电压降低或消失引起转速降低、供电回路一相断线、电动机机械部分发生故障等。

过负荷保护可采用一相一继电器式接线。过负荷保护的动作时间应大于电动机启动所需的时间，一般取 10~15 s。

三、欠电压保护

当电源电压短时降低或短时中断后又恢复时，需要断开的次要电动机和有备用自动投入机械的电动机，一般要求欠电压保护经 0.5 s 动作于跳闸；生产过程不允许或不需要自启动的电动机，一般要求欠电压保护经 0.5~1.5 s 动作于跳闸；在电源电压长时间消失后须从电网中自动断开的电动机，一般要求欠电压保护经 5~20 s 动作于跳闸。

§4-6 变配电所的操作电源与自动装置

学习目标

了解变配电所的操作电源与自动装置的种类、作用等。

一、操作电源

在变配电系统中，高压断路器的合闸回路、跳闸回路、控制回路、信号回路、保护回路以及继电保护装置中的操作回路等所需要的电源称为操作电源。变配电所中的操作电源有交流、直流两大类，常用的有以下几种：

（1）蓄电池组直流操作电源。

（2）硅整流电容器储能直流操作电源。

（3）复式整流装置。

（4）由电流互感器或电压互感器及所用变压器供电的交流操作电源。

1. 由蓄电池组供电的直流操作电源

蓄电池组电源见表4-1。

表4-1 蓄电池组电源

种类	组成	说明
铅酸蓄电池	铅酸蓄电池的正极二氧化铅（PbO_2）和负极铅（Pb）插入稀硫酸（H_2SO_4）溶液里，就发生化学反应。在两极板上产生不同的电位，这两个电位在外电路断开时的电位差就是蓄电池的电势。单个铅酸蓄电池的额定端电压为2 V，当多个铅酸蓄电池通过串、并联的方式组合后，可获得220 V的直流操作电压	这种独立的操作电源系统，无论供电系统发生什么事故，仍能保证控制回路、信号回路、继电保护及自动装置等可靠工作，同时还能保证事故照明用电，这是它的突出优点。但铅酸蓄电池组也有许多缺点，比如在充电时要排出氢和氧的混合气体，有爆炸危险；而且随着气体排出的硫酸蒸气，有强腐蚀性，危害着人身健康和设备安全。因此，铅酸蓄电池组要求单独装设在专用房间内，而且要进行防腐、防爆处理，所以投资很大
镉镍蓄电池	镉镍蓄电池的正极为氢氧化镍[$Ni(OH)_3$]或三氧化二镍（Ni_2O_3），负极为镉（Cd），溶液为氢氧化钾（KOH）或氢氧化钠（NaOH）等碱溶液。单个镉镍蓄电池的额定端电压为1.2 V，充电终了时端电压可达1.75 V	采用镉镍蓄电池组的直流操作电源，除不受供电系统运行情况的影响、工作可靠外，还有大电流放电性能好、使用寿命长、腐蚀性小、占地面积小、充放电控制方便以及无须专用房间等优点。因此，在工厂供电系统中有逐渐取代铅酸蓄电池的趋势

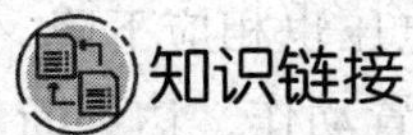

“爬碱”现象

镉镍蓄电池如果维护不当，会因为电解液的溢出而出现“爬碱”现象。实践证明，镉镍蓄电池因“爬碱”造成电池损坏是影响镉镍蓄电池推广和使用的主要原因之一。

2. 由整流装置供电的直流操作电源

目前在变配电所中，直流操作电源主要采用带电容器储能的直流装置或带镉镍蓄电池组储能的直流装置。

图 4-20 所示为带电容器储能的直流装置。硅整流器的交流电源由不同的所用变压器供给，一路工作，另一路备用，用接触器自动切换。在正常情况下，两台硅整流器同时工作，1 号较大容量的硅整流器（VC1）供断路器合闸；2 号较小容量的硅整流器（VC2）只供控制、保护（跳闸）及信号电源。在 2 号硅整流器故障时，1 号硅整流器可以通过 V3 向控制小母线供电。

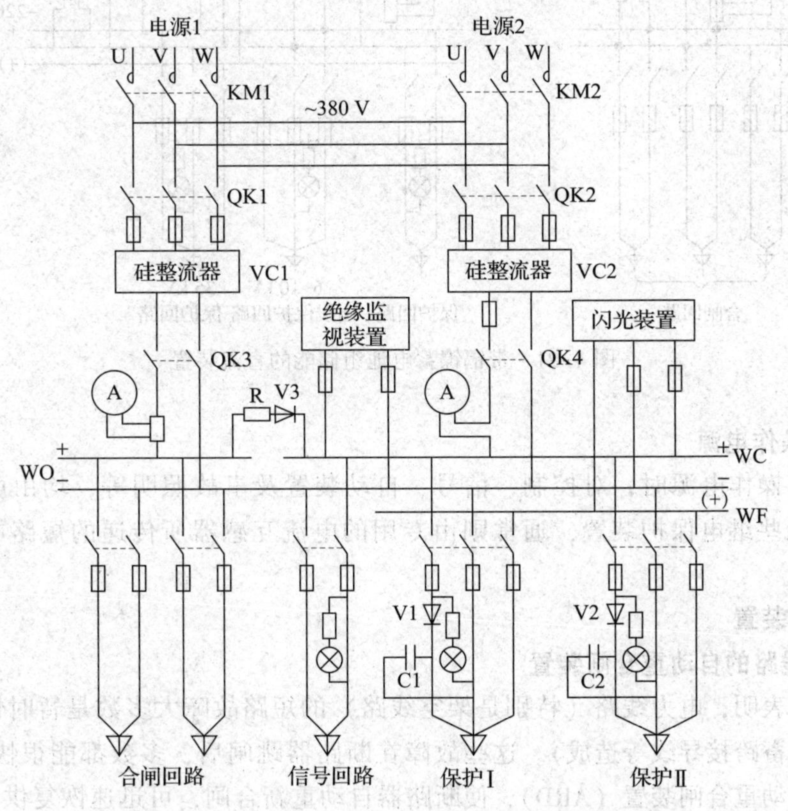

图 4-20　带电容器储能的直流装置

C1、C2—储能电容器　WC—控制小母线　WF—闪光信号小母线　WO—合闸小母线

当电力系统发生故障，380 V 交流电源电压下降时，直流 220 V 母线电压也相应下降。此时利用并联在保护回路中的电容器 C1 和 C2 的储能放电来使继电保护装置动作，达到断路器跳闸的目的。

在正常情况下，各断路器的直流控制系统中的信号灯及重合闸继电器由信号回路供电，使这些元件不消耗电容器中储存的电能。在保护回路装设二极管 V1 及 V2 的目的也是使电容器中储存的电能仅用来维持保护回路的电源，而不向其他与保护（跳闸）无关的元件放电。

带电容器储能的直流装置的优点是投资少、建设快，运行维护方便。但可靠性不如带镉镍蓄电池组储能的直流装置，如图 4-21 所示。

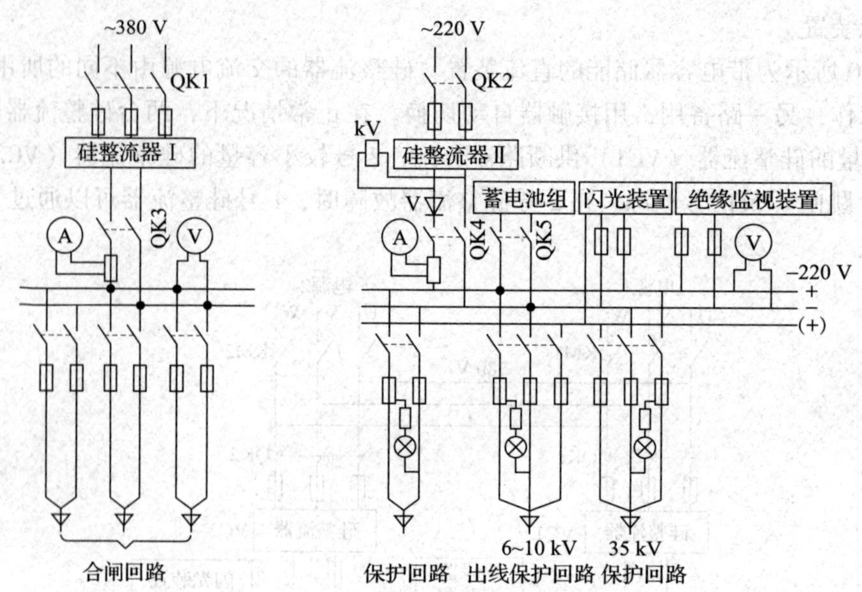

图 4-21　带镉镍蓄电池组储能的直流装置

3. 交流操作电源

采用交流操作电源时，对控制、信号、自动装置及事故照明等，均由所用变压器供电。而对于某些继电保护装置，通常则由专用的电流互感器所传递的短路电流作为操作电源。

二、自动装置

1. 电力线路的自动重合闸装置

运行实践表明，电力线路（特别是架空线路）的短路故障大多数是暂时性的（例如因雷击闪络、禽畜跨接导线等造成）。这些故障在断路器跳闸后，多数都能很快地自行恢复。因此，采用自动重合闸装置（ARD），使断路器自动重新合闸，可迅速恢复供电，提高供电的可靠性。电气一次自动重合闸基本原理电路图如图 4-22 所示。

当一次线路发生短路故障时，继电保护装置 KA 动作，接通跳闸线圈 YR 回路，使断路器 QF 自动跳闸。与此同时，重合闸继电器 KAR 启动，断路器的辅助触头 QF3、QF4 闭合，

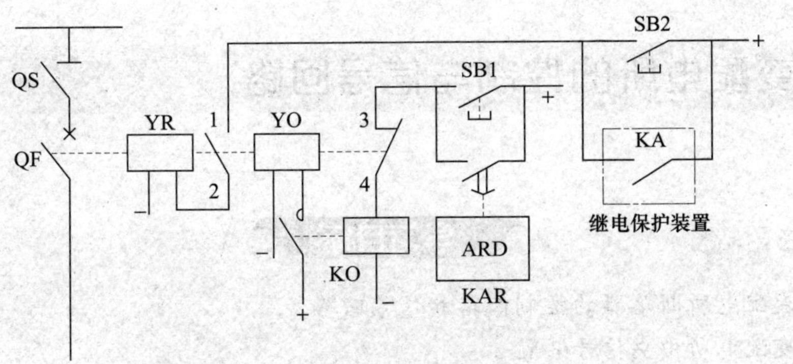

图 4-22　电气一次自动重合闸基本原理电路图

使合闸接触器 KO 得电而动作，接通合闸线圈 YO，使断路器 QF 重新合闸。如果短路是暂时性的，则合闸成功。如果短路是永久性的，则继电保护装置 KA 又一次动作，使断路器 QF 再次跳闸。电气一次 ARD 装置具有防止二次动作功能，封锁了 ARD 装置，使其不能再次重合闸。

2. 备用电源自动投入装置

在工厂供电系统中，为了保证不间断供电，对于具有一级负荷和重要二级负荷的变电所或重要用电设备、主要线路等，常采用备用电源自动投入装置（APD），以保证工作电源电压因故障而消失时，备用电源自动投入，继续恢复供电。

图 4-23a 所示为有一条工作线路和一条备用线路的明备用情况，APD 装设在备用进线断路器 QF2 上。正常运行时，备用电源断开，当工作电源 A 一旦失去电压后，便被 APD 切除，随即将备用电源 B 自动投入。

图 4-23b 所示为两条独立的工作线路分别供电的暗备用情况，APD 装设在母线分段断路器 QF3 上。正常运行时，分段断路器 QF3 断开。当其中一条线路失去电压后，APD 能自动将失去电压的线路断路器断开，随即将分段断路器 QF3 自动投入，让非故障线路供应全部负荷。

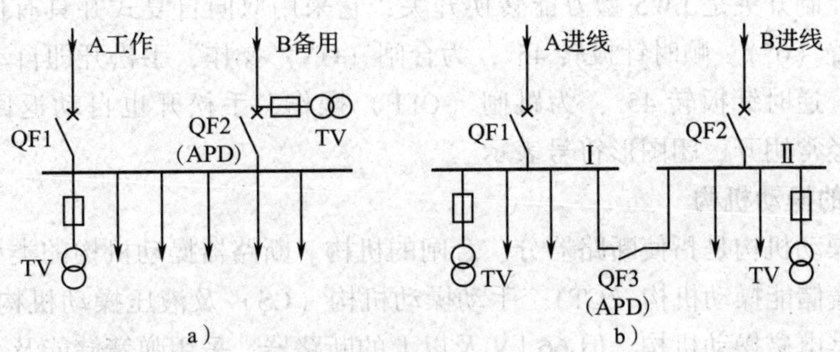

图 4-23　备用电源自动投入装置主电路图

a）明备用　b）暗备用

§4-7 变配电所的控制与信号回路

学习目标

1. 了解变配电所断路器的控制回路和信号回路。
2. 了解变配电所中央信号装置。

一、断路器的控制回路和信号回路

在变配电所中，断路器的控制大部分采用远距离控制，就是与控制室相隔一定距离的户内和户外配电装置中的断路器，都在控制室内集中进行控制。

为此，在控制室内必须有发出断路器跳、合闸操作命令的控制机构，即控制开关。断路器必须有执行操作命令的操动机构。控制机构与操动机构之间的电气连接电路称为控制回路。

1. 控制开关

控制开关又称万能转换开关，是控制回路中的主要元件，运行人员通过控制开关发出操作命令，对断路器进行手动合闸或跳闸操作。

控制开关是一种有转动手柄的组合式开关。它由外壳、转动手柄和触头盒等几部分组成，每个控制开关所装触头的节数及形式可根据不同的控制回路进行组合。

这种控制开关的手柄有六个位置：预备合闸、合闸、合闸后、预备跳闸、跳闸、跳闸后。用它进行操作的顺序如下：合闸操作时，将手柄由水平位置顺时针方向旋转 90°到垂直位置，指示预备合闸，再旋转 45°，发出合闸命令。操作人员将手柄放开后，在弹簧作用下，手柄反向复归 45°回到垂直位置，此时指示合闸后位置。进行跳闸操作的顺序与合闸操作相同，只是手柄旋转方向相反。

还有一种控制开关是 LW5 型万能转换开关，它采用双向自复式并具有保持触头。手柄正常为垂直位置（0°）。顺时针扳转 45°，为合闸（ON）操作，手松开即自动返回（复位），保持合闸状态。逆时针扳转 45°，为跳闸（OFF）操作，手松开也自动返回，保持跳闸状态。这种开关经常用开、闭图形符号表示。

2. 断路器的操动机构

断路器的操动机构是指使断路器分、合闸的机构。断路器操动机构的类型有电磁操动机构（CD）、弹簧储能操动机构（CT）、手动操动机构（CS）及液压操动机构（CY）等。目前用得最多的是电磁操动机构，但 66 kV 及以上的断路器，采用弹簧储能及液压操动机构的断路器也在逐渐增多。

3. 手动操作的断路器控制回路和信号回路

图 4-24 所示为手动操作的断路器控制回路和信号回路原理图。

合闸时，将操作手柄上推，使断路器合闸。这时断路器的常开辅助触头 QF2 闭合（它

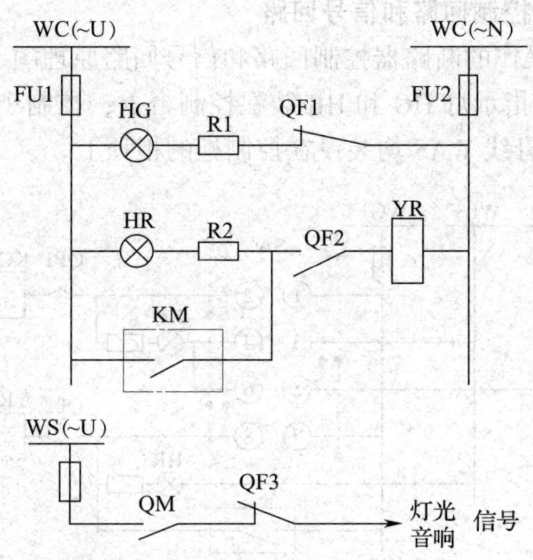

图 4-24　手动操作的断路器控制回路和信号回路原理图

WC—控制小母线　WS—信号小母线　HG—绿灯　HR—红灯　R_1、R_2—限流电阻

YR—跳闸线圈（脱扣器）　KM—继电保护触头　QF1～QF3—断路器 QF 的辅助触头

QM—手动操动机构常开辅助触头

随着断路器主触头同时动作），红灯 HR 亮，指示断路器已经合闸通电。由于有电阻 R2 的限流作用，跳闸线圈 YR 中虽有电流通过，但因电流很小，断路器不会跳闸。红灯 HR 亮还表示跳闸回路和控制回路的熔断器均完好。

跳闸时，扳下操作手柄使断路器跳闸。这时，断路器的常开辅助触头 QF2 断开，切断跳闸回路，与此同时，常闭辅助触头 QF1 闭合，绿灯 HG 亮，指示断路器已经跳闸。绿灯 HG 亮还表示控制回路的熔断器是完好的。

在正常操作断路器合、跳闸时，由于手动操动机构常开辅助触头 QM 与断路器常闭辅助触头 QF3 是串联在一起的，而且是同时切换的，所以此时事故信号回路总是不通的，不会错误地发出信号。

当一次电路发生短路故障时，继电保护装置动作，其出口中间继电器动作，继电保护触头 KM 闭合，接通跳闸线圈 YR（由于断路器还未跳闸，QF2 处于闭合状态），使断路器跳闸。随后 QF2 断开，红灯 HR 灭，并切断 YR 的电源；同时，QF1 闭合，绿灯 HG 亮。这时操动机构的操作手柄虽然仍在合闸位置，但其黄色指示牌已掉下，表示断路器自动跳闸。在信号回路中，由于操作手柄仍在合闸位置，其辅助触头 QM 闭合，而断路器已经事故跳闸，QF3 闭合，因此事故信号回路接通，发出灯光信号和音响信号。事故信号的解除是由值班人员将操作手柄扳下后完成的。

想一想

断路器的控制回路和信号回路中的红、绿灯有哪些用途？

4. 电磁操作的断路器控制回路和信号回路

图 4-25 所示为电磁操作的断路器控制回路和信号回路原理图。图中控制开关 SA（采用 LW5 型万能转换开关）及指示灯 HG 和 HR 装在控制台上；控制小母线 WC、闪光信号小母线 WF 与事故音响信号小母线 WAS 均装设在控制柜的柜顶上。

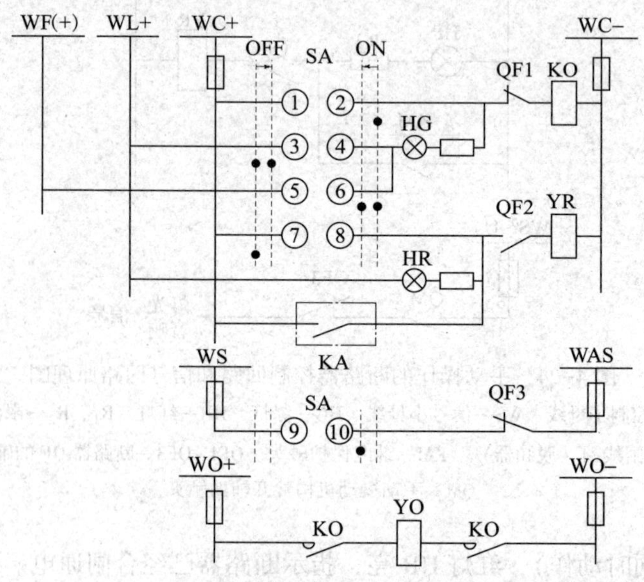

图 4-25 电磁操作的断路器控制回路和信号回路原理图

WC—控制小母线 WL—灯光指示小母线 WF—闪光信号小母线 WS—信号小母线 WAS—事故音响信号小母线
WO—合闸小母线 SA—控制开关 KO—合闸接触器 YO—电磁合闸线圈 YR—跳闸线圈 KA—继电保护触头
QF1～3—断路器 QF 的辅助触头 HG—绿灯 HR—红灯 ON—合闸操作方向 OFF—跳闸操作方向

为了在控制回路中出现短路故障时切断电源，在正、负支线上都装有熔断器。

断路器 QF 及其操动机构装设在配电装置室内。在操动机构中有电磁合闸线圈 YO、跳闸线圈 YR 及断路器的辅助触头 QF1、QF2 等。在配电装置中还备有接通电磁合闸线圈 YO 回路的合闸接触器 KO 及合闸小母线 WO。

断路器的控制回路和信号回路的动作过程如下：

（1）跳闸状态。

断路器在跳闸状态时，控制开关 SA 在“跳闸后”位置，触头 SA③、④闭合，断路器的常闭辅助触头 QF1 闭合，绿灯 HG 亮，一方面表示断路器处于跳闸状态，另一方面说明合闸回路完好。此时，因绿灯回路串有限流电阻，合闸接触器 KO 不会动作，断路器不会合闸。

（2）手控合闸。

将控制开关 SA 手柄顺时针方向扳转 45°，这时其触头 SA①、②闭合，合闸接触器 KO 通电（其中 QF1 原已闭合），其主触头闭合，使电磁合闸线圈 YO 通电，断路器合闸。合闸完成后，控制开关 SA 自动返回，其触头 SA①、②断开，切断合闸回路，同时 QF2 闭合，红灯 HR 亮，一方面说明断路器已经合闸，另一方面说明跳闸回路完好。这时，因红灯回路串有限流电阻，使通过跳闸线圈 YR 的电流很小，断路器不会跳闸。

（3）手控跳闸。

将控制开关 SA 手柄逆时针方向扳转 45°，这时其触头 SA⑦、⑧闭合，跳闸线圈 YR 通电（其中 QF2 原已闭合），使断路器跳闸。跳闸完成后，控制开关 SA 自动返回，其触头 SA⑦、⑧断开，断路器辅助触头 QF2 也断开，切断跳闸回路，同时触头 SA③、④闭合，QF1 也闭合，绿灯 HG 亮，一方面说明断路器已经跳闸，另一方面说明合闸回路完好。

（4）自动跳闸。

当一次电路发生短路故障时，相应的继电保护装置动作，其触头 KA 闭合，接通跳闸回路（其中 QF2 原已闭合），使断路器跳闸。随后 QF2 断开，使红灯 HR 熄灭，并切断跳闸回路，同时 QF1 闭合，而 SA 仍在合闸位置，其触头 SA⑤、⑥也闭合，接通闪光电源 WF（+），使绿灯 HG 闪光，说明断路器自动跳闸。由于断路器自动跳闸，SA 仍在合闸位置，其触头 SA⑨、⑩闭合，而断路器已经跳闸，其触头 QF3 也闭合，因此事故音响信号回路接通，又发出音响信号。当值班人员得知事故跳闸信号后，可将控制开关 SA 的手柄扳向跳闸位置，使 SA 的触头与 QF 的辅助触头恢复对应关系，全部事故信号立即解除。

应该指出，由于红、绿灯兼起监视跳、合闸回路是否完好的作用，需长时间运行，因此耗能较多。为了减少操作电源中储能电容器能量的过多消耗，另设灯光指示小母线 WL，专门用来接入红、绿灯。储能电容器的能量只用来供电给控制小母线 WC。

二、中央信号装置

中央信号装置是指装设在变配电所值班室或控制室中的信号装置。中央信号装置包括事故信号装置和预告信号装置两种。

1. 事故信号装置

事故信号的作用是在断路器事故跳闸时，通过声、光报警通知值班人员。断路器事故跳闸时有两种信号，一是音响信号，通常采用的电笛（蜂鸣器）音响信号是公用的，用以引起值班人员的注意；二是灯光信号（绿灯闪光），灯光信号是独立的，用以指明事故跳闸的断路器。音响信号解除的方法有就地复归和中央复归两种。

就地复归的音响信号回路很简单，要想使音响信号复归，只需将事故跳闸的断路器的控制开关由“合闸后”位置转到“跳闸”位置即可。这种电路的缺点是灯光信号和音响信号同时被复归，这对接线比较复杂的变配电所是不适用的。为了便于处理事故，根据运行要求，希望先复归音响信号，而灯光信号再保留一段时间。为此，目前在变配电所中广泛采用的是中央复归可重复动作的事故音响信号回路。由 ZC-23 型冲击继电器构成的事故音响信号装置如图 4-26所示。其动作过程如下：

当某一台断路器事故跳闸时，其辅助触头 QF1 与控制开关 SA1 不对应而使事故音响信号小母线 WAS 与信号小母线 WS（-）接通，从而使脉冲变流器 TA 的一次绕组中有电流流过，其二次绕组中感应出脉冲电动势，使执行元件干簧继电器 KR 动作。KR 的常开触头闭合，启动多触头中间继电器 KM1。KM1 有三对常开触头：1KM1 实现自保持，因为干簧继电器 KR 在 TA 二次绕组的脉冲电动势消失后就会返回；2KM1 启动蜂鸣器 HA，发出事故音响信号；3KM1 启动时间继电器 KT，KT 是为实现自动解除音响信号而设置的。经整定时限

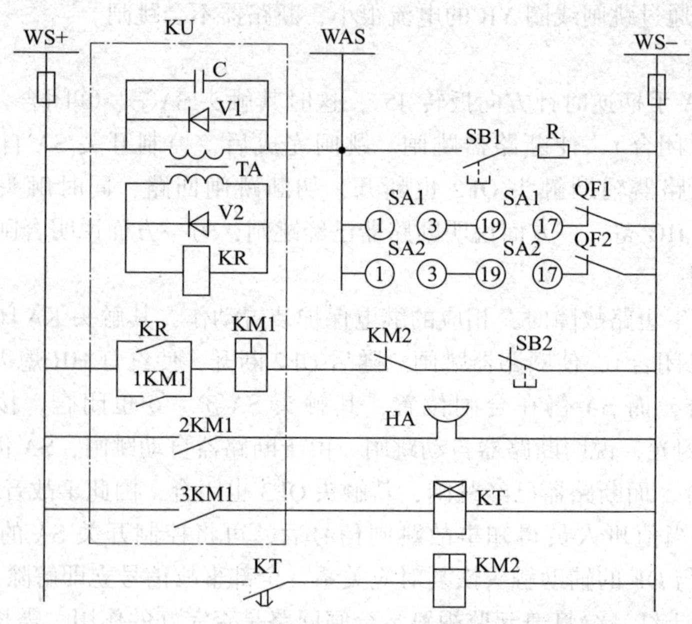

图 4-26 由 ZC-23 型冲击继电器构成的事故音响信号装置

WS—信号小母线 WAS—事故音响信号小母线 SA1、SA2—控制开关 SB1—试验按钮 SB2—音响解除按钮

KU—冲击继电器 KR—干簧继电器 KM1、KM2—中间继电器 KT—时间继电器 TA—脉冲变流器

后，KT 延时触头闭合，启动中间继电器 KM2，其常闭触头断开，切断 KM1 的线圈回路，KM1 因断电而返回，音响停止，整个事故音响信号回路自动恢复原有状态。若另一台断路器又自动跳闸，蜂鸣器 HA 同样会发出事故音响信号。因此，这种由 ZC-23 型冲击继电器构成的事故音响信号装置具有“重复动作”功能。

2. 预告信号装置

工厂供配电系统出现不正常工作状态时，通过预告信号通知值班人员，使其及时采取适当措施消除这些不正常工作状态，以避免发生事故。例如，变压器过负荷、变压器轻瓦斯动作、变压器油温超过允许值、中性点不接地系统的单相接地、电压互感器二次回路断线、直流操作电源的电压消失或其对地绝缘性能降低等，都应发出预告信号。

预告信号应该同时发出单独的灯光信号和公用的音响信号。灯光信号即光字牌中的灯光，可使值班人员了解出现不正常工作状态的设备及性质。音响信号的目的是引起值班人员的注意，为了与事故音响信号有所区别，发音元件采用电铃。

想一想

在中性点不接地系统发生单相接地、主变压器过负荷、主变压器发生轻瓦斯动作、各级电压的电源中断等异常情况时，应由哪个发音元件发出预告信号？

能重复动作的中央预告音响信号装置，其基本工作原理与图 4-26 所示的能重复动作的中央事故音响信号装置相同，所以，这里不再介绍。

图 4-27 所示为不能重复动作的中央预告音响信号装置。当系统中出现不正常工作状态时，继电保护触头 KA 闭合，使预告信号电铃 HA 和光字牌指示灯 HL 同时动作。在值班人员得知预告信号后，可按下按钮 SB2，中间继电器 KM 动作，其触头 KM1 断开，解除电铃 HA 的音响信号；其触头 KM2 闭合，使 KM 自保持；其触头 KM3 闭合，黄色信号灯 HY 亮，提醒值班人员出现了不正常工作状态，而且尚未消除。当不正常工作状态消除后，继电保护触头 KA 返回，光字牌指示灯 HL 和黄色信号灯 HY 同时熄灭，但在上一个不正常工作状态未消除时，如果出现另一个不正常工作状态，电铃 HA 不会再次动作。

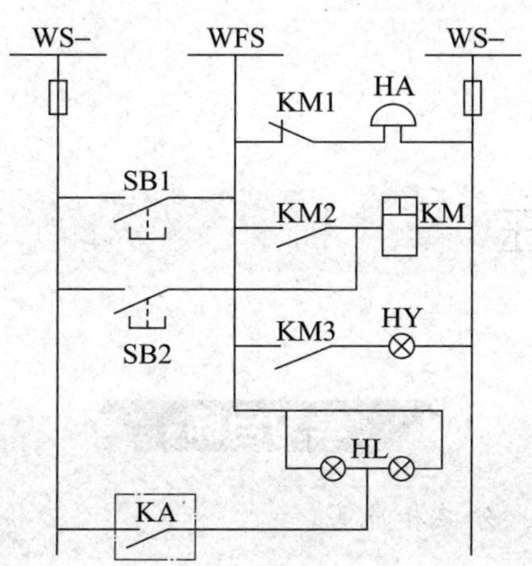

图 4-27　不能重复动作的中央预告音响信号装置

WS—信号小母线　WFS—预告信号小母线　SB1—试验按钮　SB2—音响解除按钮　KA—继电保护触头
KM—中间继电器　HY—黄色信号灯　HL—光字牌指示灯　HA—电铃

第五章 电气防雷与接地

§5-1 大气过电压

学习目标

了解大气过电压的含义、分类和危害。

过电压是指在电气线路或电气设备上出现的超过正常工作电压的、对绝缘有危害的异常电压。

过电压按产生的原因不同，分为内部过电压和雷电过电压两大类。

内部过电压是指由于电力系统本身的开关操作、负荷变化或发生故障等，系统的工作状态突然改变而引起的过电压。内部过电压一般不会超过系统正常运行时单相对地额定电压的4倍，因此，其对系统和设备的绝缘威胁不大。

雷电过电压又称大气过电压，是由于电力系统中的设备、线路或建筑物遭受来自大气中的雷击或雷电感应而引起的过电压。由于雷电电压幅值可高达1亿伏，电流幅值可达几十万安，因此，其对电力系统危害极大，必须做好防护工作。大气过电压包括直击雷过电压和感应雷过电压。

雷电是由雷云放电引起的。在雷雨季节里，太阳把地面一部分水分蒸发为蒸汽，并向上升起，由于太阳不能直接使空气变热，所以上部空气为冷空气。上升的蒸汽一旦遇到冷空气，立即凝结成水滴，随着水滴的增多逐渐形成积云。它们受到强烈气流的吹袭，产生摩擦和碰撞，形成带正、负不同电荷的雷云，通常上层带正电荷，下层带负电荷。当空中的雷云靠近大地时，由于静电感应的作用，雷云下层的电荷还会在地面感应出极性相反的电荷（所谓静电感应，是指当带电物体靠近不带电物体时，不带电物体上的电荷重新分布的现象，与带电物体极性相反的电荷靠近带电物体，极性相同的电荷远离带电物体）。当雷云与地面间等效的电压足够强时，会使空气击穿（通常首先发生在地面上凸出的尖锐物体处，如很高的树、高塔等），空气由绝缘体变为导体，形成导电通道。大地的电荷与雷云中的电荷即产生强烈的中和放电，产生强大的电流，并伴有雷鸣和闪光，这就是主放电阶段，一般时间为50~100 μs。主放电结束后，雷云中的残余电荷继续沿主放电通道进入地面，称为余辉放电。

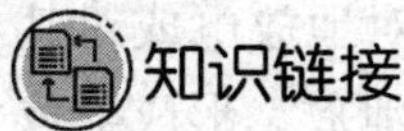

雷电的危害

（1）雷云对地放电时，在雷电附近的导线上将产生感应过电压，会使电气设备绝缘发生闪络或击穿，甚至引起火灾和爆炸，造成人身伤亡等。

（2）强大的雷电流流过导体时，会产生很大的热量而使导体严重变形或熔断。

（3）雷云对地放电时，强大的雷电流会产生机械冲击效应而使杆塔、横担和建筑物等损坏。

（4）雷云对地放电时，有时也能击中人，对人造成严重伤害。

一、直击雷过电压

雷云直接对输电线路或电气设备放电，强大的雷电流通过输电线路或电气设备时引起过电压，从而产生破坏性很大的热效应和机械效应，称为直击雷过电压，如图 5-1 所示。

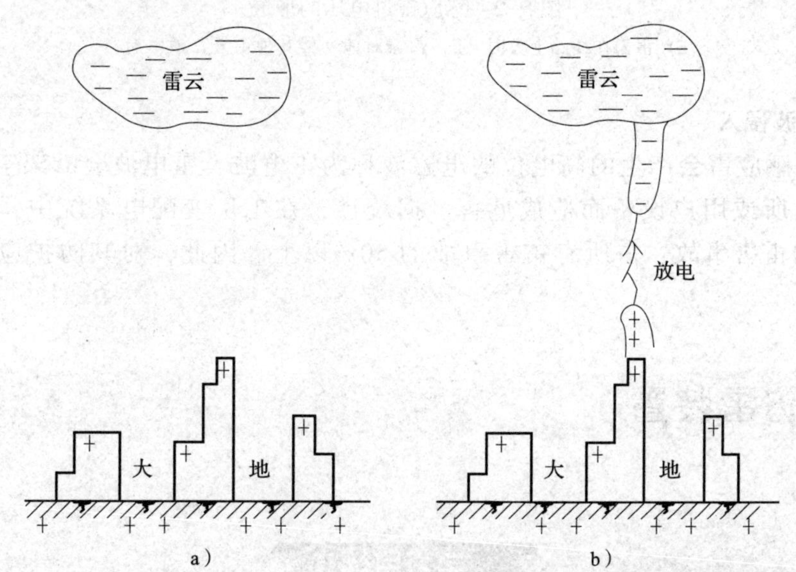

图 5-1 直击雷过电压示意图

a）积云 b）放电

雷雨天，为什么不能在大树下避雨？

二、感应雷过电压

雷云不是直接击于输电线路或电气设备上，而是由雷云对输电线路或电气设备的静电感应所产生的过电压，称为感应雷过电压。如图 5-2a 所示，雷云出现在架空线路上方时，线路上由于静电感应而积聚大量被束缚住的异性电荷。如图 5-2b 所示，雷云对地放电或对其他异性雷云中和放电后，线路上的电荷被释放而形成自由电荷，向线路两端泄放，形成电位很高的过电压。高压线路上的感应雷过电压可高达几十万伏，低压线路上的感应雷过电压也能达几万伏，对工厂供电系统危害很大。

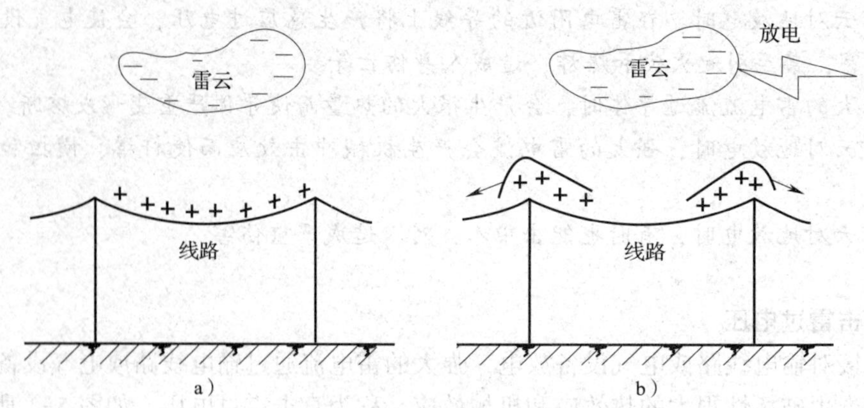

图 5-2　感应雷过电压的形成

a）雷云在线路上方时　b）雷云对地（或其他雷云）放电后

三、雷电波侵入

直击雷或感应雷会产生的高电位的电磁波称为雷电波，雷电波会沿架空线或金属管道侵入变配电所或用户设备而造成危害。据统计，在工厂变配电系统中，由于雷电波侵入而造成的雷害事故，占所有雷害事故的 50% 以上。因此，对其防护应予以足够的重视。

§5-2　防雷装置

学习目标

1. 了解接闪器的分类及作用。
2. 了解避雷器的分类及其不同的应用场所。

由于雷电总是发生在地面上的凸出物体处，因此如果将一物体放置在高于被保护物体处，雷电到来时便会击中该物体，从而使被保护物体免于雷击。防雷装置一般都是根据这一原理工作的。位于顶部，利用其高出被保护物的凸出地位把雷电引向自身，承接直击雷放电的金属装置就是接闪器。接闪器承接雷击放电后，通过引下线将雷云中的电荷引至接地装置，人为地给雷云创造一条放电通路，将电流导入大地。引下线采用圆钢或扁钢，沿建筑物外墙明敷，经最短路径接地。

接闪器有多种类型。接闪的金属杆称为接闪杆，接闪的金属线称为接闪线（或架空地线），接闪的金属带称为接闪带，接闪的金属网称为接闪网。

一、接闪杆、接闪线、接闪带和接闪网

1. 接闪杆

如图 5-3 所示，接闪杆（也称避雷针）采用镀锌圆钢或镀锌钢管制成，供各种铁塔、油罐、烟囱及高层建筑物等安装使用。接闪杆的顶端是削尖的直立金属棒（或管），安装时要高出建筑物一定高度。接闪杆的保护范围是以它能够防护直击雷的空间来表示的。国家标准《建筑物防雷设计规范》（GB 50057—2010）规定用“滚球法”确定保护范围。所谓滚球法，是指以某一规定半径的球体，在装有接闪器的建筑物上滚过，球体由于受建筑物上所安装的接闪器的阻挡而无法触及某些范围，把这些范围认为是接闪器的保护范围。

图 5-3　接闪杆

2. 接闪线

如图 5-4 所示，接闪线（也称避雷线）的功能和原理与接闪杆基本相同，保护架空线路或其他物体免遭直接雷击。接闪线一般采用截面不小于 35 mm^2 的镀锌钢绞线，架设在架空线路的上方。因其既要架空又要接地，故又称为架空地线。

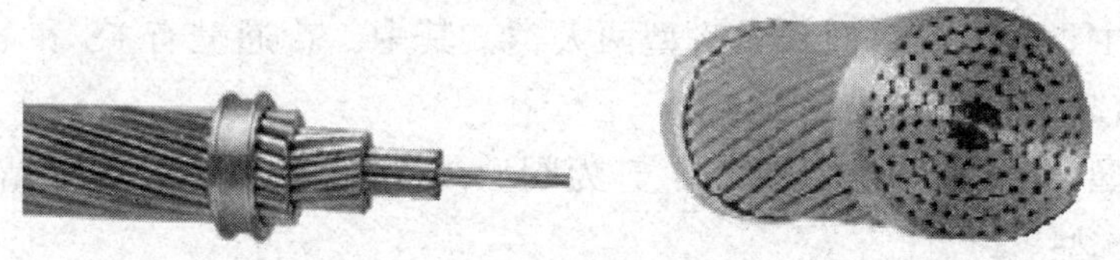

图 5-4　接闪线

3. 接闪带

如图 5-5 所示，接闪带（也称避雷带）为建筑物的屋脊和屋顶四周敷设的接地导体，是由接闪杆、接闪线发展而来的，多是用圆钢（直径不小于 8 mm）或扁钢（截面不小于 48 mm^2）做成的条形长带。高层楼宇的接闪带多沿屋脊、山墙、通风管道及平屋顶的边沿等地方敷设。

4. 接闪网

如图 5-6 所示，接闪网（也称避雷网）也主要用来保护建筑物特别是高层建筑物，使它们免遭直接雷击或感应雷击，分为明网和暗网。明网是将金属线制成的网架在建筑物顶部空间，用截面积足够大的金属物与大地连接来防雷电的。暗网是利用建筑物钢筋混凝土结构中的钢筋网进行雷电防护的。接闪网材料一般也采用圆钢（直径不小于 8 mm）或扁钢（截面不小于48 mm^2），交叉点需要进行焊接。

图 5-5　接闪带

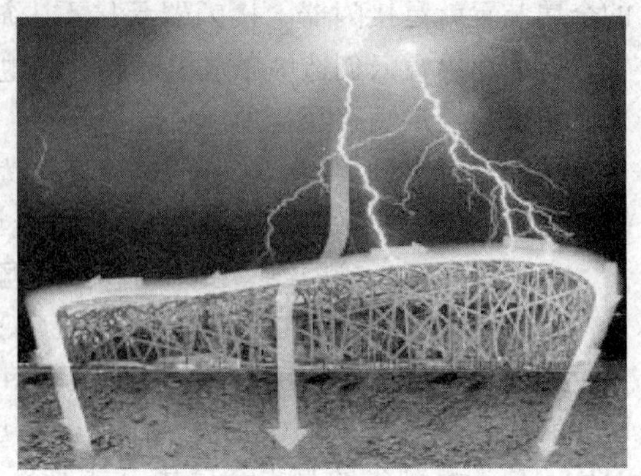

图 5-6　接闪网

二、避雷器

避雷器用来防止雷电过电压波沿线路侵入变配电所或其他建筑物而危及被保护设备的绝缘，或防止雷电电磁脉冲对电子信息系统的电磁干扰，广泛应用于发电、输变电、配电系统中。避雷器与被保护设备或设施并联，并且安装在被保护设备的电源侧，如图 5-7 所示。

常见的避雷器有阀型避雷器、管型避雷器、保护间隙、金属氧化物避雷器和电涌保护器等。

1. 阀型避雷器

阀型避雷器如图 5-8 所示，由装在密封瓷套管中的火花间隙和阀片（非线性电阻）串联组成。阀型避雷器上端与导线相连接，下端与接地体相连接，结构如图 5-9 所示。

阀型避雷器主要分为普通型和磁吹型两大类，其中，普通型有 FS 和 FZ 两个系列，磁吹型有 FCD 和 FCZ 两个系列。

阀型避雷器型号中的符号含义如下：F 为阀型，S 为线路用，Z 为电站用，D 为保护电动机用，C 为磁吹型。

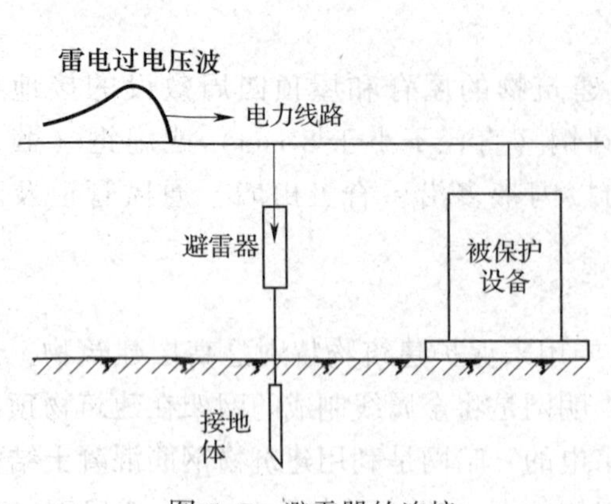

图 5-7　避雷器的连接

图 5-8　阀型避雷器

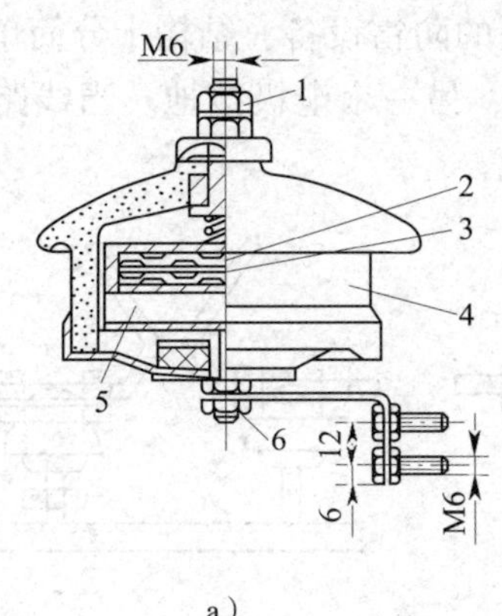

a）

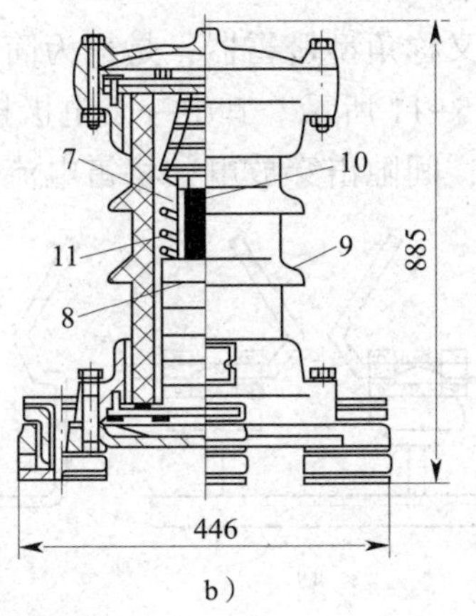

b）

图 5-9　阀型避雷器的结构

a）FS 系列　b）FZ 系列

1—上接线端　2—火花间隙　3—云母片　4—瓷套管　5—阀片　6—下接线端

7—火花间隙　8—阀片　9—瓷套管　10—云母片　11—分路电阻器

FS 系列阀型避雷器一般用来保护小容量配电装置，在 10 kV 及以下小型工厂的配电系统中，也广泛用于变压器及电气设备的保护；FZ 系列阀型避雷器常用于 35 kV 及以上大中型工厂的总降压变电所电气设备的保护。磁吹型避雷器的 FCD 系列常用于旋转类电动机的保护；FCZ 系列常用于变电所高压电气设备的保护。

2. 管型避雷器

管型避雷器又称排气式避雷器，由产气管、内部间隙和外部间隙三部分组成，如图 5-10所示。产气管由纤维、有机玻璃或塑料制成，内部间隙装在产气管内，一个电极为棒形，另一个电极为环形。管型避雷器是一种灭弧能力很强的保护间隙。

管型避雷器主要用于室外架空线路、变电所进线线路的过电压保护。

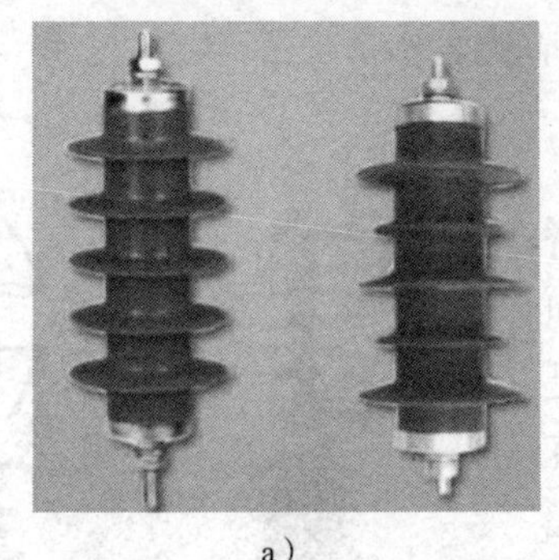
a）

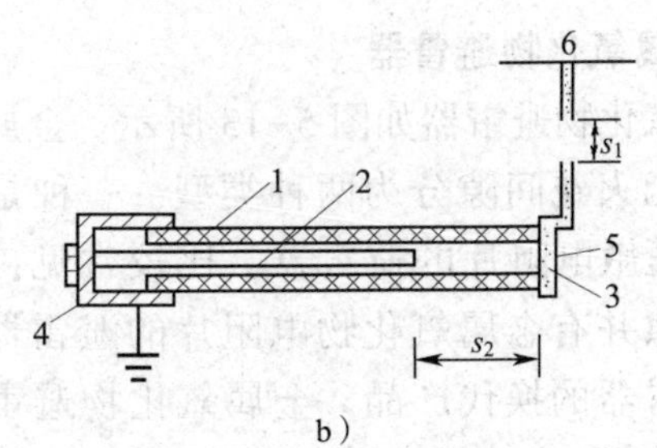

b）

图 5-10　管型避雷器

a）实物图　b）结构示意图

1—产气管　2—棒形电极　3—环形电极　4—接地支座

5—管口　6—线路　s_1—外部间隙　s_2—内部间隙

3. 保护间隙

保护间隙又称角型避雷器，是最为简单、经济的防雷设备，结构十分简单。常见的三种保护间隙如图 5-11 所示。其中一个电极接于线路，另一个电极接地。当线路中侵入雷电波引起过电压时，间隙击穿放电，将雷电流泄入大地。

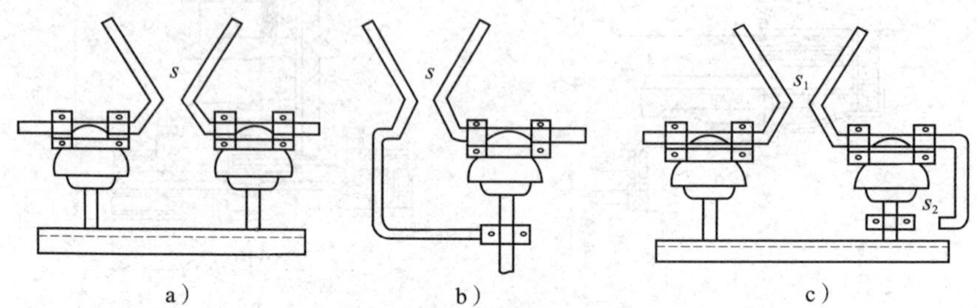

图 5-11　常见的三种保护间隙

a）双支持绝缘子单间隙　b）单支持绝缘子单间隙　c）双支持绝缘子双间隙

s—保护间隙　s_1—主间隙　s_2—辅助间隙

保护间隙的保护性能差、灭弧能力小，只用于室外不重要的架空线路。图 5-12 所示为变压器中性点保护间隙装置。

图 5-12　变压器中性点保护间隙装置

4. 金属氧化物避雷器

金属氧化物避雷器如图 5-13 所示。金属氧化物避雷器按有无火花间隙分为两种类型，一种是无火花间隙、只有压敏电阻片的避雷器，比较常见；另一种是有火花间隙并有金属氧化物电阻片的避雷器，它是普通阀型避雷器的换代产品。金属氧化物避雷器具有无间隙、无续流、体积小和质量小等优点。

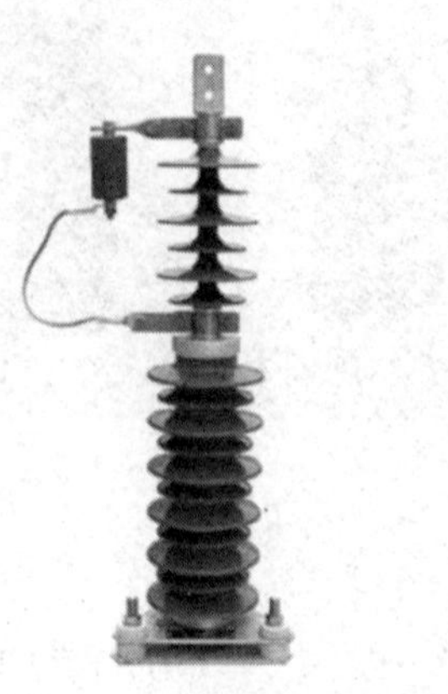
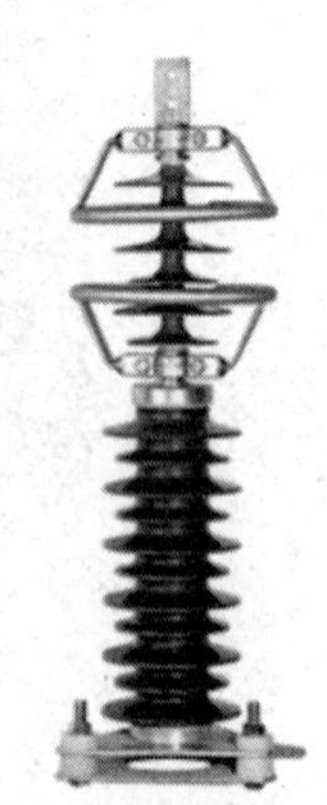

图 5-13　金属氧化物避雷器

5. 电涌保护器

电涌保护器如图 5-14 所示。电涌保护器又称浪涌保护器，是用于低压配电系统中电子信号设备上的一种雷电电磁脉冲（浪涌电压）保护设备。其连接与一般避雷器一样，与被保护设备并联，接于被保护设备的电源侧。

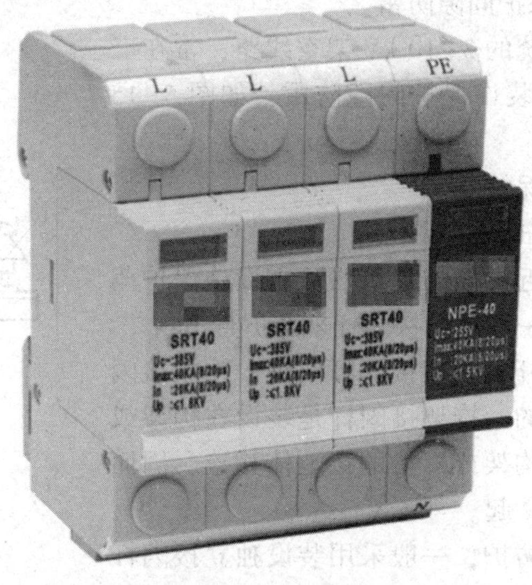

图 5-14　电涌保护器

§5-3　防雷措施

学习目标

掌握架空线路、变配电所和配电设备防雷保护的方法。

一、架空线路的防雷保护

1. 装设接闪线

在电杆（或铁塔）的顶部装设接闪线，用接地线将接闪线与接地装置连接在一起，使雷电流经接地装置流入大地，以达到防雷的目的。因为装设接闪线造价高，所以只在 66 kV 及以上架空线路上沿全线架设，35 kV 的架空线路仅在进出变配电所的一段线路上装设，10 kV及以下的架空线路一般不装设接闪线。

2. 提高线路自身的绝缘水平

对于 10 kV 及以下架空线路，经常采用木横担、瓷横担或高一级的绝缘子来提高线路的防雷水平。经验证明，电压较低的线路，木质电杆对减少雷害事故有显著的作用。3~10 kV 线路一般用钢筋混凝土电杆，采用铁横担架线。若采用木横担，则可以减少雷害事故，但木横担由于防腐性能差，使用寿命不长，因此仅在重雷区使用。

3. 装设避雷器或保护间隙

对于架空线路中个别绝缘薄弱地点（如跨越杆、分支杆或木杆线路中个别金属杆等处），可以装设避雷器或保护间隙防雷。

对于中性点不接地系统的3~10 kV架空线路，常在三角形排列的顶线绝缘子上装设保护间隙防雷，如图5-15所示。

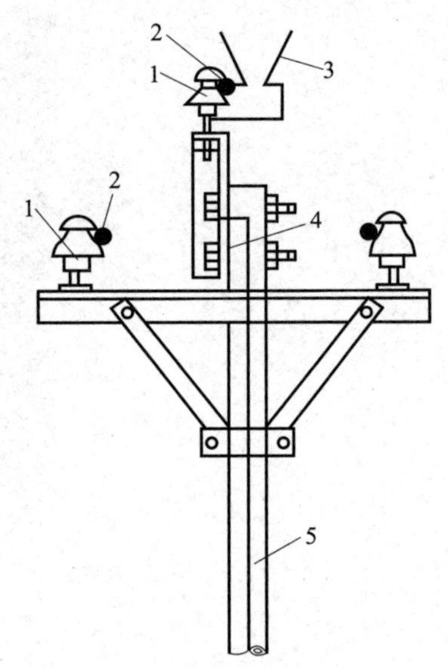

图5-15　顶线绝缘子上装设保护间隙示意图

1—绝缘子　2—架空导线　3—保护间隙　4—接地引下线　5—电杆

二、变配电所的防雷保护

1. 装设接闪杆防止直击雷

如果变配电所不在附近更高的建筑物防雷设施保护范围内，则其室外配电装置一般装设接闪杆来防护直击雷。

接闪杆分为独立接闪杆和构架接闪杆两种，独立接闪杆和接地装置一般是独立的；构架接闪杆是装设在构架或厂房上的，其接地装置与构架或厂房的接地体相连，因而与电气设备的外壳也连在一起。

变配电所对直击雷的防护，一般采用装设独立接闪杆的方法，使电气设备全部处于接闪杆的保护范围之内。

屋内配电装置一般不需要装设直击雷保护装置，因为建筑物本身可对其内部电气设备起到一定的保护作用。

2. 装设接闪线或避雷器防止雷电波侵入

对于3~10 kV的变配电所架空进线，一般装设避雷器来防止雷击闪络引起的雷电波侵入对变配电所电气设备的危害，如图5-16a所示。

对于35 kV及以上的变配电所架空进线，一般架设1~2 km的接闪线来防止雷击闪络引起的雷电波侵入对变配电所电气设备的危害，如图5-16b所示。

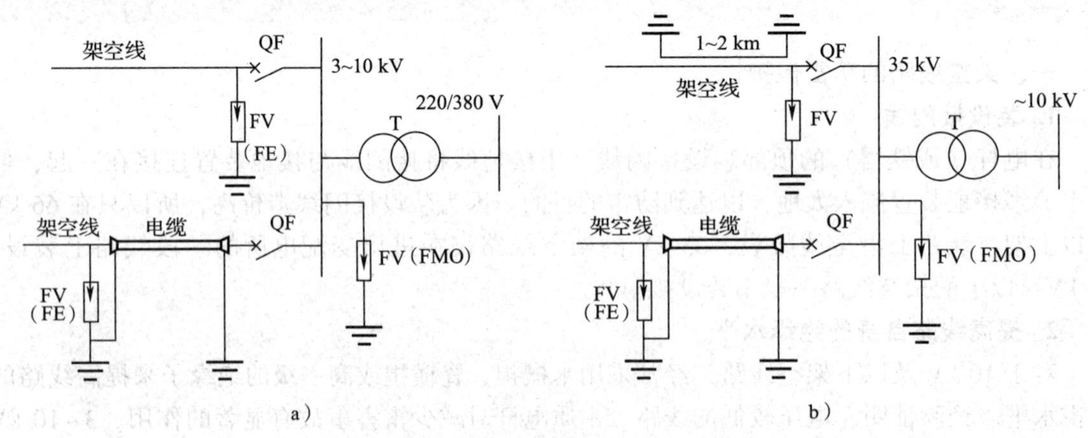

图5-16　变配电所防护雷电波侵入示意图

a）3~10 kV架空和电缆进线　b）35 kV架空和电缆进线

FV—阀型避雷器　FE—管型（排气式）避雷器　FMO—金属氧化物避雷器

高压架空线路的终端杆装设阀型或管型（排气式）避雷器，防止雷电波侵入对变配电所电气装置的危害。

高压母线上均装设阀型或金属氧化物避雷器，并且避雷器以最短的接地线与主接地网连接。阀型避雷器与主变压器或其他被保护设备的电气距离应尽可能短。

三、高压电动机的防雷保护

高压电动机对雷电波侵入的防护采用FCD系列磁吹阀型避雷器或采用有串联间隙的金属氧化物避雷器，如图5-17所示。

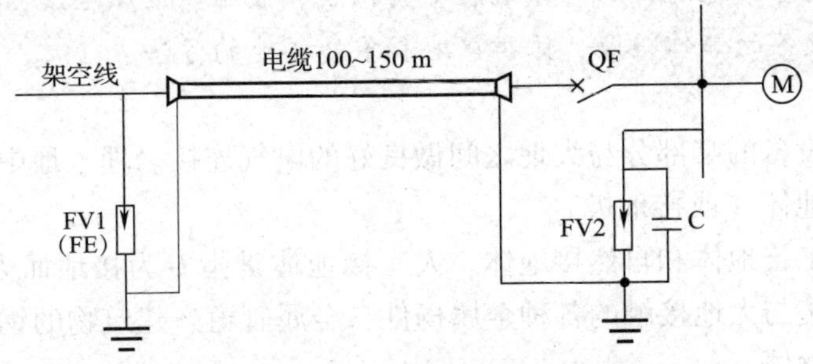

图5-17　高压电动机防护雷电波侵入示意图

FV1—普通阀型避雷器　FE—管型（排气式）避雷器　FV2—磁吹阀型避雷器

四、配电设备的防雷保护

1. 配电变压器及柱上油开关的保护

3～35 kV配电变压器一般采用阀型避雷器进行保护。避雷器应装在高压熔断器的后面。在缺少阀型避雷器时，可用保护间隙进行保护，这时应尽可能采用自动重合熔断器。

为了提高保护的效果，防雷保护设备应尽可能地靠近变压器安装。避雷器或保护间隙的接地线应与变压器的外壳及变压器低压侧中性点连在一起共同接地。其接地电阻值：对100 kV · A及以上的变压器，应不大于4 Ω；对小于100 kV · A的变压器，应不大于10 Ω。

为了防止避雷器流过冲击电流时，在接地电阻上产生的电压降沿低压零线侵入用户设备，应在变压器两侧相邻电杆上将低压零线进行重复接地。

柱上油开关可用阀型避雷器或管型避雷器来保护。对经常闭路运行的柱上油开关，可只在电源侧安装避雷器。对经常开路运行的柱上油开关，则应在其两侧都安装避雷器。其接地线应和开关的外壳连在一起共同接地，接地电阻一般应不大于10 Ω。

2. 低压线路的保护

低压线路的保护是将靠近建筑物的一根电杆上的绝缘子铁脚接地。这样当雷击低压线路时，就可向绝缘子铁脚放电，把雷电流泄入大地，起到保护作用。其接地电阻一般应不大于30 Ω。

§5-4 电气设备接地

学习目标

1. 了解电气设备接地的目的、接地装置的构成和散流效应原理。
2. 掌握电气设备的工作接地、保护接地和重复接地的方法。

接地是指电气设备的某部分与大地之间做良好的电气连接。埋入地中并直接与大地接触的金属导体称为接地体（或接地极）。

接地体分为人工接地体和自然接地体。人工接地体是指专为接地而人为装设的接地体；自然接地体是指直接与大地接触的各种金属构件、金属管道、建筑物的钢筋混凝土基础等可兼作接地体使用的物体。

连接接地体与设备、装置接地部分的金属导体，称为接地线。接地线只在设备、装置发生故障情况下通过接地故障电流。

一、电气设备接地的目的

1. 防止人体触电

当人体接触或接近带电体时，让人体与带电体处在同一电位可避免触电。而要保持相同的电位，最简便的做法就是使电气设备的某部分与大地连接起来。

2. 防止电气设备的机械性损坏

在供配电系统遭受雷击、受到冲击电流的冲击、遭受静电或出现共振等情况时，以及在与其他高压系统发生刷碰事故的情况下，供配电系统中会出现过电压，可能导致电气设备绝缘材料的损坏或性能变坏等，采取接地措施，可以有效地抑制过电压的出现。

3. 防止火灾及爆炸发生

因用电而导致火灾或爆炸的点火源，主要来自雷电袭击、静电放电、电火花、电弧，以及电气设备的加热和漏电等。采取接地措施，在系统正常运行和发生事故的情况下可以有效地抑制点火源的出现。

4. 保证电气设备正常工作

很多电气设备在正常工作时是必须接地的，如变压器的中性点、防雷设备的接地等。

为了电气设备的正常工作以及保障人身安全，需要接地的场合必须接地。

二、接地装置的构成

接地线和接地体合称为接地装置。接地体在大地中通过接地线连接起来的整体称为接地网。

接地装置由接地体和接地线两部分构成，接地线通常采用 25 mm×4 mm、40 mm×4 mm扁钢或直径为 16 mm 的圆钢。接地线又分为接地干线和接地支线。图 5-18 所示为接地网示意图。

接地体通常采用直径 50 mm、长 2~2.5 m 的钢管或 50 mm×50 mm×5 mm、长2.5 m 的角钢，将端部削尖，打入地中。接地体按其布置方式又可分为外引式和环路式两种。外引式是将接地体引出户外某处集中埋于地下，如图 5-18 所示；环路式则是将接地体围绕电气设备或建筑物四周打入地沟地下，接地体顶端应露出沟底 100~200 mm，以便与接地线可靠焊接。

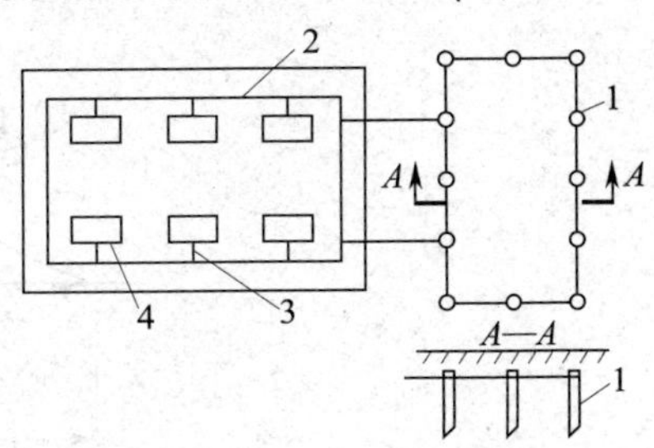

图 5-18　接地网示意图
1—接地体　2—接地干线
3—接地支线　4—电气设备

为了减少投资，应在满足要求的条件下尽量采用自然接地体而不采用上述的人工接地体。自然接地体包括上、下水的金属管道，与大地有可靠金属性连接的建筑物或构筑物的金属结构，直埋地下的两根以上电缆的金属外皮和敷设于地下的各种金属管道等（但通有易燃、易爆液体或气体的管道除外）。

三、接地装置的散流效应

1. 接地电流与对地电压

当电气设备发生接地故障时，电流通过接地体向大地作半球形散开，这一电流称为接地电流，用 I_E 表示。半球形的球面距接地体越远，球面积越大，散流电阻越小，地表电位也就越低。接地电流、对地电压及接地电流电位分布曲线如图 5-19 所示。实验表明，在距接地故障点 20 m 左右的地方，散流电阻实际上已接近于零，通常把这个电位为零的地方称为电气上的“地”。

电气设备的接地部分（如接地的外壳和接地体等）与零电位的“地”之间的电位差称为接地部分的对地电压，用 U_E 表示。

2. 接触电压和跨步电压

接触电压是指电气设备的绝缘损坏时，在身体可触及的两部分之间出现的电位差。

电气设备的金属外壳一般都与接地体相连，在正常情况下和大地同为零电位。但当设备发生接地故障时，则有接地电流入地，并在接地体周围地表形成对地电位分布，此时如果有人触及设备外壳，则人所接触的两点（如手和脚）之间的电位差，称为接触电压，用 U_{tou} 表示。

跨步电压是指人在接地故障点附近行走时，两脚之间所出现的电位差，用 U_{step} 表示，如图 5-20 所示。一般离接地故障点 20 m 时跨步电压为零。对地电位分布越陡，接触电压和跨步电压越大。为了将接触电压和跨步电压限制在安全电压范围之内，通常采取降低接地电阻、打入接地均压网和埋设均压带等措施，以降低电位分布陡度。

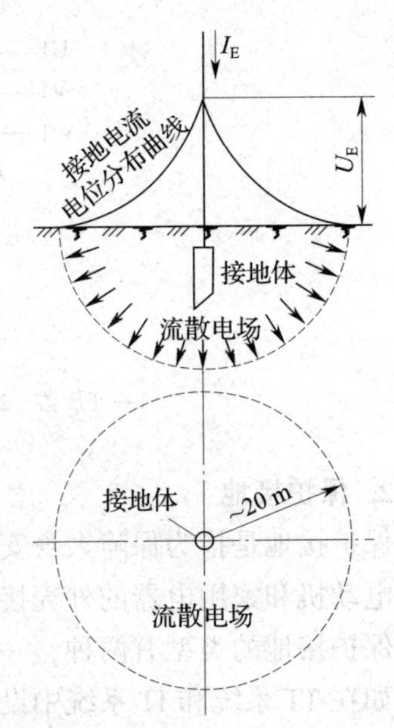

图 5-19　接地电流、对地电压及接地电流电位分布曲线

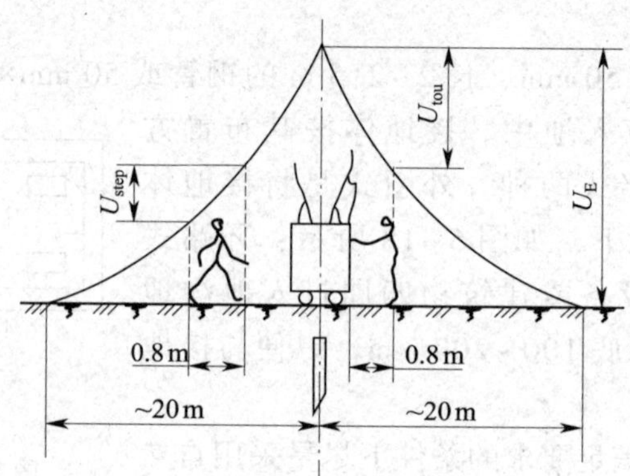

图 5-20　接触电压和跨步电压

想一想

在距离你很近的地方有一带电导线落地，你应该怎样快速离开此危险之地？

四、电气设备的接地

工厂供电系统和电气设备的接地按作用不同，有工作接地和保护接地两大类。此外，还有为进一步保证保护接地的重复接地。

1. 工作接地

工作接地是为保证电力系统和设备可靠运行，达到正常工作要求而进行的一种接地，如电源中性点接地、防雷装置的接地等，如图 5-21 所示。

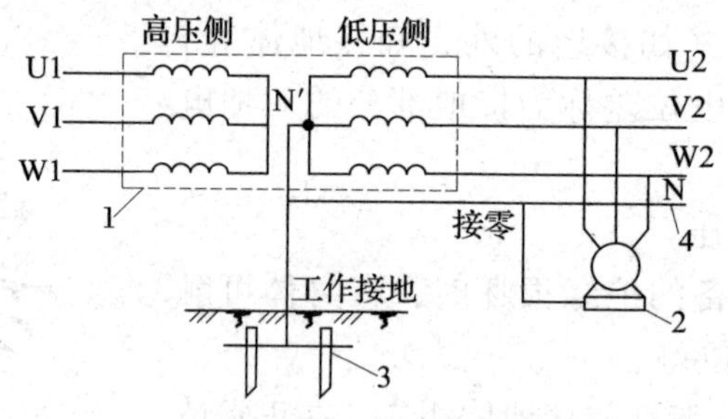

图 5-21　工作接地示意图

1—变压器　2—电动机　3—接地装置　4—中性线　N′—中性点

2. 保护接地

保护接地是指为保障人身安全，防止间接触电而将设备的外露可导电部分接地，如变压器、电动机和家用电器的外壳接地等都属于保护接地，如图 5-22、图 5-23 所示。

保护接地的类型有两种，一种是设备的金属外壳经各自的保护线（PE 线）分别直接接地，如在 TT 系统和 IT 系统中设备外壳的接地，多用于工厂高压系统或中性点不接地的低压三相三线制系统；另一种是设备的金属外壳经公共的 PE 线（如在 TN-S 系统中）或 PEN 线（如在 TN-C 系统中）接地，也称保护接零，多用于中性点接地的低压三相四线制系统。

同一低压配电系统中，不允许有的设备采取保护接地而有的设备却采取保护接零。

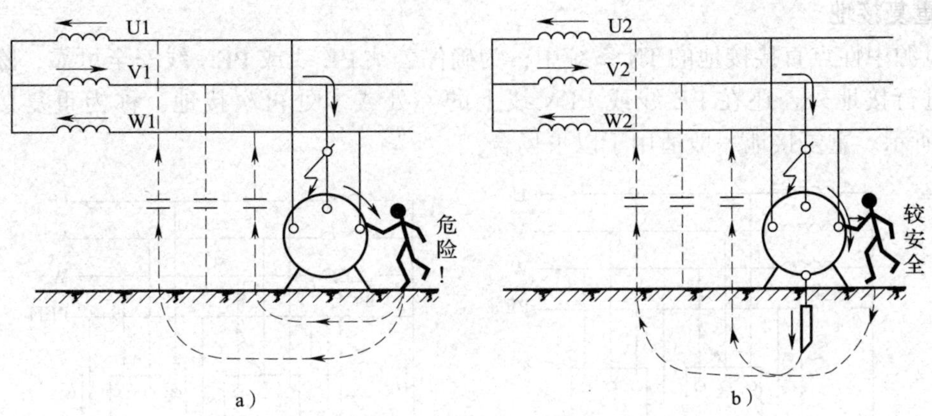

图 5-22　保护接地的作用示意图

a）未装保护接地时的情况　b）装有保护接地时的情况

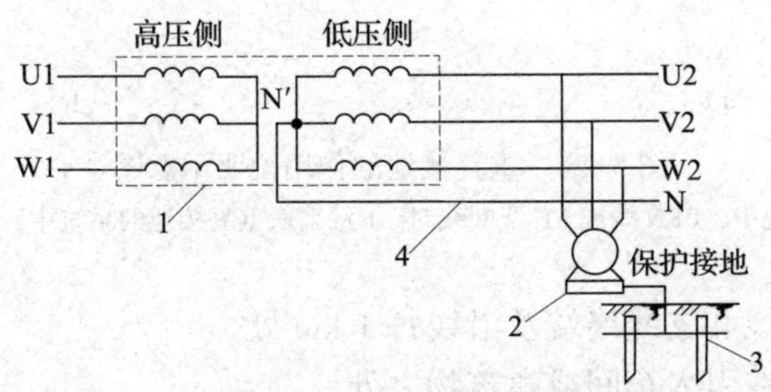

图 5-23　保护接地示意图

1—变压器　2—电动机　3—接地装置　4—中性线　N′—中性点

在企业临时用电施工现场，每一接地装置的接地线均应采用两根以上导体在不同点与接地装置做电气连接。不得用铝导体做接地体或地下接地线。垂直接地体宜采用角钢、钢管或圆钢，不宜采用螺纹钢材。

移动式发电机供电的用电设备的金属外壳或底座，应与发电机电源的接地装置有可靠的电气连接。

在企业临时用电施工现场，更要求电气设备不带电的外露可导电部分做保护接零。包括：电动机、变压器、电器、照明器具、手持电动工具的金属外壳；电气设备传动装置的金属部件；配电箱与控制柜的金属框架；室内外配电装置的金属框架及靠近带电部分的金属围栏和金属门；电力线路的金属保护管、敷设线路的钢索、起重机轨道、滑升模板金属操作平台等；安装在电力线路电杆上的开关、电容器等电气装置的金属外壳及支架。

保护中性线除必须在配电室或总配电箱处做重复接地外，还必须在配电线路的中间处和末端处做重复接地。电气设备要采用专用芯线做保护接零，此芯线不准通过工作电流。

手持式用电设备的保护中性线应在绝缘良好的多股铜线橡胶电缆内，其截面不得小于 $1.5\ mm^2$。保护中性线为黄绿双色线。

施工现场所有用电设备，除做保护接零外，还必须在设备负荷线的首端处设置漏电保护装置。

3. 重复接地

在电源中性点直接接地的TN系统中，为确保公共PE线或PEN线安全可靠，除在电源中性点进行接地外，还在PE线或PEN线上的一处或多处再次接地，称为重复接地，如图5-24所示。重复接地一般适用于以下场合：

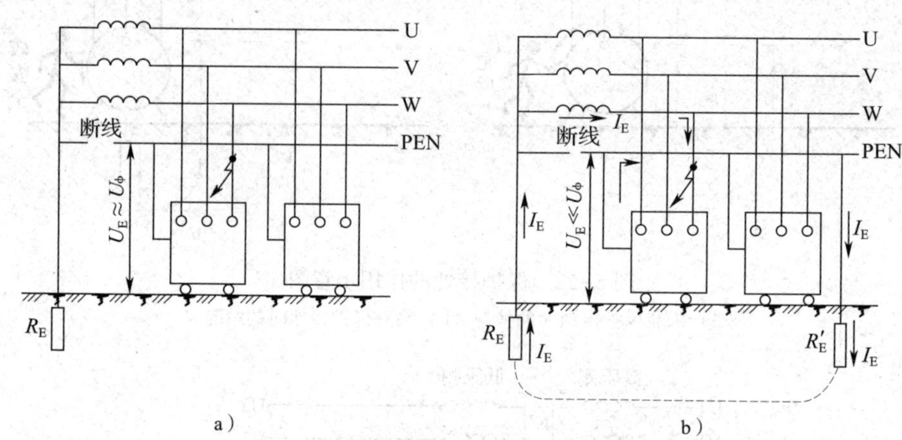

图5-24 重复接地的作用说明示意图

a）没有重复接地的系统中，PEN线或PE线断线时 b）采取重复接地的系统中，PEN线或PE线断线时

（1）架空线路的干线和支线终端及沿线每1 km处。

（2）电缆和架空线在引入车间或建筑物之处。

重复接地的作用是降低漏电设备外壳的对地电压，减轻中性线断线时的触电危险程度。

如果不重复接地，则在PEN线或PE线断线且有设备发生一相漏电碰到外壳时，断线后面的所有设备外壳上将呈现接近于相电压的对地电压，如图5-24a所示，对人员来说有极大危险。如果进行了重复接地连接，则在发生同样故障时，断线后面的设备外壳对地电压很小，如图5-24b所示，危险程度降低很多。

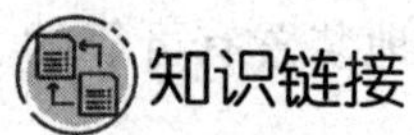
知识链接

安全用电与电气火灾的处理

1. 安全用电常识

（1）不得随意私拉电线，避免发生短路和触电事故。

（2）不得超负荷用电，不得随意加大熔断器的熔体规格或更换熔体材质。

（3）不得在电线上晾晒衣物，以防电线绝缘破损，漏电伤人。

（4）不得在架空线路和变配电所附近放风筝，以免造成短路或接地故障。

（5）不得用鸟枪或弹弓打电线上的鸟，以免击毁线路绝缘子。

（6）不得擅自攀登电杆和变配电装置的构架。

（7）移动式和手持式电气设备的电源插座，一般应采用带保护接地（PE）插孔的三孔插座。

(8) 所有可触及的设备外露可导电部分必须接地，或接保护中性线（PEN线）、保护线（PE线）。

(9) 当带电的电线断落在地上时，不可走近，更不能用手去拣。对落地的高压线，人应离开落地点8~10 m以上。遇此类断线落地故障，应划定禁止通行区，派人看守，并通知供电部门处理。

(10) 如遇有人触电，应立即设法断开电源，按规定进行急救处理。

2. 正确处理电气火灾事故

(1) 电气火灾的特点。

1) 发生火灾的电气设备可能带电，因此灭火时要防止触电，最好尽快切断火灾设备的电源。

2) 发生火灾的电气设备可能充有大量的可燃油，因此要防止充油设备爆炸并引起火势蔓延。

3) 发生电气火灾时会产生大量浓烟和有毒气体，不仅对人体有害，而且会对电气设备产生二次污染，影响电气设备以后的安全运行。因此在扑灭电气火灾后，必须仔细清除这种二次污染。

(2) 带电灭火的措施和注意事项。

1) 应使用二氧化碳（CO_2）灭火器、干粉灭火器或1211（二氟一氯一溴甲烷）灭火器。这些灭火器的灭火剂不导电，可直接用来扑灭带电设备的失火。但使用二氧化碳灭火器时，要防止冻伤和窒息，因为其二氧化碳是液态的，灭火时二氧化碳喷射出来后，会强烈扩散，大量吸热，形成温度很低（可低至-78 ℃）的雪花状干冰，降温灭火，并隔绝氧气。因此使用二氧化碳灭火器时，要打开门窗，并要离开火区2~3 m，勿使干冰沾到皮肤，以防冻伤。

2) 不能使用一般泡沫灭火器，因为其灭火剂（水溶液）具有一定的导电性，而且对电气设备的绝缘有一定的腐蚀性。更不能用水来扑灭电气火灾，因为水中含有导电杂质，用水进行带电灭火，易发生触电事故。

3) 可用干砂覆盖进行带电灭火，但只能是小面积的。

4) 带电灭火时应采取可靠的防触电措施。

第六章 工厂用电功率因数及提高方法

§6-1 工厂用电功率因数

学习目标

了解功率因数的基本概念、含义和工厂用电功率因数。

一、功率因数的基本概念和含义

工厂电力系统从电源得到两部分能量，一部分能量用于做功而被消耗掉，称为有功功率(这部分电能将转换为机械能、热能、化学能和光能)；另一部分能量用来建立交变磁场，但对于外部电路并不做功，由电能转换为磁能再由磁能转换为电能，这样反复转换的功率称为无功功率。工厂中的许多用电设备是根据电磁感应原理工作的，如通过磁场，变压器才能改变电压并将电能传送出去，电动机才能转动并拖动机械负荷。

在交流电路中，有功功率和无功功率构成视在功率，或者说视在功率包括有功功率和无功功率两个部分。它们之间的关系用下式表示：

$$S=\sqrt{P^2+Q^2}$$

式中 S——视在功率，kV·A；

P——有功功率，kW；

Q——无功功率，kvar。

由交流电路基本原理可知

$$S=IU$$

$$P=IU\cos\varphi$$

$$Q=IU\sin\varphi$$

式中 I——通过设备的电流，A；

U——设备两端电压，kV；

$\cos\varphi$——功率因数；

φ——功率因数角（表示电流和电压之间的相位差）。

功率因数（$\cos\varphi$）是用电设备有功功率与视在功率之比，即电流和电压之间相位差的余弦。

$$\cos\varphi=\frac{P}{S}$$

因此，用电设备的有功功率不仅随电流与电压的大小而变化，还随电流与电压之间的相位差而变化。

二、工厂用电功率因数——自然功率因数、瞬时功率因数和平均功率因数

自然功率因数是指未投入无功补偿设备时的功率因数。

瞬时功率因数是指功率因数的瞬时值，可由功率因数表（相位表）直接测量，亦可由功率表、电流表和电压表的读数按下式求出：

$$\cos\varphi=\frac{P}{\sqrt{3}UI}$$

式中　P——功率表测出的三相功率读数，kW；

I——电流表测出的线电流读数，A；

U——电压表测出的线电压读数，kV。

瞬时功率因数只用来了解和分析工厂用电或电气设备在生产过程中无功功率的变化情况，以便采取适当的补偿措施。

平均功率因数亦称加权平均功率因数，可通过计算求得。

我国电力部门每月向工厂用户收取电费，规定电费按月平均功率因数的高低来调整。

在工厂中，由于用电设备一般包括异步电动机、电力变压器、整流器、电炉、电气照明灯具等，因此，供电系统除供给有功功率外，还需供给大量的无功功率，使发电、配电设备的容量能充分被利用。

§6-2　提高功率因数的意义及方法

学习目标

1. 了解提高功率因数的意义和无功补偿方式。
2. 掌握提高功率因数的方法。
3. 了解电动机的节能措施。

一、提高功率因数的意义

工厂用电的自然功率因数偏低会有如下不良影响：发电设备效率降低，发电成本提高；变电、输配电设施的供应能力降低；网络功率损耗增加。功率因数越低，线路中的电压损失越大，用电设备的运行条件越恶劣。因此，电力系统和工厂都需要提高功率因数。提高功率因数有重要意义：

1. 可提高设备的有功功率。当视在功率 S 一定时，提高功率因数 $\cos\varphi$，根据 $\cos\varphi=\frac{P}{S}$ 可知，有功功率 P 随之增大。

2. 可以降低变压器或线路的功率损耗和电能损失。线路中感性负载多，使得无功功率消耗大，把具有容性功率负荷的装置与感性功率负荷并联接在同一电路，能量在两种负荷之间相互交换。这样，感性负荷所需要的无功功率可由容性负荷输出的无功功率补偿，提高了功率因数，从而降低变压器或线路的功率损耗和电能损失。

3. 可以减少电力设备的投资。提高功率因数可以减小所选择变压器的容量、导线的线径等，从而减少电力设备投资。

4. 可以减少电压损失，改善电压质量。

二、提高功率因数的方法

提高功率因数的方法主要有提高自然功率因数和人工进行无功补偿。

1. 提高自然功率因数的方法

提高自然功率因数是指不用任何补偿设备，采用降低用电设备本身所需的无功功率的方法，提高其功率因数。这主要从合理选择和使用电气设备，改善它们的运行方式以及提高对它们的检修质量等方面着手，这是提高功率因数的经济的、积极有效的方法。

（1）合理选择、使用电动机。

用于异步电动机励磁的无功功率占电力系统总无功功率的 70% 左右，合理选用异步电动机是提高自然功率因数的重要措施之一。应保证电动机经常在 75% 以上的负荷状态下运行，尽量减少备用容量。有条件时，异步电动机可采用 Y-△减压启动方式。电动机负荷率与功率因数、效率的关系见表 6-1。

表 6-1　电动机负荷率与功率因数、效率的关系

负荷率	空载	25%	50%	75%	100%
功率因数	0.2	0.5	0.77	0.85	0.80
效率	0	0.78	0.85	0.88	0.87

（2）适当降低电动机的运行电压。

异步电动机轻载运行时，可适当降低其运行电压，以提高自然功率因数和节约电能。

（3）安装空载自动断电装置。

对于存在周期性空载运行的电动机，可安装空载自动断电装置，以控制电动机的空载损失。因为空载时电动机消耗的无功功率占额定负载时消耗无功功率的 60%~70%，所以安装空载自动断电装置，可以使电动机的自然功率因数显著提高。

（4）提高电动机的检修质量。

振动或弯曲，以及轴承的磨损或偏心，使电动机的气隙不均或过大，磁阻增大，导致电动机的无功功率增加。因此，应定期检修电动机并提高检修质量。

电动机是运行费用大于成本费用的设备，必要时应淘汰旧电动机，更换为新电动机。

(5) 合理选择与使用变压器。

合理选择变压器的容量，低损耗变压器的最佳负荷率约为 50%；及时切除空载变压器，减少变压器的空载损失；变压器应实行并联运行，并联运行的变压器应根据负荷变化特点实行经济运行；根据电网运行情况及时调整变压器的分接开关，以防止变压器过励磁。

(6) 调整工艺生产过程，改善设备运行制度。

在生产工艺允许的条件下，将消耗无功功率大的设备安排在系统无功负荷低谷时运行。

(7) 采用电缆供电或减小架空线几何间距。

电缆线路的电抗为零，电缆供电没有无功损耗，并且电缆线路的电容电流较大（电缆各相之间及各相对外皮之间就像电容器一样，当电缆充电后，就会有微小的电流，这个电流就叫电缆的电容电流），有一定的无功补偿作用。

(8) 均衡变压器负荷。

对于使用多台变压器的工厂，均衡各变压器的负荷可以减少变压器阻抗中的无功损耗。

2. 无功补偿

工厂（尤其是耗电量高的单位）仅仅依靠提高自然功率因数的方法一般不能满足要求，还需装设无功补偿装置，对功率因数进行人工补偿。

无功补偿的基本原理就是把具有容性无功功率负荷的装置并联接在感性负荷的电路中，由于感性和容性负荷之间实现了能量互相交换，因此感性负荷所应吸收的无功功率能从容性补偿设备输出的容性无功功率中获得，从而使电源不再通过线路输送无功功率。

工厂普遍采用在需补偿的电路上并联电力电容器的方法来提高功率因数。

三、无功补偿方式

1. 集中补偿

集中补偿方式就是把电容器组集中安装在变电所的一次侧或二次侧母线上。这种补偿方式具有安装简便、运行可靠、利用率高等优点，因此被广泛采用。但它必须装设自动控制设备，使之能随着负荷的变化而自动投切。集中补偿方式一般适用于工厂变电所的补偿。

2. 分散补偿

分散补偿方式就是将电容器组分组安装在各配电室或分路出线上，它可与部分负荷的变动同时投入或切除。这种补偿方式具有补偿范围更大、效果比较好等优点。但它设备投资较大，利用率不高。分散补偿方式一般适用于补偿量小、用电设备多而分散，以及部分补偿容量相当大的场所。

3. 个别补偿

个别补偿方式就是把电容器直接并联接到单台用电设备的同一电气回路中，与设备同时投切。这种补偿方式效果最好，但电容利用率低，一般适用于容量较大的高、低压电动机等用电设备的补偿。

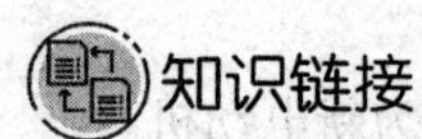

无功功率和无功补偿

无功功率是电路中磁场能量交换所必需的，是感性负载正常工作必不可少的条件，绝不是“无用功率”。

无功补偿还分为静态电容器补偿和动态智能补偿，随着技术的不断进步，无功功率补偿电容器越来越得到广泛应用。

静态电容器补偿指在电网并联电容器时，采取延时投切方式将电容器并联至电网中，对电网的无功功率进行补偿。这种补偿方式一般通过传统的专用接触器动作，静态补偿的接触器具有抑制电容器涌流的作用，同时静态补偿还能防止接触器过于频繁动作而损坏电容器，防止电容器不停地投切导致供电系统振荡。

动态智能补偿是根据实时电网采样的电压、电流、功率大小，自动投切电容器来补偿变压器或线路电压、无功功率。动态智能无功补偿装置（SVC）主要由带放电电阻金属化膜电容器、切换开关、自动补偿控制器、互感器、箱体等组成。

四、电动机的节能措施

电动机是工厂中应用最广泛的电气设备之一，也是消耗电能的主要设备之一，因此合理选择和使用电动机在工厂中十分重要。

1. 合理选择电动机类型、功率以及其他技术参数

优先选择节能电动机。所谓节能电动机，就是在设计制造上全面降低电动机本身的功率损失，以提高电动机的效率。例如，Y 系列节能电动机，在较宽的负载范围内效率都较高，功率等级多，可以避免“大马拉小车”的弊病，而且具有启动转矩高、体积小、质量小等优点。

（1）合理选择电动机类型。

对于对启动、调速和制动无特殊要求的生产机械，应选择笼型异步电动机；对于重载启动的生产机械，选用笼型异步电动机不能满足启动要求或加大功率不合理时，或调速范围不大的生产机械，低速运行时间较短时，均应选用绕线转子异步电动机；对启动、调速和制动有特殊要求的生产机械，在交流电动机达不到要求时，可以选择直流电动机。

（2）合理选择电动机功率。

运行实践表明，异步电动机的效率和功率因数是随负荷率的变化而变化的。因此，若选用的电动机功率合适，不但能节约电能，而且还可以提高功率因数，降低无功损失。例如，当电动机的负荷率低于 40%时，可直接更换小功率的电动机。

（3）合理选择电动机的机械特性。

根据负荷特性合理选择电动机，对于提高电动机运行时的安全可靠性和节约电能具有实际意义。只有电动机的机械特性与它所驱动的生产机械的负荷特性相匹配，才能达到既安全可靠又经济的目的。

2. 采用节电调速方案

应用电磁转差离合器调速、晶闸管串级调速、变频调速器调速等节电调速方案，能使电动机效率提高，损耗小，节电效果明显。

3. 采用电动机空载自停装置

应用空载自停装置，减少异步电动机的空载损失。

4. 提高检修质量

异步电动机出厂时各项技术参数应该是最佳的，而确保检修质量，达到或接近出厂时的各项技术参数，就能达到节电的目的。

5. 定期保养、维护

电动机的维护和保养往往不被重视，这造成电动机的效率降低，损耗增加。故对电动机需要经常保养、及时维修、定期检修，才能使电动机始终处于最佳状态，保证其效率和功率因数维持在较高的水平，从而节约电能。

第七章 工厂电气照明

§7-1 电气照明的基本概念

学习目标

1. 了解光的概念和光谱的基本知识。
2. 了解光通量、发光强度、照度、亮度及物体的光照性能、光源的显色性等含义。
3. 掌握照明的方式、种类以及照明质量要求的意义。

工厂照明按其光源不同分为自然照明（自然采光）和人工照明两大类。

电气照明具有灯光稳定、色彩丰富、控制调节方便和安全经济等优点，因而成为人工照明中应用最为广泛的一种照明方式。

实践证明，工业生产的产品质量和劳动生产率与照明质量有密切的关系。良好的照明是保证安全生产、提高劳动生产率和产品质量、保障职工视力健康的必要措施，因此电气照明的安装、维修对工业生产具有十分重要的作用。

需要强调的是，合理的电气照明，必须达到“绿色照明”的要求。所谓“绿色照明”，是指节约能源，保护环境，有益于提高人们生产、工作、学习效率和生活质量，保护身心健康的照明。

一、光和光谱

光是物质的一种形态，是一种波长比无线电波短又比 X 射线长的电磁波，而所有电磁波都具有辐射能。

在电磁波的辐射谱中，光谱的大致范围包括：

（1）红外线（红外辐射），波长为 780 nm~1 mm。

（2）可见光（可见辐射），波长为 380~780 nm。

（3）紫外线（紫外辐射），波长为 1~380 nm。

可见光又可分为红（波长 640~780 nm）、橙（波长 600~640 nm）、黄（波长

570~600 nm)、绿(波长 490~570 nm)、青(波长 450~490 nm)、蓝(波长 430~450 nm)和紫(波长 380~430 nm)7 种单色光。

人眼对各种波长的可见光具有不同的敏感性，实验证明，正常人眼对波长为 555 nm 的黄绿色光最敏感，也就是这种黄绿色光的辐射可引起人眼的最大视觉。因此，波长越偏离 555 nm 的光辐射，可见度越低。

二、照明技术中常用的物理量

照明技术中常用的物理量见表 7-1。

表 7-1　　照明技术中常用的物理量

名称	符号	定义	单位
光通量	Φ	光通量是指光源在单位时间内向周围空间辐射出的使人眼产生光感的能量	流明(lm)
发光强度	I	发光强度是指光源向周围空间某一方向单位立体角内辐射的光通量，它表示光源发光的强弱。 $I=\Phi/\Omega$ 式中　Φ——光源在立体角 Ω 内所辐射的总光通量； Ω——空间立体角	坎德拉(cd)
照 度	E	照度是指受照物体表面单位面积投射的光通量。如果光通量 Φ 均匀地投射在面积为 A 的表面上，则该表面的照度值为 $E=\Phi/A$	勒克斯(lx)
亮 度	L	亮度是指发光体在视线方向单位投影面上的发光强度。发光体不仅指光源，受照表面的反射光通量也可以看作间接光源。研究证明，发光体的亮度值实际上与视线方向无关	坎德拉每平方米(cd/m^2)

电光源每消耗 1 W 功率所发出的光通量称为光视效能(lm/W)。以往使用较多的普通白炽灯光视效能为 7.3~25 lm/W，紧凑型节能荧光灯光视效能为 44~87 lm/W。

三、物体的光照性能

当光通量 Φ 投射到物体上时，一部分光通量 Φ_ρ 从物体表面反射回去，另一部分光通量 Φ_α 被物体吸收，余下的一部分光通量 Φ_τ 则透过物体，如图 7-1 所示。光照的主要性能参数见表 7-2。

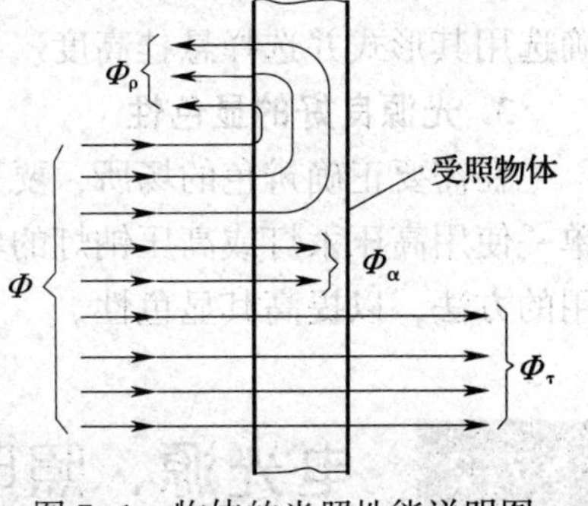

图 7-1　物体的光照性能说明图

表 7-2　　光照的主要性能参数

名称	定义	符号	公式
反射比(反射系数)	反射光通量与总投射光通量之比	ρ	$\rho=\Phi_\rho/\Phi$
吸收比(吸收系数)	吸收光通量与总投射光通量之比	α	$\alpha=\Phi_\alpha/\Phi$
透射比(透射系数)	透射光通量与总投射光通量之比	τ	$\tau=\Phi_\tau/\Phi$

注：$\rho+\alpha+\tau=1$。

四、光源的显色性

光源的显色性是指光源对被照物体颜色显现的性能。物体的颜色以日光或与日光相当的参考光源照射下的颜色为准。以显色指数表征光源的显色性。以日光显色指数为基准（100），白炽灯显色指数（95~99）比荧光灯显色指数（75~90）高，说明白炽灯比荧光灯的显色性要好。

想一想

为什么感觉在商场里看到的服装颜色与在商场外看到的不同？

五、照明的质量

照明设计的目的就是尽可能建立满意的照明效果，创造舒适的照明环境。在质的方面，要解决眩光、阴影、光色等问题；在量的方面，要在工作台面上得到合适、均匀的照度。

1. 合理的照度和均匀度

在照明设计中，一般参照国家照度标准选用照度值，然而在允许的范围内适当提高照度能使视觉条件提高，不仅有利于提高劳动生产率，同时也保护工作人员的视力。另外，照度的均匀性也不能忽视，如果照度的均匀性不好，容易导致视觉疲劳并有不舒适感，从而破坏照明效果。因此，合理的照度和均匀度是照明质量的重要指标。

2. 眩光的限制

眩光是指由于亮度分布不均匀或亮度变化幅度太大，造成观看物体时感觉不舒适或视力下降。严重的眩光可使人感到眩晕，轻微的眩光时间长了也会导致视觉功能下降，因此有必要对眩光进行限制。限制眩光可采用降低灯具的表面亮度，用磨砂玻璃、漫射或格栅等方法。对局部照明的灯具，采用不透光的灯罩且保护角应大于30°；对一般照明的灯具，应正确选用其形式并选择悬挂高度。

3. 光源良好的显色性

在需要正确辨色的场所，要采用显色指数高的光源，如白炽灯、卤钨灯、荧光灯等。在单一使用高压汞灯或高压钠灯的场合，其显色性不能满足要求时，可以采用两种光源混合使用的方法，以提高其显色性。

§7-2 电光源、照明器及其选择

学习目标

1. 了解工厂常用电光源的类型，掌握高压钠灯等几种常用电光源的主要特点。
2. 了解工厂常用电光源的技术特性，掌握电光源的选择原则。
3. 了解工厂常用照明器的类型，掌握照明器类型的选择方法。

一、工厂常用电光源的类型

常用的电光源按发光原理可分为热辐射光源和气体放电光源两类，见表 7-3。

表 7-3　电光源的分类

类型	定义	举例
热辐射光源	利用物体加热时辐射发光的原理所制成的光源	卤钨灯等
气体放电光源	利用气体放电时发光的原理所制成的光源	荧光灯、高压汞灯、高压钠灯、金属卤化物灯和氙灯等

1. 卤钨灯

卤钨灯实物如图 7-2 所示，利用卤钨循环的原理，在石英玻璃管中充入微量的卤化物气体(碘化物或溴化物)，以提高其光视效能（比白炽灯高 30%）和延长其使用寿命。其结构如图 7-3 所示。

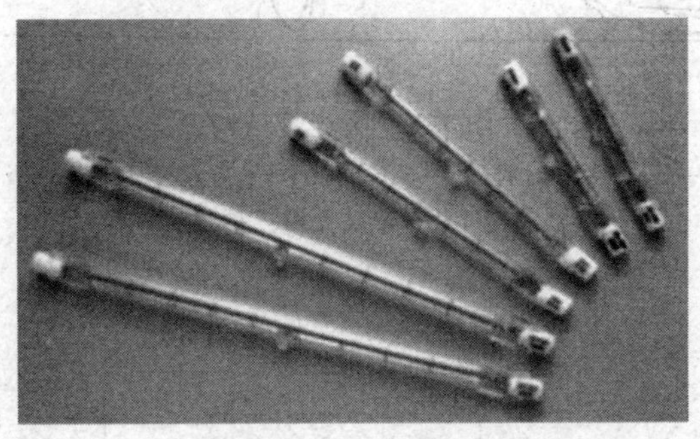

图 7-2　卤钨灯实物

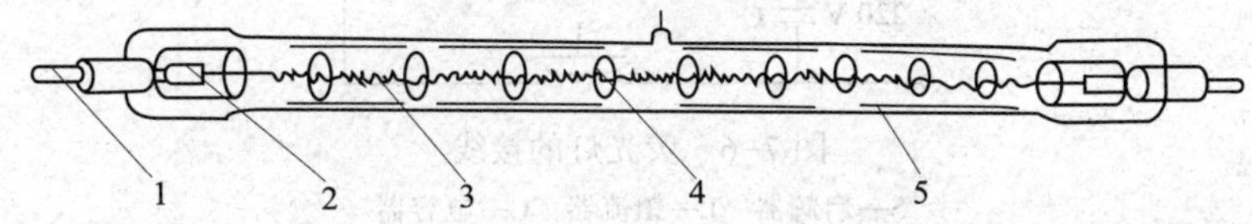

图 7-3　卤钨灯结构

1—灯脚　2—钼箔　3—灯丝（钨丝）　4—支架　5—石英玻璃管（内充微量卤化物气体）

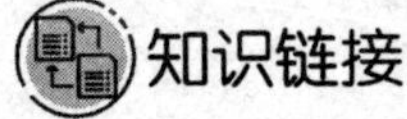

知识链接

卤钨循环的工作原理

当灯管工作时，灯丝（钨丝）温度很高从而蒸发出钨分子，钨分子不断移向玻璃管内壁。钨分子在玻璃管内壁与卤化物气体作用，生成气态的卤化钨。气态卤化钨由管壁向灯丝迁移，当其进入灯丝的高温区域后（1 600 ℃以上）分解为钨分子和卤素，钨分子就沉淀在灯丝上。当钨分子沉淀的数量等于灯丝蒸发出去的钨分子数量时，就形成相对平衡状态。

卤钨灯必须保持灯管水平安装，倾斜角不能大于 4°，并且不允许采用人工冷却措施。

卤钨灯的温度可高达600 ℃，因此要与易燃物保持一定距离；其耐振性也较差，不适于在振动较大的场所使用，更不能作为移动式光源来使用。但其显色性好，使用方便。

2. 荧光灯

荧光灯的实物与结构如图7-4和图7-5所示，可分为普通直管形荧光灯（管外径大于26 mm）、稀土三基色细管径荧光灯和紧凑型节能荧光灯。它利用汞蒸气在外加电压作用下产生弧光放电，发出少许可见光和大量的紫外线，紫外线再激励管内壁涂覆的荧光粉，使之辐射出大量的可见光。荧光灯光视效能比白炽灯高，使用寿命也比白炽灯长。荧光灯的接线如图7-6所示。

图7-4 荧光灯实物

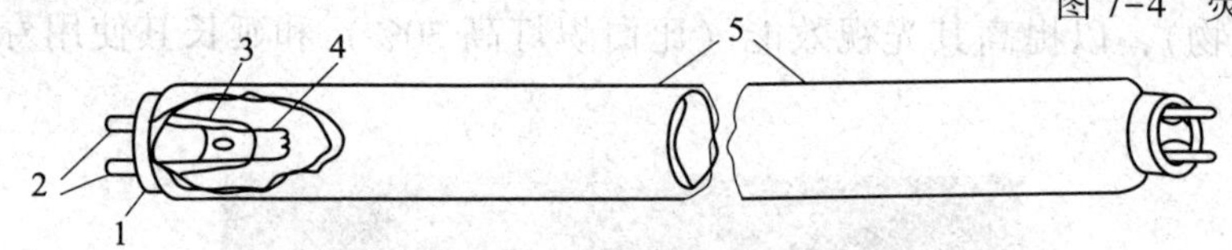

图7-5 荧光灯结构

1—灯头 2—灯脚 3—玻璃芯柱 4—灯丝（钨丝、电极）
5—玻璃管（内壁涂荧光粉，充惰性气体）

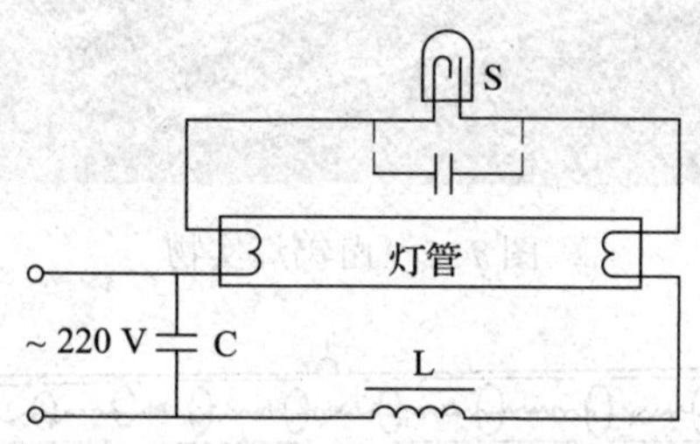

图7-6 荧光灯的接线

S—启辉器 L—镇流器 C—电容器

荧光灯有频闪效应，因此在有旋转机械的车间里不宜使用荧光灯。

随着电子技术的发展，荧光灯更新换代产品不断出现，如U形和环形的荧光灯、高显色性的荧光灯、三基色荧光灯等。荧光灯的常见问题及解决方法见表7-4。

表7-4 荧光灯的常见问题及解决方法

常见问题	原因和解决方法
荧光灯灯管两端发黑	灯管陈旧，寿命将止。不必维修，更换新灯管即可
荧光灯电磁声较大	镇流器质量较差，硅钢片振动严重。更换镇流器
荧光灯灯光闪烁	灯管的质量不好，环境温度低或电源电压不稳等。需有针对性的处理

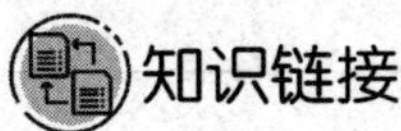

知识链接

频闪效应

荧光灯工作时灯光将随着加在灯管两端电压的周期性交变而频繁闪烁，称为频闪效应。消除频闪效应的方法是在灯具内安装两根或三根荧光灯管，而各根灯管分别接到不同相位的线路上。

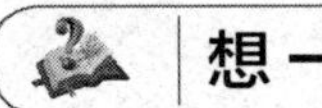

想一想

荧光灯的使用寿命有多长？如何延长其使用寿命？

3. 高压汞灯

高压汞灯实物如图 7-7 所示，高压汞灯又称高压水银荧光灯，是荧光灯的改进产品。它是高气压的汞蒸气放电光源，其结构如图 7-8 所示。常见的高压汞灯有荧光高压汞灯、反射高压汞灯以及自镇流高压汞灯三种。高压汞灯光视效能比高压钠灯、金属卤化物灯要低，但其寿命较长，有效寿命（光通量输出衰减到 70%时）可达 5 000 h 左右，质量好的有效寿命可达 24 000 h 左右。其显色性差，平均显色指数为 20～30。高压汞灯启动时不需要启辉器预热灯丝，但必须配备相应的镇流器与之串联使用，其接线如图 7-9 所示。高压汞灯熄灭后，要过 5～10 min 才能再启动，因此它不宜用在显色性要求高、频繁开关或者比较重要的场合。

图 7-7　高压汞灯实物

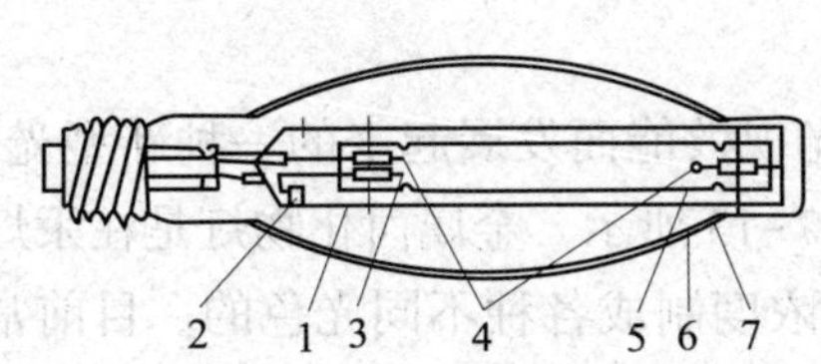

图 7-8　高压汞灯结构

1—支架及引线　2—限流电阻器　3—启动电极　4—工作电极　5—放电管　6—内部荧光粉涂层　7—玻璃外壳

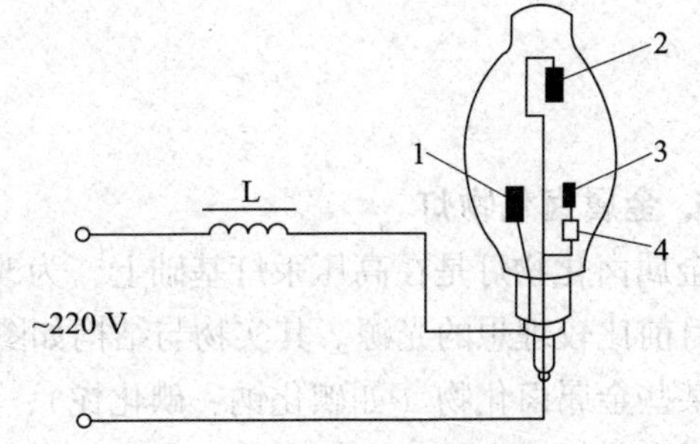

图 7-9　高压汞灯的接线

1—工作电极（第一主电极）　2—工作电极（第二主电极）　3—启动电极（触发极）　4—限流电阻器

高压汞灯熄灭后需要过几分钟才能再启动的原因

高压汞灯点燃时，灯内汞蒸气的压力可达 1~5 atm（大气压），灯熄灭后，在此工作压力下，需几千伏的高压才能启动。灯内的压力随放电管的冷却而逐渐降低，当冷却到400 ℃以下时，启动电压会迅速降低；冷却到 200 ℃时，在电源电压下即可直接启动。所以，高压汞灯熄灭后若再启动，时间需 5~10 min。

4. 高压钠灯

高压钠灯是一种高气压的钠蒸气放电光源，它与高压汞灯的用法基本相同。其实物与结构如图 7-10 和图 7-11 所示。因高压钠灯辐射光的波长集中在人眼较灵敏的区域内，所以其光视效能比高压汞灯还要高 1 倍。但其显色性较差，启动时间较长。

图 7-10 高压钠灯实物

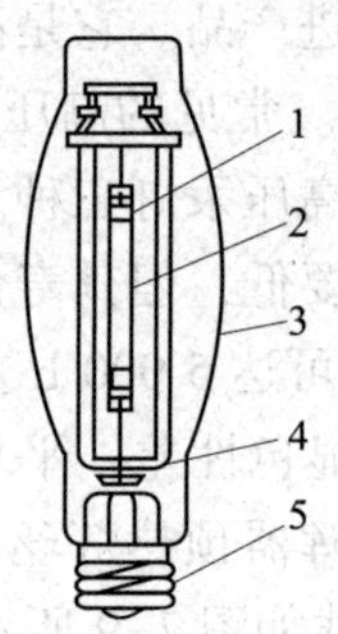

图 7-11 高压钠灯结构

1—主电极

2—半透明陶瓷放电管（内充钠、汞及氙或氖氩混合气体）

3—玻璃外壳（内壁涂荧光粉，外壳内充氮气）

4—消气剂 5—螺旋灯头

5. 金属卤化物灯

金属卤化物灯是在高压汞灯基础上，为改善光色与光视效能而发展起来的一种新型光源，也是目前比较理想的光源。其实物与结构如图 7-12 和图 7-13 所示。金属卤化物灯是在汞灯里加进某些金属卤化物（如碘化钠、碘化铊），并控制适当浓度制成各种不同光色的。目前常用的金属卤化物灯有钠铊铟灯，其灯内充有碘化钠、碘化铊、碘化铟，平均显色指数为 60~65，光视效能达 75~80 lm/W；还有镝灯，其灯内充有碘化镝—碘化铟，光色很好，类似日光，显色指数可达 85 以上。此外，还有其他各种金属卤化物灯，如高压铟灯、卤化铝灯等。

6. 单灯混光灯

单灯混光灯是一种高效节能型新光源，可以由两支金属卤化物灯管芯或一支金属卤化物灯管芯与一支钠灯管芯（或一支汞灯管芯）串联组成，形成三个系列。其性能优于以上介绍的高压汞灯等高强度气体放电灯（HID），在工厂中得到广泛应用。

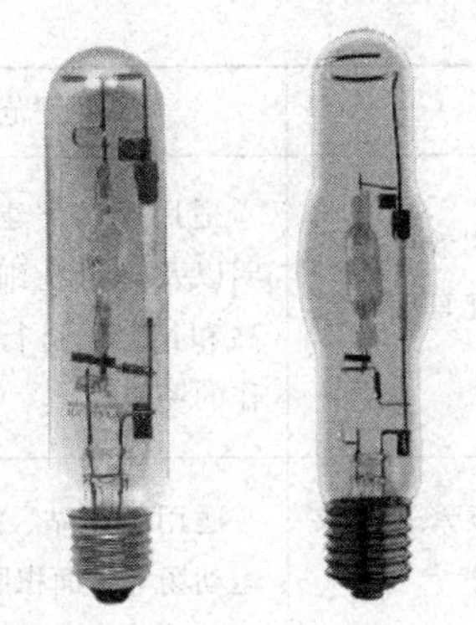

图 7-12 金属卤化物灯实物

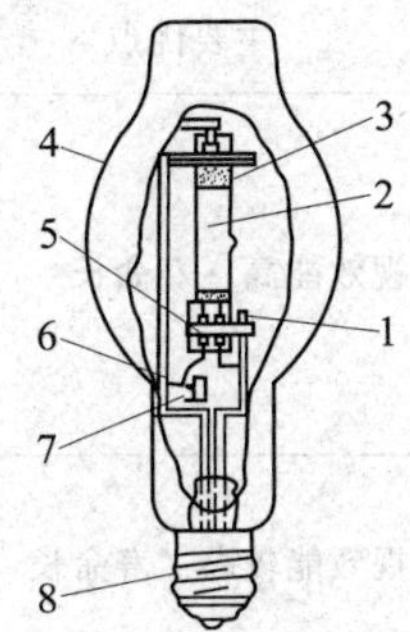

图 7-13 金属卤化物灯结构

1—主电极
2—放电管（内充汞、稀有气体及金属卤化物）
3—保温罩 4—石英玻璃外壳 5—消气剂
6—启动电极 7—限流电阻器 8—灯头

7. 氙灯

氙灯是惰性气体放电弧光灯，氙气在高压下放电能产生很强的白光，接近连续光谱，和太阳光十分相似，故有“小太阳”之称，但工厂中用得较少。

8. LED 灯

LED 灯外形如图 7-14 所示，LED 灯以发光二极管为发光器件，具有使用低压电源、耗能少、适用性强、稳定性高、响应时间短、对环境无污染、多色发光等优点。LED 灯被称为第四代照明光源或绿色光源，具有节能、环保的优势，已成为灯具产业发展的主要趋势。

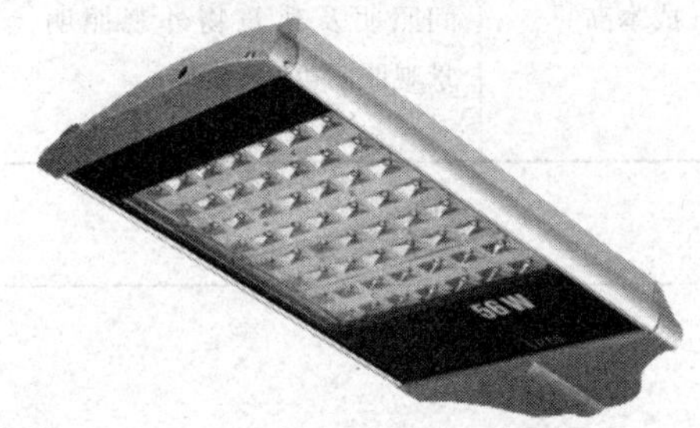

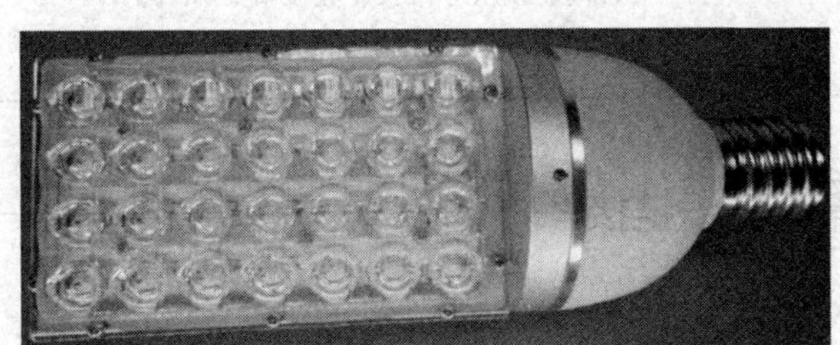

图 7-14 LED 灯外形

表 7-5 所列为常用电光源的主要技术特点，供参考。

表 7-5 常用电光源的主要技术特点

名称	主要优点	主要缺点	使用范围
卤钨灯	寿命较长、光视效能较高	耐振性差、对电压波动比较敏感、不能作为移动式电光源	主要用于需要高照度工作场所的照明

续表

名称	主要优点	主要缺点	使用范围
荧光灯	光视效能高、寿命长	显色性略差、有频闪效应，不适合频繁启动，不适宜有旋转机械的场合	适用于各类建筑的室内照明以及进行精细工作、照度高和长时间进行紧张视力工作的场所
高压汞灯	光视效能较高、寿命长	显色性差，不适合频繁开关或者比较重要的场合使用	适用于车站、广场、码头、运动场等大面积照明
高压钠灯	光视效能比较高、寿命长、紫外线辐射少、透雾性好	显色性较差、电压波动对光通量影响大	适用于广场、道路等室外照明
金属卤化物灯	光色好、光视效能高及受电压波动影响小	寿命短、光通保持性及光色一致性较差、电压波动对光通量影响较大	适用于电视、摄影、印染厂、体育场（馆）等要求高照度、高显色性场所的照明
氙灯	亮度高、光色一致性好、工作稳定、受环境温度影响小、寿命长	有频闪效应、电压波动对光通量影响较大，由于很接近太阳光，用于室内照明时应有防紫外线的滤光措施	适用于广场、车站、运动场、飞机场等大面积高亮度的照明
LED 灯	光视效能高、适用性强、稳定性好、响应时间短、环保、显色性高、使用寿命长、亮度高、发热量低、坚固耐用、节能	照射角度有限制，成本高	适用于工厂厂区照明、车间照明及建筑物外观照明、景观照明等

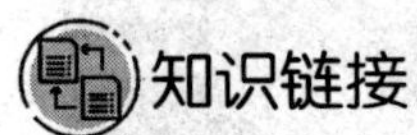

光　污　染

所谓“光污染”，是指有害光照，对环境有负面影响的光照，对人们日常生活有不良影响的光照，如紫外线以及其他有害射线，刺激人眼、危及人的健康。

二、工厂常用电光源的技术特性及选择

1. 常用电光源的技术特性

电光源的主要性能指标有光视效能、寿命、色温、显色指数、启动性能等。实际选用电光源时，一般首先考虑光视效能、寿命，其次才考虑显色指数、启动性能等。常用电光源的主要技术特性见表 7-6，供选用光源时参考。

表 7-6 常用电光源的主要技术特性

技术特性	名称							
	荧光灯			卤钨灯	高压汞灯	高压钠灯	金属卤化物灯	单灯混光灯
	直管	三基色	紧凑型					
额定功率/W	4~200	28~32	5~55	60~5 000	50~1 000	35~1 000	35~3 500	35~3 500
光视效能/（$lm \cdot W^{-1}$）	60~70	93~104	44~87	14~30	30~50	64~140	52~130	40~140
平均寿命/h	2 000~3 000	12 000~15 000	5 000~8 000	1 500	2 500~5 000	12 000~24 000	5 000~10 000	10 000~20 000
显色指数	75~90	80~98	80~85	95~99	35~40	23~85	65~90	60~80
启动时间	1~3 s	1~3 s	1~3 s	0	4~8 min	4~8 min	4~8 min	—
功率因数	0.33~0.7	0.33~0.7	0.33~0.7	1	0.44~0.67	0.44	0.4~0.6	—
适用的照度标准	低	低	低	较高	高	高	高	高
频闪效应	有	有	有	无	有	有	有	有
耐振性能	一般	一般	一般	很差	好	较好	好	好

2. 常用电光源的选择原则

工厂的照明光源应根据被照场所的具体情况及对照明的要求合理地选择，通常考虑以下几点。

(1) 高度较低房间，如办公室、会议室及仪表、电子等生产车间，宜采用细管径直管形荧光灯。

(2) 高度较高的工业厂房，应按照生产要求，采用金属卤化物灯或高压钠灯，亦可采用大功率细管径荧光灯。

(3) 一般照明场所不宜采用高压汞灯，不应采用自镇流高压汞灯。

(4) 一般情况下，室内、外照明不应采用普通照明白炽灯；在特殊情况下需采用时，其额定功率应不超过 100 W。

(5) 下列工作场所可采用白炽灯。

1) 要求瞬时启动和连续调光的场所，使用其他光源技术经济指标不合理时。

2) 对防止电磁干扰要求严格的场所。

3) 开关灯频繁的场所。

4) 照度要求不高，且照明时间较短的场所。

5) 对装饰有特殊要求的场所。

(6) 应急照明应选用能快速点亮的光源。

(7) 应根据识别颜色要求和场所特点，选用相应显色指数的光源。

三、工厂常用照明器的类型及其选择

照明器由光源，控制光线方向的光学器件，固定和防护灯泡及连接电源所必需的组件，供装饰、调整和安装用的部件等组成。灯具主要指灯罩等，其主要作用是固定光源并将光源的光线按照需要的方向进行分布，保护光源不受外力损伤。

1. 工厂常用照明器的类型

照明器的分类方法有多种，目前工厂常按照明器的配光曲线形状以及结构特点来分类。

(1) 按配光曲线形状分类。

1) 正弦分布型。如 GC15A 散照型防水、防尘灯。

2) 广照型。如 G3A 广照型工厂灯。

3) 漫射型。如乳白色玻璃圆球灯。

4) 配照型。如 GC1A 型工厂配照灯。

5) 深照型。如 GC5A 深照型工厂灯。

(2) 按结构特点分类。

照明器按结构特点分类见表 7-7。

表 7-7　照明器按结构特点分类

结构型式	结构特点	举例
开启型	光源与外界相通	配照灯、广照灯、探照灯
闭合型	光源被透明罩包起来，但内外空气仍相通	圆球灯、吸顶灯
密闭型	光源被透明罩封闭，内外空气不能对流	防潮灯、防水灯、防尘灯
增安型（防爆型）	光源被高强度灯罩密封，并且灯具能承受足够的压力	防爆安全灯、荧光安全防爆灯
隔爆型	光源被高强度灯罩密封，灯座与灯罩之间有一隔爆间隙	矿用隔爆型 LED 巷道灯

2. 工厂常用照明器类型的选择

首先，考虑从照度上满足生产条件，尽量选用光视效能高、寿命长、直接配光的灯具，以达到合理利用光通量和减少电能消耗的目的。其次，考虑照明器的类型与使用的环境相匹配。不同场所照明器类型的选择见表 7-8。同时，考虑照明器的安装高度以及安装是否简便，更换灯泡是否容易。最后，还要考虑经济性，即照明器的投资费用及年运行维护费用。

表 7-8　　不同场所照明器类型的选择

场所	类型选择
一般的场所	尽量选用开启型的灯具，以得到较高效率
潮湿场所	采用相应防护等级的防水灯具或带防水灯头的敞开式灯具
有腐蚀性气体或蒸气的场所	采用防腐蚀密闭式灯具
高温场所	采用散热性能好、耐高温的灯具
有尘埃的场所	按防尘防护等级选择
振动、摆动较大的场所	采用防振和防脱落的灯具
有爆炸或火灾危险场所	采用防爆或防护型灯具
有洁净要求的场所	采用不易积尘、易于擦拭的洁净灯具
需防止紫外线照射的场所	采用隔紫灯具或无紫光源

以上几点均为选用照明器的大致原则，可根据这些原则去选用相对符合要求的照明器。目前我国市场上的照明器品种、规格繁多，尚无统一的标准，具体选用时可参考《建筑照明设计标准》（GB 50034—2013）、相应的技术手册和照明器的产品说明书等。图 7-15 所示为几种常用照明器的外形，供参考。

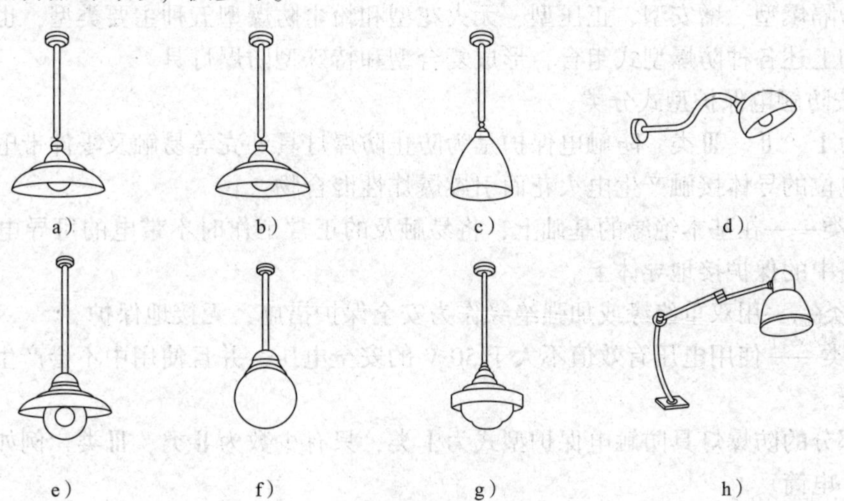

图 7-15　几种常用照明器的外形

a）配照型灯　b）广照型灯　c）深照型灯　d）斜照型灯　e）广照型防水灯
f）圆球型灯　g）双罩型灯　h）伸缩型灯（机床局部照明灯）

四、防爆灯具

1. 防爆灯具的定义

防爆灯具是指具有防爆性能的一类照明灯具，主要分为隔爆型防爆灯具、安全型防爆灯具、移动型防爆灯具等。防爆灯具适用于石化装置、石油平台、加油站、油泵房、中转站等有易燃、易爆物的特殊场所照明。图 7-16 至图 7-18 所示为几种常见的防爆灯具。

图 7-16　CBD56 型隔爆型防爆灯

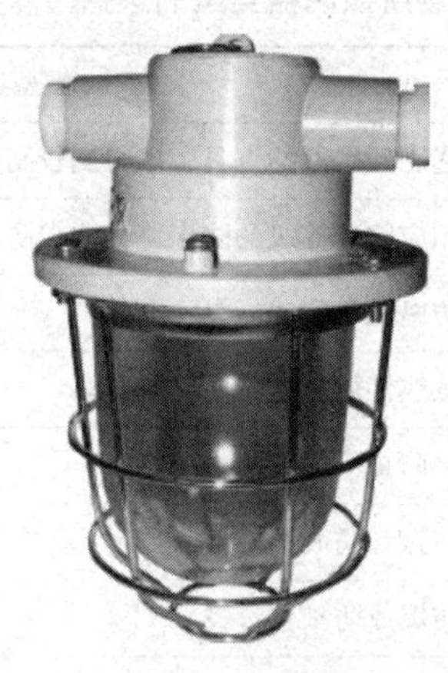

图 7-17　安全型防爆白炽灯

图 7-18　移动型防爆灯

防爆灯具的生产企业需持有国家批准的生产许可证才能制造，并且产品需经过 CCC 强制认证。

2. 防爆灯具的分类

（1）按防爆型式分类。

可分为隔爆型、增安型、正压型、无火花型和粉尘防爆型五种主要类型，也可以由其他防爆型式和上述各种防爆型式组合，形成复合型和特殊型防爆灯具。

（2）按防触电保护型式分类。

可分为Ⅰ、Ⅱ、Ⅲ类。防触电保护是为防止防爆灯具外壳等易触及零件带电，使人体触电或不同电位的导体接触产生电火花而引燃爆炸性混合物。

1）Ⅰ类——在基本绝缘的基础上，将易触及的正常工作时不带电的可导电部件都连接到固定线路中的保护接地导体上。

2）Ⅱ类——用双重绝缘或加强绝缘作为安全保护措施，无接地保护。

3）Ⅲ类——使用电压有效值不大于 50 V 的安全电压，并且使用中不会产生高于此电压值的过电压。

绝大部分的防爆灯具防触电保护型式为Ⅰ类，只有少数为Ⅱ类、Ⅲ类，例如全塑防爆灯具、防爆手电筒。

（3）按外壳的防护等级分类。

为了防止尘埃、固体异物和水进入灯具内，触及或积集在带电部件上产生跳火、短路或破坏电气绝缘等危险，可采用多种外壳防护方式以起到保护电气绝缘的作用。用特征字母“IP”后跟两个数字来表征防爆灯具的外壳防护等级。第1个数字表示对人、固体异物或尘埃的防护能力，分为0~6级。防爆灯具是一种密封灯具，其防尘能力至少为4级。第2个数字表示对水的防护能力，分为0~8级。例如，IP45型防爆灯具能防护直径大于1 mm的固体异物进入壳内，任何方向的喷水对产品无有害的影响。

（4）按灯具设计的支撑面材料分类。

室内防爆灯具可能安装在许多普通可燃材料的表面，如木质的墙和顶棚，此时不允许防爆灯具安装表面的温度超过安全数值。根据防爆灯具是否可直接安装在普通可燃材料表面可分为两类。

一类为仅适宜于安装在非可燃材料表面的灯具；另一类为适宜于直接安装在普通可燃材料表面的灯具，并有标记符号。

（5）按光源不同分类。

可分为防爆白炽灯、防爆高压汞灯、防爆低压荧光灯、防爆混合光源灯等。

（6）按安装使用形式分类。

可分为固定式、可移式、携带式。

3. 防爆灯具的维护与检修

防爆灯具在安装前要将铭牌与产品说明书要求进行核对，包括防爆型式、类别、级别、组别，外壳的防护等级，安装方式及安装用的紧固件要求等。

防爆灯具的安装要确保固定牢靠，紧固螺栓不得任意更换，弹簧垫圈应齐全。防尘、防水用的密封圈安装时要原样放置好。电缆进线处、电缆与密封垫圈要紧密配合；电缆的断面应为圆形，且护套表面不应有凹凸等缺陷。多余的进线口，必须按防爆类型进行封堵，并将压紧螺母拧紧，使进线口密封。

在日常检修维护中，还需要注意：

（1）防爆灯具、灯罩打开前要先断开电源，严禁带电打开；灯泡断电后表面温度很高，不准立刻打开灯罩，避免出现点燃爆炸性气体混合物的危险（主要指隔爆结构）。

（2）在更换灯泡（管）时，防爆灯具的隔爆接合面应妥善保护，不得损伤；经清洗后的隔爆面应涂磷化膏或204-1防锈油，严禁涂刷其他油漆；隔爆面上不得有锈蚀层，如有较轻微锈蚀，经清洗后应无麻面现象。用于防尘、防水的密封圈一定要保证完好，这一点对增安型灯具而言尤其重要。如果密封圈损坏严重，要用相同规格、相同材质的密封圈予以更换，必要时更换整个灯具。检修时要注意灯罩是否完好，如有破裂，要马上更换。

（3）携带式灯具分为由馈电网供电和自带电源两种。由馈电网供电的灯具，从防爆接线箱（盒）或防爆插销至灯具之间应使用橡套电缆，其接地或接零线芯应在同一护套内；电缆应采用主线芯最小允许截面为25 mm^2的YC、YCW重型橡套电缆。携带式灯具的电缆不允许有中间接头。

§7-3 照明种类及照度标准

学习目标

1. 了解照明方式、照度标准。
2. 掌握照明种类。
3. 熟悉照明设施维护与管理的要求。

一、照明方式和种类

1. 照明方式

国家标准《建筑照明设计标准》（GB 50034—2013）中规定的照明方式见表 7-9。

表 7-9　照明方式

方式	说明
一般照明	指为照亮整个场所而设置的均匀照明。对于工作位置密度很大而对光源方向又无特殊要求，或工艺上不适宜装设局部照明装置的场所，可单独使用一般照明。一般照明是场所照明的基本方式，在满足规定的照度方面，它起主要的作用
分区一般照明	指为照亮工作场所中某一特定区域而设置的均匀照明
局部照明	指特定视觉工作用的、为照亮某个局部而设置的照明。局部照明器具可直接安装在工作场所附近，如车床上的照明灯等。局部照明属于一种补充照明，整个工作场所不应只设局部照明而不设一般照明
混合照明	又称综合照明，指由一般照明与局部照明组成的照明。需要较高照度并对照射方向有特殊要求的场合，常采用混合照明方式。其主要优点是既可使一般工作场所获得较均匀的照度，又可使有特殊要求的工作场所获得较高的照度

2. 照明种类

国家标准《建筑照明设计标准》（GB 50034—2013）中规定的照明种类见表 7-10。

表 7-10　照明种类

种类	说明	外形示图
正常照明	在正常情况下使用的照明	—
应急照明	因正常照明的电源失效而启用的照明	—

续表

种类		说明	外形示图
应急照明	疏散照明	用于确保疏散通道被有效地辨认和使用的应急照明	
	安全照明	用于确保处于潜在危险之中的人员安全的应急照明	
	备用照明	用于确保正常活动继续或暂时继续进行的应急照明	
值班照明		非工作时间，为值班所设置的照明	—
警卫照明		用于警戒而安装的照明	—
障碍照明		在可能危及航行安全的建筑物或构筑物上安装的标识照明	—

二、照度标准

为创造良好的工作条件，提高工作效率和工作质量，保证人身安全，工作场所等的照明必须具有足够的照度。国家标准《建筑照明设计标准》（GB 50034—2013）中规定：照度标准值应按 0.5 lx、1 lx、2 lx、3 lx、5 lx、10 lx、15 lx、20 lx、30 lx、50 lx、75 lx、100 lx、150 lx、200 lx、300 lx、500 lx、750 lx、1 000 lx、1 500 lx、2 000 lx、3 000 lx、5 000 lx 分级。符合一定的条件时，作业面或参考平面的照度，可按照度标准值分级提高或降低一级。

办公建筑照明标准值、工业建筑一般照明标准值应符合附录表 9、附录表 10 的规定。

三、照明设施维护与管理

为了保持工作场所良好的照明条件，工厂需要以部门为单位计量和考核照明用电量。建立的照明设施运行维护和管理制度应符合下列规定：

（1）有专业人员负责照明设施维修和安全检查，并做好维护记录，专职或兼职人员负责照明设施运行。

（2）建立清洗光源、灯具的制度，根据规定的次数定期进行擦拭。

（3）按照光源的寿命或点亮时间维持平均照度，定期更换光源。

（4）更换光源时，应采用与原设计或实际安装相同的光源，不得任意更换光源的主要性能参数。

（5）对于大型重要建筑主要场所的照明设施，需要进行定期巡视和照度的检查、测试。

§7-4 照明器的布置与供电方式

学习目标

1. 了解照明器的均匀布置、选择布置方式及其区别。
2. 掌握工作照明、应急照明等不同照明的供电方式。
3. 掌握照明线路导线截面选择的方法。

一、照明器的布置方式

照明器的布置就是确定照明器在房间的空间位置。照明器的布置对照明质量有很大的影响。照明器布置的要求：

第一，要保证工作面上照度不低于标准。

第二，应使工作面上的照度均匀，光线射向适当，无眩光阴影。

第三，照明器布置应整齐美观，与环境协调，既维修方便，又安全经济。

照明器的布置方式可以分为均匀布置和选择布置两种，如图 7-19 所示。

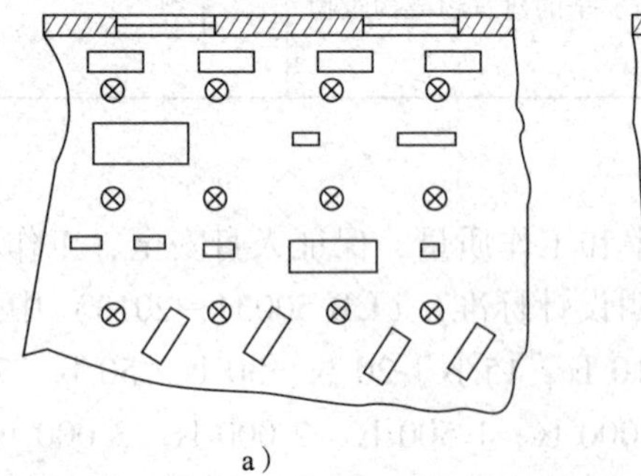

a）

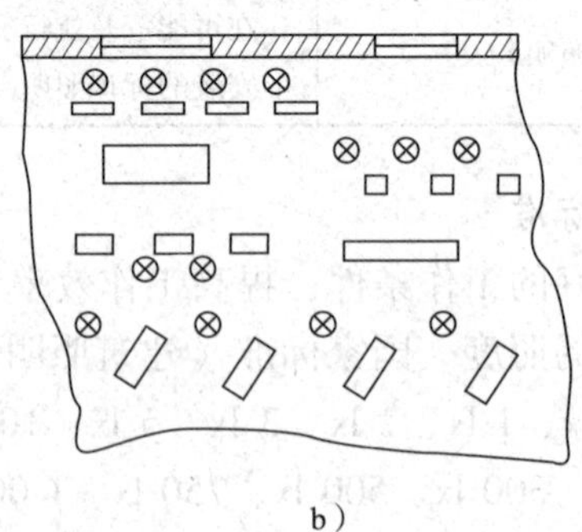

b）

图 7-19 照明器的布置方式

a）均匀布置 b）选择布置

1. 均匀布置

照明器之间距离均匀且保持不变的布置称为均匀布置。照明器在车间内均匀分布，与生产设备的位置无关，使全车间具有均匀的照度。图 7-20 所示为两种较典型的均匀布置排列方案。图 7-20 中，l 是灯距，l' 是行距，l'' 是最边缘一列灯具离墙的距离，矩形排列的等效灯距 $L=\sqrt{ll'}$ 。实验与分析表明：当 $l=l'$ 时，矩形排列的照度均匀度最好；当 $l'=\sqrt{3}\,l$ 时，菱形排列的照度均匀度最好。一般情况下，当墙边有工作位置时，可取 $l''=(0.25\sim0.3)l$；当墙边无工作位置时，可取 $l''=(0.4\sim0.5)l$。

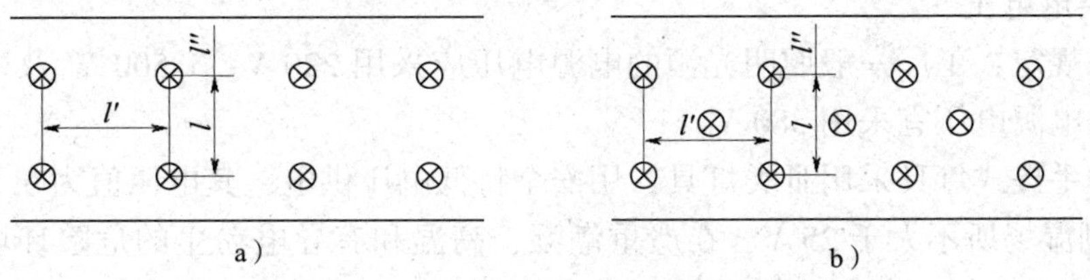

图 7-20 两种较典型的均匀布置排列方案
a）矩形排列 b）菱形排列

照明器布置的合理与否，照度是否均匀，主要取决于等效灯距 L 与灯悬挂高度 H（H 是指光源至工作面之间的高度）的比值，该比值称为距高比 L/H。L/H 小，照度的均匀度好，但经济性差；L/H 大，不能保证照度的均匀度。较合理的距高比一般不超过各类灯具规定的最大距高比，如配照型、广照型工厂灯的距高比为 1.8~2.5，其余灯具距高比的资料可参见有关技术手册。

照明器的悬挂高度很有讲究，既不能太高（降低照度，维修不便），又不能太低（易产生眩光，且不安全），国家机械行业标准《机械工厂电力设计规范》（JBJ 6—1996）规定了部分室内一般照明灯具的最低悬挂高度，见表 7-11。

表 7-11　部分室内一般照明灯具的最低悬挂高度

光源种类	灯具型式	光源功率/W	最低悬挂高度/m
白炽灯	搪瓷反射罩或镜面反射罩	≤100 150~200 300~500	2.5 3.0 3.5
白炽灯	乳白玻璃漫射罩	≤100 150~200 300~500	2.2 2.5 3.0
荧光高压汞灯	搪瓷罩或镜面罩	<125 125~250 ≥400	3.5 5.0 6.0
金属卤化物灯、高压钠灯、混光光源	搪瓷反射罩或铝抛光反射罩	<150 150~250 250~400 >400	4.5 5.5 6.5 7.5
荧光灯	搪瓷铁皮罩	≤40	2.2

2. 选择布置

照明器的布置与生产设备的位置有关。一般按工作面对称布置，力求使工作面能获得最有利的光通量方向并消除阴影，如图 7-19b 所示。

二、照明供电电压与供电方式

1. 照明供电电压

国家标准规定：工厂一般照明光源的电源电压应采用 220 V。1 500 W 及以上的高强度气体放电灯的电源电压宜采用 380 V。

移动式和手提式灯具采用Ⅲ类灯具，用安全特低电压供电，其电压值为在干燥场所不大于 50 V，在潮湿场所不大于 25 V。在严重潮湿、高温和有导电粉尘的危险环境中，以及移动式灯具或安装在 2.4 m 以下的固定式灯具，应采用 36 V 安全电压供电。在工作条件极其恶劣的场所（如锅炉、金属容器或平台），手提行灯应采用 12 V 的电压供电。

照明灯具的端电压不宜大于其额定电压的 105%，亦不宜低于其额定电压的下列比例：一般工作场所为 95%；远离变电所的小面积一般工作场所难以满足要求时，可为 90%；应急照明和用安全特低电压供电的照明为 90%。

2. 照明供电方式

照明供电宜采用放射式和树干式结合的供电系统。常用照明供电系统图如图 7-21 所示。

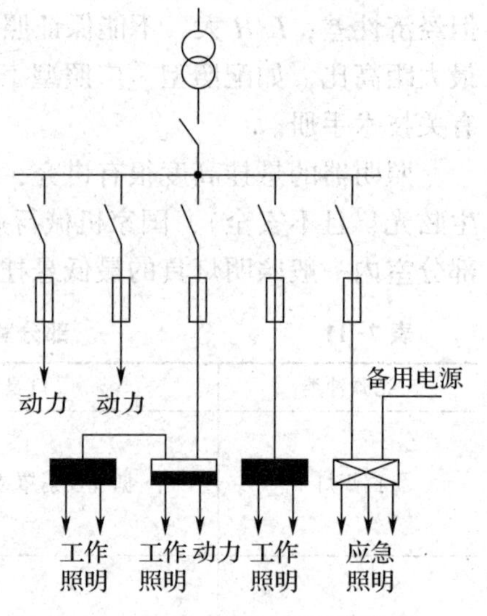

图 7-21　常用照明供电系统图

（1）一般工作照明。

对远离变电所的生产厂房和建筑物，电力负荷不大且较稳定时，照明和动力可以合用供电线路，但应在电源进户处将动力与照明线路分开。

1）一般工作场所。一般工作场所的照明负荷可与动力负荷共用变压器。当电力线路中的电压波动影响照明质量和灯具寿命时，照明负荷宜由单独的变压器供电。

2）重要工作场所。重要工作场所的照明要求由两个独立电源供电。这两个独立电源可以来自不同变电所，也可来自一个变电所的两台变压器，这两台变压器必须相互独立。

（2）局部照明。

机床和固定工作台都带有动力线路，局部照明可与之共用电源。移动式局部照明应从照明配电箱或动力配电箱的专用回路上引出独立的分支线路供电。

（3）室外照明。

室外照明负荷应与室内照明负荷分开供电，道路照明、警卫照明应接至变电所低压配电柜的专用回路。但当露天工作场地距离车间很近且容量不大时，也可由室内照明配电箱分出专用回路供电，并单独控制。

（4）应急照明。

应急照明应区别于正常的工作照明，由独立的备用电源供电。当装有两台以上变压器时，应急照明应与正常工作照明分别接于不同的变压器，如图 7-22 所示。

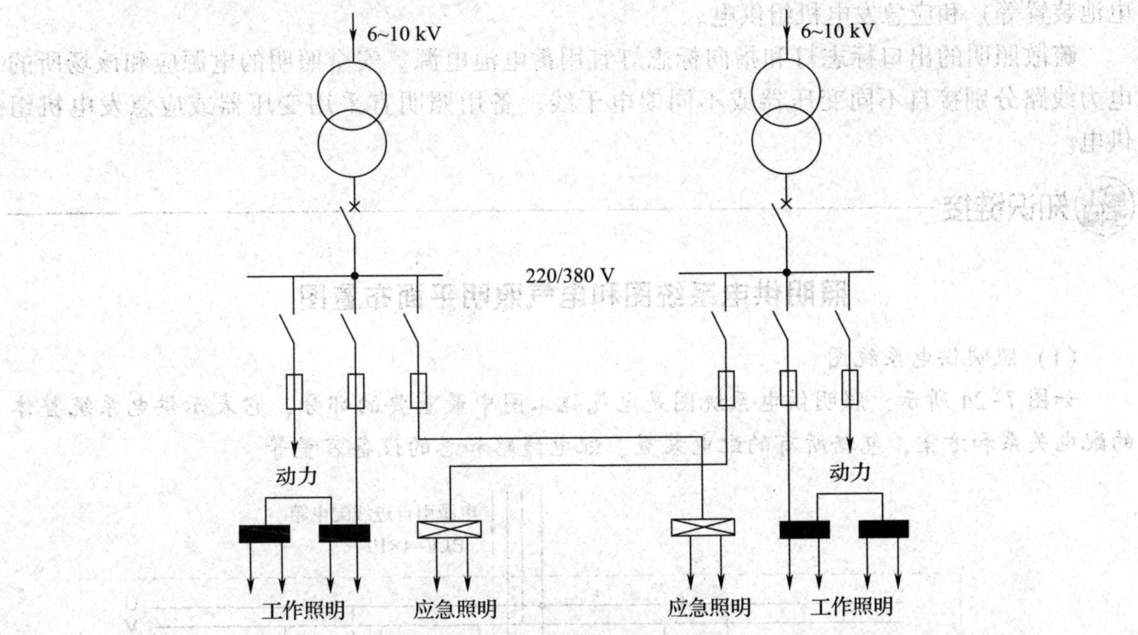

图 7-22　由两台变压器交叉供电的应急照明供电系统

如仅有一台变压器，应急照明（尤其是疏散照明）和工作照明应从变电所低压配电柜或母线上分开供电，如图 7-23 所示。

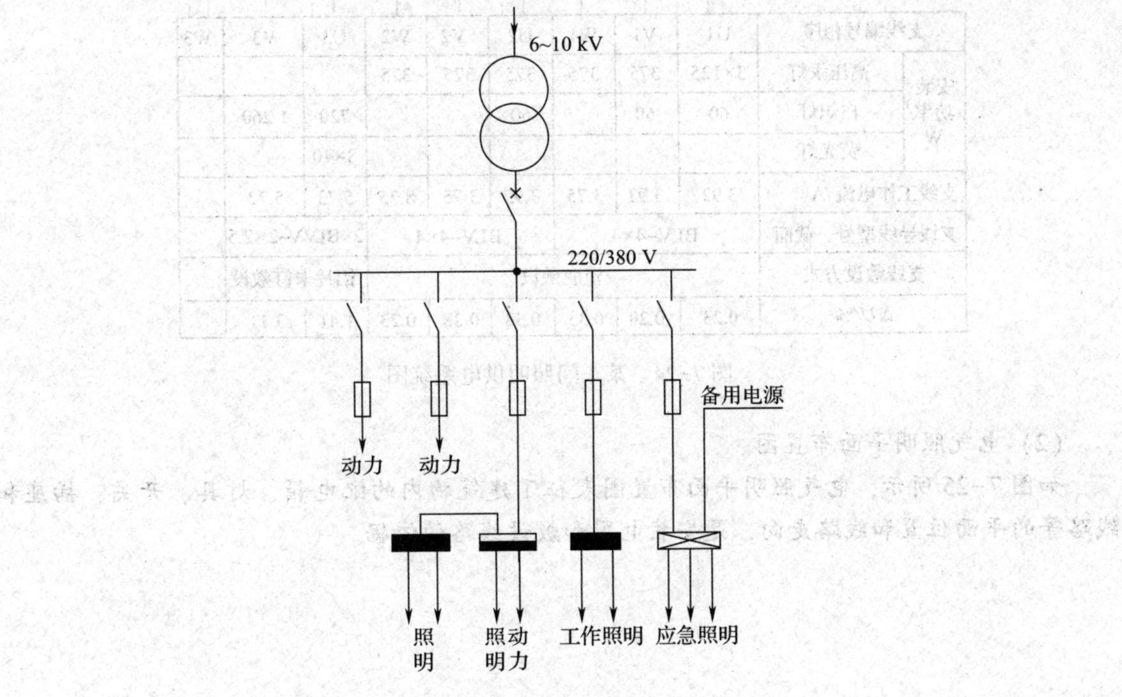

图 7-23　由一台变压器供电的应急照明供电系统

应急照明也可以由蓄电池组（包括灯具内自带蓄电池、集中设置或分区集中设置的蓄电池装置等）和应急发电机组供电。

疏散照明的出口标志灯和指向标志灯宜用蓄电池电源。安全照明的电源应和该场所的电力线路分别接自不同变压器或不同馈电干线。备用照明宜采用变压器或应急发电机组供电。

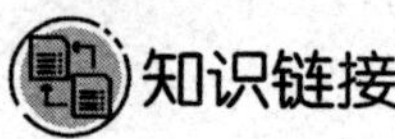
知识链接

照明供电系统图和电气照明平面布置图

（1）照明供电系统图。

如图 7-24 所示，照明供电系统图是电气施工图中最重要的部分，它表示供电系统整体的配电关系和方案，包括所有的配电装置、配电线路和总的设备容量等。

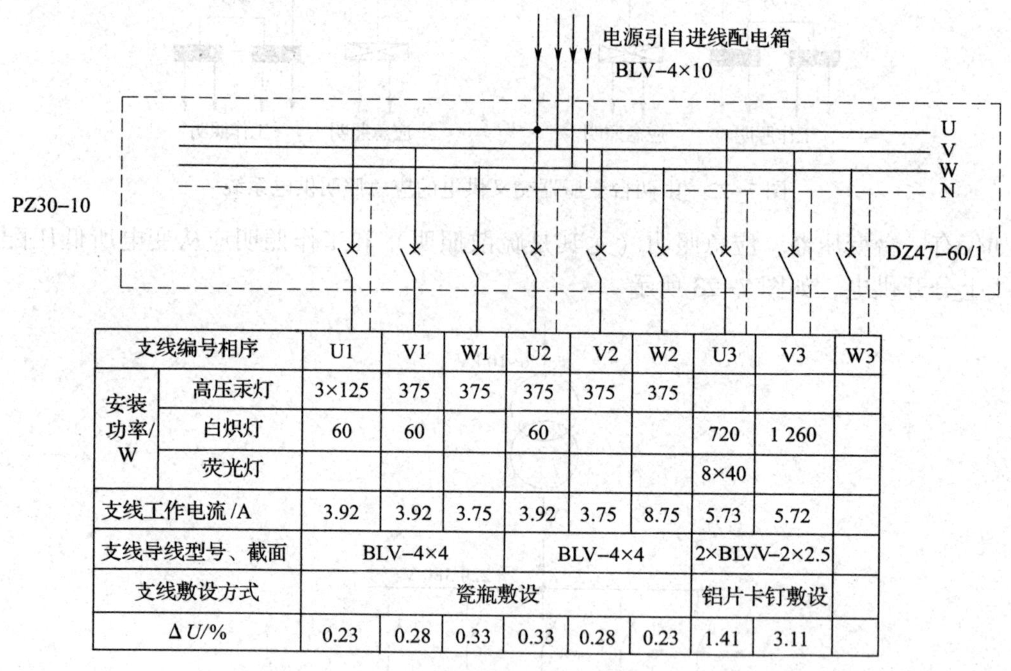

支线编号相序		U1	V1	W1	U2	V2	W2	U3	V3	W3
安装功率/W	高压汞灯	3×125	375	375	375	375	375			
	白炽灯	60	60		60			720	1 260	
	荧光灯							8×40		
支线工作电流 /A		3.92	3.92	3.75	3.92	3.75	8.75	5.73	5.72	
支线导线型号、截面		BLV-4×4			BLV-4×4			2×BLVV-2×2.5		
支线敷设方式		瓷瓶敷设						铝片卡钉敷设		
Δ*U*/%		0.23	0.28	0.33	0.33	0.28	0.23	1.41	3.11	

图 7-24　某车间照明供电系统图

（2）电气照明平面布置图。

如图 7-25 所示，电气照明平面布置图表征了建筑物内的配电箱、灯具、开关、插座和线路等的平面位置和线路走向，是安装电器和敷设线路的依据。

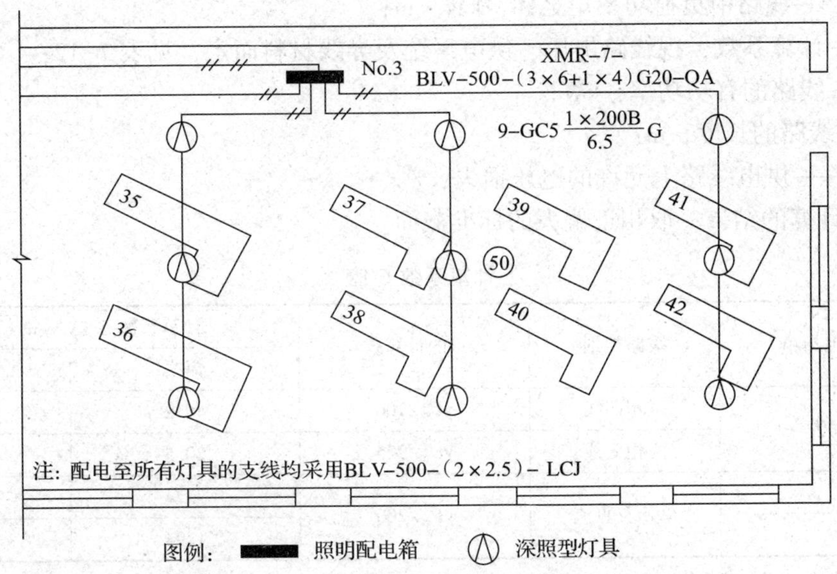

图 7-25　某工厂机械加工车间（局部）一般照明电气平面布置图

3. 照明控制

（1）公共建筑和工业建筑的走廊、楼梯间、门厅等公共场所的照明，宜采用集中控制，并按建筑使用条件和天然采光状况采取分区、分组控制措施。

（2）房间或场所装设有两列或多列灯具时，宜按下列方式分组控制：

1）所控灯列与侧窗平行。

2）生产场所按车间、工段或工序分组。

3）电化教室、会议厅、多功能厅、报告厅等场所按靠近或远离讲台分组。

（3）有条件的场所，宜采用下列控制方式：

1）天然采光良好的场所，按该场所照度自动开、关灯或进行调光。

2）个人使用的办公室，采用人体感应或动静感应等方式自动开、关灯。

3）旅馆的门厅、电梯大堂和客房层走廊等场所，采用夜间定时降低照度的自动调光装置。

（4）大中型建筑按具体条件采用集中或分散的、多功能或单一功能的自动控制系统。

三、照明线路导线截面的选择

照明配电干线和分支线的导线应采用铜芯绝缘导线或电缆，分支线截面应不小于 1.5 mm^2。照明配电线路应按负荷计算电流和灯端允许电压选择导线截面。

主要供给气体放电灯的三相配电线路的中性线截面应满足不平衡电流及谐波电流的要求，且应不小于相线截面。

1. 按允许电压损失选择导线截面

该导线截面 S 计算公式如下：

$$S=\frac{\sum M}{C\Delta U_{\mathrm{al}}}=\frac{\sum Pl}{C\Delta U_{\mathrm{al}}}$$

式中 $\sum M$——线路中负荷功率矩之和，kW·m；

C——计算系数，视线路电压、供电系统及导线材料而定，见表 7-12；

P——线路的有功功率，kW；

l——线路的长度，m；

ΔU_{al}——供电线路上允许的电压损失，%。

按上式计算的结果，取相近偏大的标准截面。

表 7-12　　计算系数 C 值

线路额定电压/V	线路类别	C 的计算式	计算系数 C/kW·m·mm^{-2}	
			铝线	铜线
220/380	三相四线	$\gamma U_N^2/100$	46.2	76.5
	两相三线	$\gamma U_N^2/225$	20.5	34.0
220	单相及直流	$\gamma U_N^2/200$	7.74	12.8
110			1.94	3.21

注：1. U_N 为线电压，单位为 V。

2. γ 为电导率，单位为 Ω·mm^2/m。

2. 按发热条件校验导线截面

计算负荷电流，应小于导线长期允许电流。

3. 导线长期允许电流与保护装置的配合

导线长期允许电流应不小于保护装置（熔断器的熔体或低压断路器的热脱扣器）的额定电流。

4. 按力学强度校验导线截面

选用的照明线路的导线截面还应不小于力学强度允许的导线最小截面。

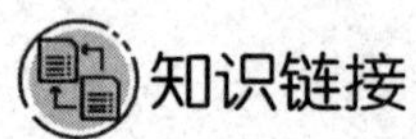

知识链接

电压与照明质量

照明线路导线截面要首先按允许电压损失选择，然后按发热条件和力学强度进行校验。这是因为照明光源对电压的变化很敏感，电压的变化直接影响照明质量。国家标准规定，对于视觉要求较高的室内照明，其允许电压损失为 2%~3%，而一般照明线路为 5%。

技能训练一 GGD 型低压配电柜电气元件安装

一、目的要求

完成 GGD 型低压配电柜电气元件安装，掌握各电气元件安装、母线制作等技能。

二、设备、工具、仪表及器材

1. 设备

母线折弯机、砂轮机等。

2. 工具

手电钻、套筒扳手、活扳手、呆扳手、液压钳、卷尺（2 m）等。

3. 仪表

MF47 型万用表。

4. 器材

GGD 型低压配电柜柜体，电气元件、铜条（板）等。GGD 型低压配电柜实物如训练图 1-1 所示，柜体尺寸为宽×深×高＝800 mm×600 mm×2 200 mm。

a）

b）

c）

d）

训练图 1-1　GGD 型低压配电柜实物

三、安装步骤和工艺要求

线缆的制作、电气元件的安装等基本操作方法在其他课程中已学过，这里应按相关操作规范进行操作。低压配电柜的具体安装步骤如下：

（1）识读 GGD 型低压配电柜一次系统图，如训练图 1-2 所示。

（2）制作母线。

（3）检查电气元件型号、外观、包装、合格证、CCC 标志等。

（4）按照图样要求实施安装。

（5）主要工艺要求：

1）柜体表面完好，面漆无脱落，柜内干燥、清洁。

2）电气元件的操动机构灵活，无卡滞现象。

3）主要电气元件通断可靠、准确，辅助接点通断可靠、准确。

4）仪表指示与互感器的变比及极性正确。

5）母线连接良好，绝缘支撑件、安装件及附件安装牢固可靠。

6）辅助接点符合要求，熔断器的熔体规格正确，继电器的整定值符合要求。

7）电路的接点符合电路图的要求。

8）保护电路系统符合要求。

四、实训注意事项

注意人身安全和设备完好，装配铜排时应戴手套。

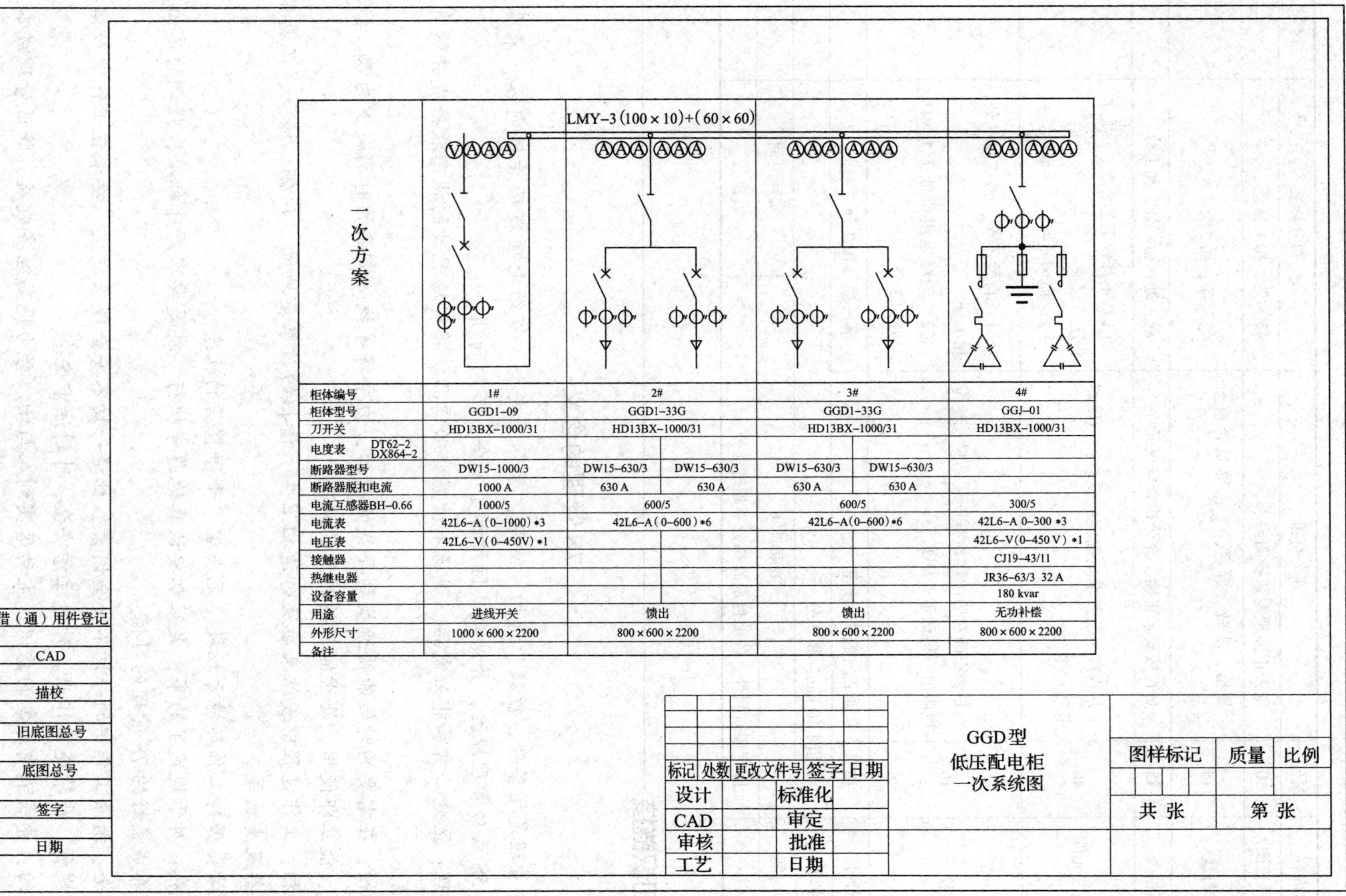

柜体编号	1#	2#		3#		4#
柜体型号	GGD1-09	GGD1-33G		GGD1-33G		GGJ-01
刀开关	HD13BX-1000/31	HD13BX-1000/31		HD13BX-1000/31		HD13BX-1000/31
电度表 DT62-2 DX864-2						
断路器型号	DW15-1000/3	DW15-630/3	DW15-630/3	DW15-630/3	DW15-630/3	
断路器脱扣电流	1000 A	630 A	630 A	630 A	630 A	
电流互感器BH-0.66	1000/5	600/5		600/5		300/5
电流表	42L6-A(0-1000)*3	42L6-A(0-600)*6		42L6-A(0-600)*6		42L6-A 0-300 *3
电压表	42L6-V(0-450V)*1					42L6-V(0-450 V)*1
接触器						CJ19-43/11
热继电器						JR36-63/3 32 A
设备容量						180 kvar
用途	进线开关	馈出		馈出		无功补偿
外形尺寸	1000×600×2200	800×600×2200		800×600×2200		800×600×2200
备注						

训练图 1-2　GGD 型低压配电柜一次系统图

五、评分标准

项目内容	配分	评分标准	扣分标准	得分
识读系统图	10	是否正确理解系统图要求	错一处，扣1分	
制作母线	15	规格、外观、折弯、工艺等是否符合要求	错一项，扣2分	
装前检查	15	是否按要求正确、充分检查电气元件	漏一处、错一处，扣1分	
安装电气元件	40	是否按工艺要求正确完成安装，不损坏电气元件	（1）不符合工艺要求，一处扣1分 （2）损坏元件，一个扣10分	
自检	10	是否正确对照图样检查安装结果；绝缘电阻值不得低于1 MΩ	（1）自检不全，错或漏一处，扣1分 （2）绝缘电阻值低于1 MΩ，一处扣2分	
7S管理	10	是否实施7S管理	漏一项，扣2分	
定额时间8 h	每超时10 min，扣5分			
开始时间		结束时间		实际时间	
备注	除定额时间外，各项目最高扣分不超过配分		总分	

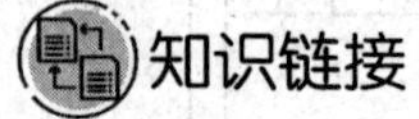

知识链接

7S管理的含义

7S管理是指整理、整顿、清扫、清洁、素养、安全、节约七项现场管理内容，来源于日本的5S成功管理经验，并结合实际增加了安全、节约两项。

整理：区分必需和非必需品，现场不放置非必需品。将现场混乱的状态收拾成井然有序的状态。

整顿：在需要的时候能快速找到要找的东西，力争将寻找必需品的时间减少为零。能迅速取出、能立即使用、处于能节约时间的状态。

清扫：工作过程中或结束后及时清扫卫生。清扫的对象是地面、顶棚、墙壁、工具架、机器设备及废物等。

清洁：保持工作环境无垃圾、无灰尘、干净整洁的状态。

素养：对于规定了的事，大家都要认真地遵守执行。就是要求严守标准，强调的是团队精神。养成良好的7S管理的习惯。

安全：消除工作中的一切不安全因素，杜绝一切不安全现象发生。要求在工作中严格执行操作规程，严禁违章作业。时刻注意安全，时刻注重安全。

节约：养成节省成本的意识，主动落实到人与物。努力提高经济效益，降低管理成本。

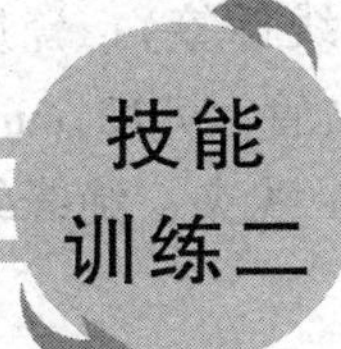

技能训练二 GGD型低压配电柜配线

一、目的要求

完成如训练图2-1所示的GGD型低压配电柜的配线练习，掌握低压配电柜配线、检查等技能。

训练图2-1　GGD型低压配电柜接线完成图

二、工具、仪表、器材及相关资料

1. 工具

手电钻、套筒扳手、活扳手（6寸、8寸）、液压钳等；号码打印机；平头螺钉旋具、十字螺钉旋具（3寸、6寸、8寸）以及电动螺钉旋具；斜口钳、剥线钳、尖嘴钳、圆嘴钳；电烙铁（25 W、100 W）；冷压钳（0.5~2.5 mm、4 mm、6 mm）；电池试灯；丝锥（M4、M5、M6、M8）；自制套管（ϕ3~6 mm）等。

2. 仪表

5050型兆欧表，MF47型万用表等。

3. 器材

铜芯聚氯乙烯绝缘导线（简称导线）；聚氯乙烯绝缘塑料带（简称胶带）；聚氯乙烯异型管（简称号码管）；冷压端头；线卡、尼龙扎带；标签纸（元件标签、地线标签）；瓷质套管；标准紧固件；塑料蛇皮管、金属蛇皮管、尼龙螺旋管、PVC 波纹管（ϕ12 mm、ϕ18 mm、ϕ25 mm、ϕ35 mm）；塑料行线槽；胶垫、软垫（防振垫）橡胶圈；线夹；绝缘纸（δ=0.5）、黄蜡管；松香；焊锡；酒精。

4. 相关资料

包括工程施工说明，工程系统图、电气原理图、接线图、材料明细表、元件布置图，以及其他技术要求资料。

三、安装步骤和工艺要求

1. 安装步骤

（1）工艺准备。

1）识读 GGD 型低压配电柜接线图，如训练图 2-2 所示。

2）号码管、标签纸的准备

根据二次接线图上所绘出的回路编号，用号码打印机在号码管上打字。要求字迹清晰，间隔均匀，字不得打斜，且保证所打印回路编号与图样相符。

将打印好的号码管按合同号、柜号进行绑扎，摆放整齐以备用。

按二次接线图用打印机在标签纸上打元件顺序号和文字符号，要求字迹清晰，且不得打歪、出格。

将打印好的标签纸按柜号进行收集，包好以备用。

3）仔细查看工程施工说明上的有关内容，一次系统图上柜体结构、元件布置和材料明细表上元件型号以及对元件的要求。

号码管应与图样进行核对，确认以后进行施工。

根据二次接线图上注明的元件符号正确地找出电气元件。

（2）下线。

根据二次接线图以及元件布置图确定走线方式，按电气元件接点间的实际位置量裁导线，套上号码管。仪表室主干线一般选择在仪表室边框中央。对于各位置的继电器，下线时，应注意继电器安装形式、高低。

对于柜后二次配线（如互感器线、行程开关线、照明接线等），在下线时，应注意柜体的宽度、深度，因柜体结构的不同，其走线方式不一样。对于柜体二次配线，在下线时，应注意不同柜型的布线方式以及继电器、接触器等电气元件的安装位置。

接至电气元件或端子排上的元件，在下线时，应留有裕度，曲弯长度为 50 mm（包括电压互感器上的接线）。

根据用户需要，柜体小母线可选用 ϕ60 mm 铜棒或绝缘导线制作。当采用绝缘导线时，合闸回路用截面为 25 mm^{2}的多股导线，其他回路用截面为 4 mm^{2}的导线，其他要求见训练表 2-1。

所有过门处的软连接，均采用 TO 2.5～8 冷压端头，用冷压钳夹紧。软连接制作长度（两线鼻子中心距尺寸）适宜。

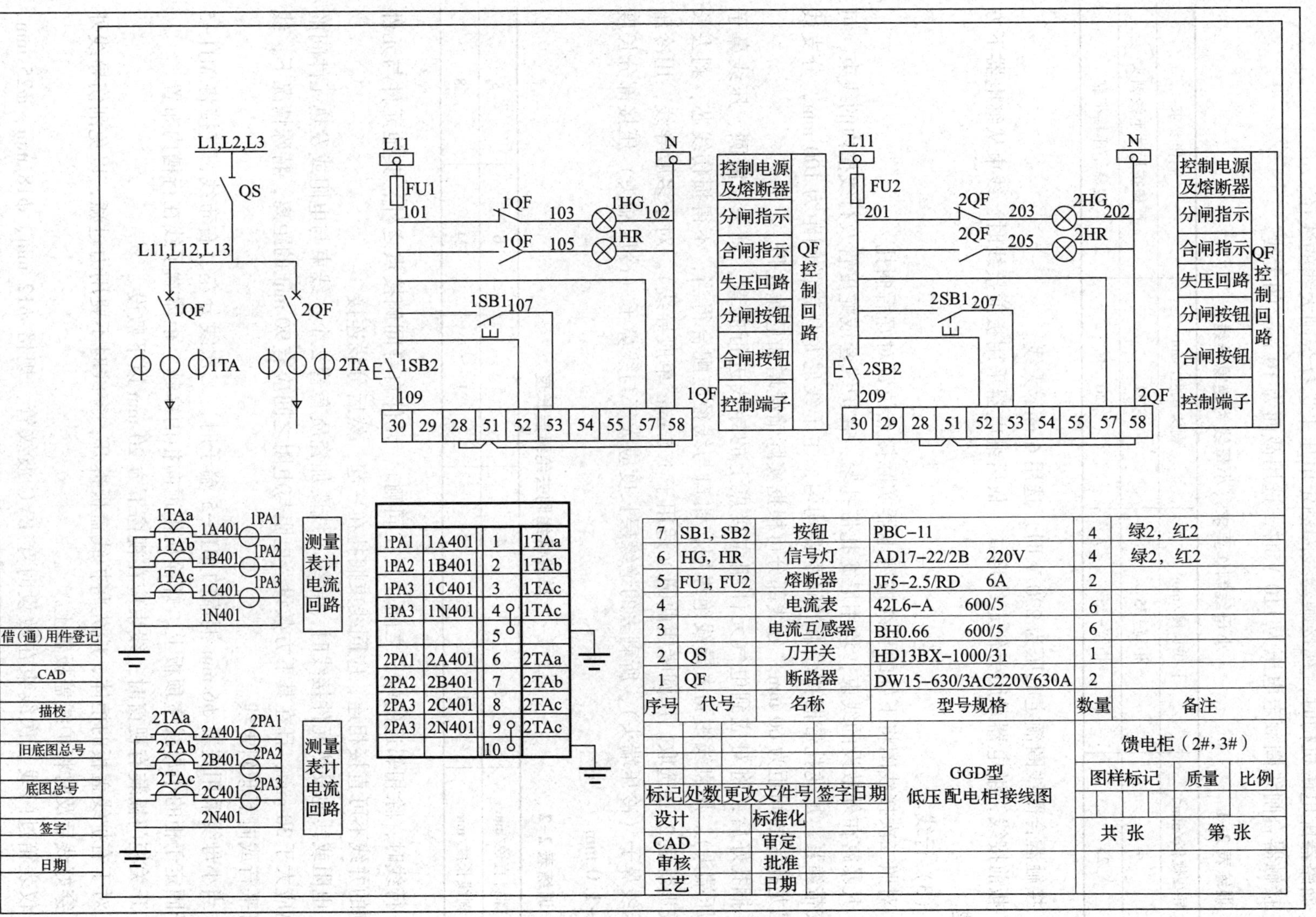

训练图 2-2　GGD 型低压配电柜接线图

断路器配电磁机构时，视接触器线圈额定电压来选择合闸大线的线径。

接触器合闸线圈额定电压为 110 V 时，选用截面为 10 mm^2的大线。

训练表 2-1　　小母线制作要求（小母线为绝缘导线）

导线规格/mm^2	下线长度/mm	剥头长度/mm	制作要求
4	柜宽+35	22	严格按尺寸下线剥头
25	柜宽+25	20	线鼻子压接牢靠

接触器合闸线圈额定电压为 220 V 时，选用 6 mm^2大线。

板前接线，继电器采用旁侧走线形式。板后继电器采用板前接线时，线束从继电器下方穿越。

（3）行线。

对照二次接线图将下好的导线按继电器实际接点位置对好后捆扎。

凡暴露在外敷设的线束，均用尼龙扎带扎紧；在护线套或蛇皮管及行线槽内的线束，可用胶带缠紧。尼龙扎带捆扎线束的间距要均匀，主干线尼龙扎带的间距为 100 mm，分支线束尼龙扎带的间距为 60 mm。分线部分可根据实际情况增加尼龙扎带。

捆扎好后，将对应到电气元件相应接点上的导线进行曲弯、剥头、曲圆、压线鼻子（冷压端头）。用剥线钳剥去导线绝缘层，钳口与线径应配合得当，不得损伤线芯，剥去长度按训练表 2-2 选取。用圆嘴钳曲圆（适用于 1.5 mm^2单股导线）。对于多股导线，用冷压钳压线鼻子（冷压端头），所剥去的绝缘层长度应大于与线鼻子（冷压端头）压接部分长度 0.5~1.0 mm。

训练表 2-2　　单股导线剥去绝缘层长度

螺钉直径/mm	3	4	5	6	8
剥线长度/mm	15	18	21	24	28

行线时，除相邻近的端子之间（且在同侧）、元件自身同侧接点之外，其他元件与元件两侧的并线不可直接相连，应同线束捆扎在一起，然后分线连接。

电阻或其他发热元件接线时，导线芯线要加瓷质套管 2 个。线束与电阻或发热元件间的距离应大于 30 mm，且在其下方敷设。电阻与电阻之间应有 90 mm 的距离，特殊情况下，线束可平行或向下倾斜走线。

当小母线采用安装 ϕ6 mm 铜棒的 MJ1-5 端子时，二次线分左、右布线，直接将 MJ1-5 端子固定于柜的小母线室顶板上。螺栓从柜顶向柜内穿越。柜体端子线在行槽内布置。

开关柜门板装有视窗时，线束应在视窗下方 20 mm 以下敷设。

对于有护线盖板的柜体，应先将护线盖板拆开，穿线时不要用力过猛，以免刮伤导线外皮，穿好线后及时将护线盖板盖上。

仪表箱过门线二次线束在敷设时穿 PVC 波纹管，规格 ϕ12 mm、ϕ18 mm、ϕ25 mm、ϕ35 mm。

行线过程中相关元件的安装应按相关工艺要求进行。安装接线过程中如果发现所安装的元件与二次接线图及材料明细表上元件的型号、规格、图样不相符，应及时反馈至工艺人员进行解决。同时对所安装元件外壳进行检查，对附带部件（附加电阻，接点等）进行清点。

（4）贴标签。

根据柜、手车二次接线图元件标号，进行二次元件标签粘贴。操作中应注意以下几点：

1）将标签贴至电气元件的右上角，要求标签贴正。

2）标签不得被线束或装配的其他零件遮盖，要求位置明显，便于观看。

3）对于装于柜体上、下门板后或嵌入式的继电器，其安装面暴露于柜外的，标签贴于接线侧的右上角。其余均贴至铭牌侧，如仪表室的继电器及门上的继电器。

4）标签要贴正确，与所反映的元件相符，不得错贴与遗漏。

5）各接地点处应贴地线标签⏚，不得贴反、贴斜。

6）带接地开关的电压互感器上的标签贴至接地开关框架上。不带接地开关的电压互感器标签贴至其相应的安装槽钢或角钢上。

7）手车插座的标签应在组装防护板固定好后，贴至上防护板上。

8）插头标签应贴至其安装正面中部，不得贴至插头两侧面。

（5）清扫操作现场。

清扫柜内杂物，不得留有线头、标准件等。

（6）自检。

1）检查元件外观，应完整无损，附件齐全，发现缺陷应及时处理，予以更换。

2）检查所装元件型号，铭牌与二次接线图及材料明细表相一致。如属代用件，应有正式手续，有据可查。

3）元件的安装应正确、牢固，不得倾斜。

4）接线应正确，不得有漏接、错接的导线。

5）标签齐全，位置正确。

6）柜内线束捆扎固定好，用尼龙扎带固定线束后，扎带尾端多余部分应整齐剪断。

7）对绝缘部件、导线外皮、继电器接线柱、套管等进行绝缘检查，若发现异常或有破损，应及时更换。

8）检查所有紧固件，均应紧固和齐全，焊点牢固。

2. 接线中的相关工艺要求

（1）行线的工艺要求。

1）所有电器及附件（如附加电阻）均应牢固地固定在开关柜隔板或支架上，不得悬吊在其他电器的接线端子或连接线上。

2）内门元件接线完毕后，应及时关门，并旋紧旋钮，不得长期使内门悬挂，以免内门变形。

3）导线过门处紧固时应加弹簧垫。

4）未接线的电气元件接点、端子接点，包括小母线上的螺钉等，均应紧固。

5）线束不得从母线间穿越。

6）联络柜的电流互感器及电压互感器线，均应在柜体两侧立柱槽钢上安装线卡将线束卡住，走在面上的线应用线卡、尼龙扎带固定。

7）配线顺序应从上至下，从里向外。

8）多股线在接入元件接点时，根据导线直径及接至元件接点的形式和螺钉直径来选择冷压端头。一般用螺钉接入元件接点的用 TO 型冷压端头，以插接、压接形式接入元件接点的采用 TU 型或 TG 型冷压端头。常见冷压端头使用实例见训练表 2-3。

训练表 2-3　　常见冷压端头使用实例

规格	TO1.5/3 TO1.5/4	TO2.5/4 TO2.5/5	TO2.5/4 TO2.5/5	TU1.5/4 TU2.5/5	TU1.5/4 TU2.5/5
所用元件	信号继电器	熔断器	测量仪表	信号灯、按钮、端子	接触器

9）当元件本身带有引出线接入电器时，如果原来的引出线长度不合适，应以端子（包括小五联端子、瓷接点等）进行过渡，不得悬空连接。

10）继电器的接线端头为插针式时，应将导线用剥线钳剥去外皮后，将插针插至芯线上，用专用夹钳将插针与导线夹紧，插进底座里，线就接好了。此插针端头靠弹片夹紧，插针和底座间不易脱落。插针插入底座后，其外部走线形式同其他继电器一样，接点曲弯度为 50 mm。所不同的是不要从插针根部直接打弯，要留有 15 mm 裕量后再打弯。

（2）端子安装与接线的工艺要求。

1）根据工程所选端子型号，按二次接线图所画出的端子排列图进行端子排列。

2）对于无序号的端子，每隔 5 个对端子进行标号。标号要求清晰、字迹工整、字型为长仿宋体，字的方向以端子安装方式而定，即水平安装时，标号水平写，垂直安装时，标号则竖写。端子序号中出现 X 时，不用单独写出。

3）JH0 型端子（成都无线电厂生产）在攒端子时，五联端子与五联端子之间要加一挡片，实验端子与一般端子之间要加挡片，以加大爬电距离及带电间隙。

4）常用 JH1、JH6 型端子厚度见训练表 2-4。

训练表 2-4　　常用 JH1、JH6 型端子厚度

端子型号	JH1-2.5B	JH1-2.5S	JH1-2.5（S）G	JH6-2.5	JH6-2.5S	JH6-2.5（S）G	JH6-2.5GD
端子厚度	10	12	（2）1.5	6	10	1.5	6.5

5）端子排竖直布置时，排列自上而下；水平布置时，排列自左而右。其顺序是按交流电流回路、交流电压回路、信号回路、其他回路等排序。最后留有 2~5 个备用端子（或按用户要求留有指定数目的备用端子）。不同安装单位的端子之间应用挡板隔开。

6）端子排用方型螺母固定于柜体端子架上。

7）带有防光罩的端子，接线完毕后，必须加盖好防光罩，其长度应比端子长出 20 mm，超长部分剪掉。

（3）插头、插座接线的工艺要求。

1）二次插头、插座有多种型号可供选用。

2）插头所穿金属蛇皮管（规格 ϕ35 mm）长度要适宜，插座所穿蛇皮管长度为 350 mm。

3）插头与插座上接线均应紧固，号码管放至接线的最前端，方向正确。导线应留有裕度，打弯长度为 40~50 mm。

4）金属蛇皮管在固定时，在弯卡处放胶皮紧固。

（4）行程开关接线的工艺要求。

1）行程开关线同电流互感器的线一起捆扎。

2）行程开关位置应合适，保证手车联锁杆能与行程开关触头可靠接触。

3）行程开关线应穿蛇皮管，手车室部分应在柜体接地母线下穿越，并固定于底盘。

（5）电流互感器接线的工艺要求。

1）极性。电流互感器的一次绕组和二次绕组端子都有极性符号，若一次电流从 L1 流向 L2，二次电流从同极性端子 K1 流经设备回到 K2，则 L1 和 K1 或 L2 和 K2 为同极性。

2）电流互感器接线。支柱式电流互感器（LZZB-10、LZZBJ-10、LZZB1-10），其一次端 L1 接电缆侧，L2 与手车下出线相连（负荷侧）。对于馈线柜，其一次电流流向为 L2-L1，所以二次线接 K1。在搞清楚电流互感器的安装形式，明确其一次电流流向后，才有进线进行二次接线。

3）电流互感器在运行中，二次侧绝对不允许开路。接线时，对于未被使用的二次绕组输出端要短接。

4）电流互感器的准确度等级分为 0.2 级、0.5 级、1 级、3 级和 10 级，另外，保护级电流互感器对准确度要求不高，其极号用 B 表示。通常 1K1、1K2 为测量极，接测量仪表；2K1、2K2 为保护极，接继电器。

5）电流互感器的铁芯和二次侧的一端必须可靠接地。

（6）电压互感器接线的工艺要求。

1）极性。电压互感器的一、二次绕组的同极性端子也有明确的标注，接线时要注意正确连接。如两台同型号的电压互感器按 V/V 形式连接使用时，即一次侧应为 A-X/A-X、二次侧应为 a-X/a-X。

2）电压互感器接线。电压互感器按其绕组数目可分为双绕组和三绕组两种。

根据电压互感器安装方式的规定，对于 KYN□-10 手车柜所装电压互感器，其一、二次侧均封 X；对于 JYN□-10 手车柜底盘所装电压互感器，其一、二次侧均封 A。

3）电压互感器接线打弯长度为 60 mm。

4）电压互感器一次侧、二次侧在运行中绝对不允许短路。因此，电压互感器的一次侧、二次侧都应装设熔断器。

5）电压互感器的铁芯和二次侧的一端必须可靠接地。

（7）照明接线的工艺要求。

1）根据照明灯在柜内的具体安装位置，照明回路采用 1.0 mm^2 软线。

2）手车柜照明灯采用 MD1，220 V，15 W。固定式开关柜及 JYN1-35、GBC-35 等采用 E27，250 W 照明灯。

3）照明灯的个数随工程所选用的柜、手车型号而定。一般标准 JYN□-10 柜为 2 个，辅助柜为 2 个。F-C 双层标准柜为 4 个，转换柜为 2 个。KYN□-10 则随工程而定。

4）GG-1A 大电流柜照明灯接于柜门上，柜前正视灯座应固定于旋钮开关侧。

5）在安装 MD1 灯座时，首先在其穿线孔处塞 KF14、KF48 橡胶圈，两橡胶圈间加绝缘纸（$\delta=0.5$ mm）。然后将二次线从穿线孔中穿越接至灯座相应接点上，最后用螺钉将灯座固定。

6）灯罩开口侧应面向灯泡维修面。KYN□-10 手车柜在装明灯时，灯罩开口侧朝下，并安装透光板。

四、实训注意事项

（1）在实训过程中应注意人身、设备安全。

（2）认真读图，严格按图样与工艺要求实施。

（3）正确使用安装工具、检测仪表。

（4）穿戴好劳保用品。

五、评分标准

项目内容	配分	评分标准		扣分标准	得分
识读接线图	15	是否正确理解接线图		错一处，扣 1 分	
器材准备	10	是否准备齐全、充分		缺一件，扣 1 分，缺（错）一种，扣 2 分	
配线	40	是否按工艺要求完成配线		错一处，扣 1 分	
自检	10	是否正确、全面自检		漏一处，扣 1 分，漏一项，扣 2 分	
检测（互检）	15	是否按图纸、工艺要求检查		错一处，扣 1 分	
7S 管理	10	是否实施 7S 管理		漏一项，扣 2 分，效果不好，每项扣 1 分	
定额时间 8 h	每超时 30 min，扣 5 分				
开始时间		结束时间		实际时间	
备注	除定额时间外，各项目最高扣分不超过配分			总分	

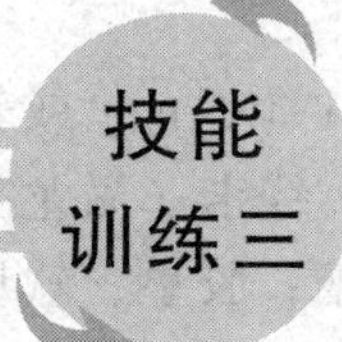

技能训练三 动力配电箱的安装和配线

一、目的要求

完成动力配电箱（见训练图 3-1）的安装、配线、检查等技能训练，掌握相关操作技能。

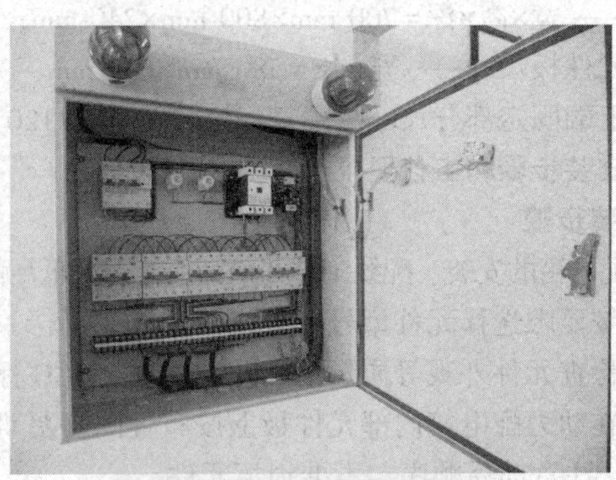
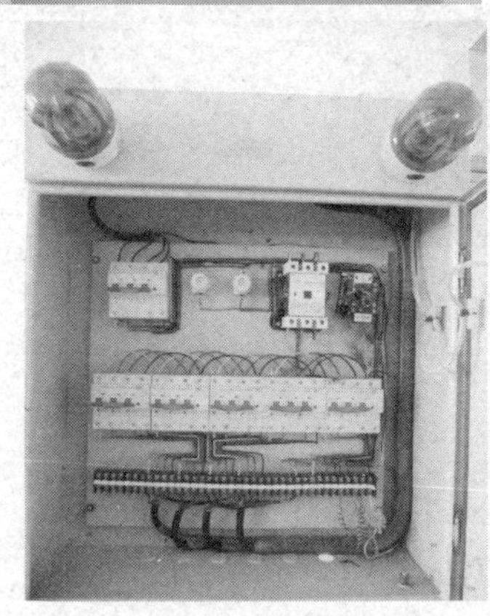

训练图 3-1　带声光警报器的动力配电箱外形及配线图

二、工具、仪表及器材

1. 工具

手电钻、套筒扳手、活扳手（6 寸、8 寸）、液压钳等；平头螺钉旋具、十字螺钉旋具（3 寸、6 寸、8 寸）；斜口钳、剥线钳、尖嘴钳等。

2. 仪表

5050型兆欧表，MF47型万用表等。

3. 器材

聚氯乙烯绝缘电缆；动力线路导线（BV 2.5 mm^2）；控制线路导线（BV 1.5 mm^2或软线）；聚氯乙烯绝缘塑料带（简称胶带）；聚氯乙烯异型管（简称号码管）；线卡、尼龙扎带；标签纸（元件标签、地线标签）；标准紧固件；塑料蛇皮管；塑料行线槽；胶垫、软垫（防振垫）橡胶圈；线夹；热缩管等。

断路器（DZ158LE-100/63型）1个；熔断器（RT28N-32X，32A型）2个；接触器（CJX1-63型）1个；时间继电器（JS7-A系列通电延时型）1个；断路器（DZ47LE，C60型）5个；接线端子（TB-1503）接线排（15A）组合式若干组；钥匙开关（NP4-11Y/21型）1个；急停开关（NP4-11BN型）1个（红色）；红色警示灯（LTE-2071型）2个。

实训用动力配电箱用2.0 mm冷轧钢板制作，主要尺寸参数：

外径——宽×高×深=700 mm×800 mm×240 mm；

内部元件板尺寸——宽×长=580 mm×600 mm；

面板上端固定部分尺寸——宽×高=700 mm×120 mm。

三、安装步骤和工艺要求

1. 安装步骤

动力配电箱的安装、配线工艺与前面所练习的低压配电柜有相似之处，主要操作步骤如下：

（1）按要求选择元件型号、导线等。

（2）检查元件外观等质量情况及合格证、CCC标志等资料。

（3）在动力配电箱内部元件板上按布置图（见训练图3-2）和原理图（见训练图3-3）安装元件，注意前后顺序，不准损坏元件。

（4）在内部元件板上配线。

（5）将内部元件板安装到动力配电箱上。

（6）安装动力配电箱面板元件并配线。

（7）检查线路质量。

（8）接通负荷线路、电源线路。

（9）空载试车。

（10）交付。

2. 工艺要求

（1）导线选择。相线用黑色导线，用热缩管做分色标，L1（黄）、L2（绿）、L3（红），N线用蓝色导线，PE线用黄绿双色线或软裸铜线。

（2）箱内配线采用元件板板前配线。配线要排列整齐、美观、布局合理，压接牢固，应绑扎成束，或敷于专用的塑料行线槽内。

（3）配线应留有适当的裕度，接到活动门处的二次线必须采用铜芯多股软线，在活动轴两侧留出余量后卡固。

（4）配电箱所装开关和断路器等处于断开状态时，可动部分不得带电，垂直安装时应上端接电源下端接负荷。

（5）配电箱质量要满足标准《建筑电气工程施工质量验收规范》（GB 50303—2015）要求。

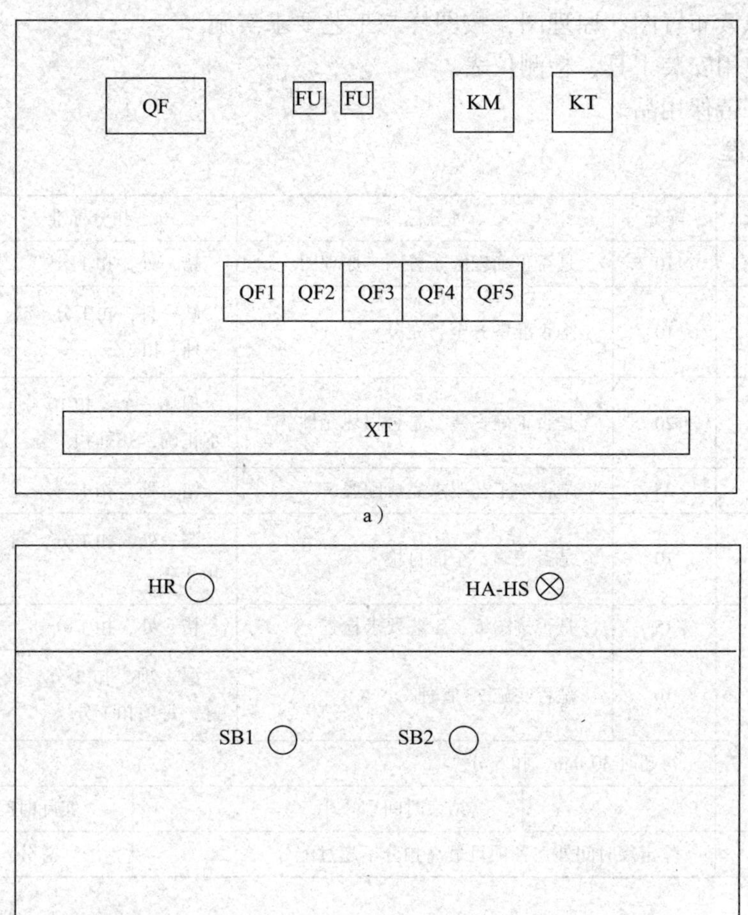

训练图 3-2　动力配电箱内部布置图和面板布置图

a）内部布置图　b）面板布置图

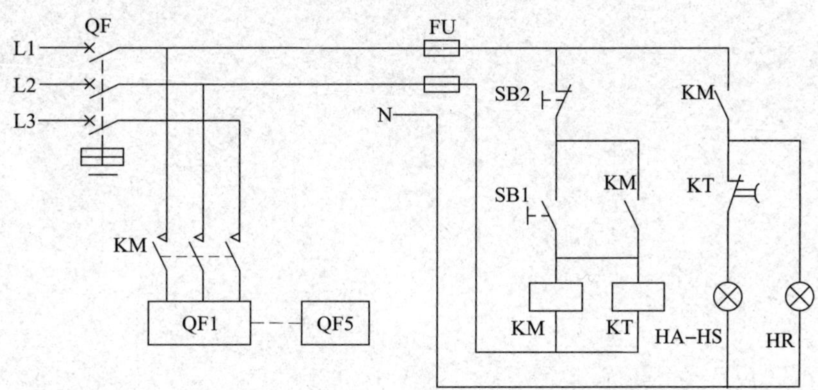

训练图 3-3　动力配电箱原理图

四、实训注意事项

（1）在实训过程中应注意人身、设备安全。

（2）认真识读布置图、原理图，按图样与工艺要求实施。

（3）正确使用安装工具、检测仪表。

（4）穿戴好劳保用品。

五、评分标准

<table>
<tr><th>项目内容</th><th>配分</th><th colspan="2">评分标准</th><th colspan="2">扣分标准</th><th>得分</th></tr>
<tr><td>识读布置图、原理图</td><td>10</td><td colspan="2">是否正确理解布置图、原理图</td><td colspan="2">错一处，扣1分</td><td></td></tr>
<tr><td>元件准备</td><td>10</td><td colspan="2">是否准备齐全、充分</td><td colspan="2">缺一件，扣1分，缺（错）一种，扣2分</td><td></td></tr>
<tr><td>元件安装</td><td>20</td><td colspan="2">是否正确安装，是否损坏元件</td><td colspan="2">损坏一个，扣10分，安装不正确，一处扣一分</td><td></td></tr>
<tr><td>配线</td><td>25</td><td colspan="2">是否按工艺要求完成配线</td><td colspan="2">错一处，扣1分</td><td></td></tr>
<tr><td>自检</td><td>10</td><td colspan="2">是否正确、全面自检</td><td colspan="2">漏一处，扣1分，漏一项，扣2分</td><td></td></tr>
<tr><td>检测（互检）</td><td>15</td><td colspan="2">是否按图纸、工艺要求检查</td><td colspan="2">错一处，扣1分</td><td></td></tr>
<tr><td>7S管理</td><td>10</td><td colspan="2">是否实施7S管理</td><td colspan="2">漏一项，扣2分，效果不好，每项扣1分</td><td></td></tr>
<tr><td>定额时间8 h</td><td colspan="6">每超时30 min，扣5分</td></tr>
<tr><td>开始时间</td><td colspan="2"></td><td>结束时间</td><td></td><td>实际时间</td><td></td></tr>
<tr><td>备注</td><td colspan="4">除定额时间外，各项目最高扣分不超过配分</td><td>总分</td><td></td></tr>
</table>

附　录

附录表 1　　用电设备组的需要系数、二项式系数及功率因数值

用电设备组名称	需要系数 K_d	二项式系数		最大容量设备台数 x[①]	cosφ	tanφ
		b	c			
小批生产的金属冷加工机床电动机	0.16~0.2	0.14	0.4	5	0.5	1.73
大批生产的金属冷加工机床电动机	0.18~0.25	0.14	0.5	5	0.5	1.73
小批生产的金属热加工机床电动机	0.25~0.3	0.24	0.4	5	0.6	1.33
大批生产的金属热加工机床电动机	0.3~0.35	0.26	0.5	5	0.65	1.17
通风机、水泵、空压机及电动发电机组电动机	0.7~0.8	0.65	0.25	5	0.8	0.75
非联锁的连续运输机械及铸造车间整砂机械	0.5~0.6	0.4	0.4	5	0.75	0.88
联锁的连续运输机械及铸造车间整砂机械	0.65~0.7	0.6	0.2	5	0.75	0.88
锅炉房和机加、机修、装配等类车间的桥式起重机（$\varepsilon=25\%$）	0.1~0.15	0.06	0.2	3	0.5	1.73
铸造车间的桥式起重机（$\varepsilon=5\%$）	0.15~0.25	0.09	0.3	3	0.5	1.73
自动连续装料的电阻炉设备	0.75~0.8	0.7	0.3	2	0.95	0.33
实验室用的小型电热设备（电阻炉、干燥箱等）	0.7	0.7	0		1.0	0
工频感应电炉（未带无功补偿装置）	0.8				0.35	2.68
高频感应电炉（未带无功补偿装置）	0.8				0.6	1.33
电弧熔炉	0.9				0.87	0.57
点焊机、缝焊机	0.35				0.6	1.33
对焊机、铆钉加热机	0.35				0.7	1.02
自动弧焊变压器	0.5				0.4	2.29
单头手动弧焊变压器	0.35				0.35	2.68
多头手动弧焊变压器	0.4				0.35	2.68
单头弧焊电动发电机组	0.35				0.6	1.33
多头弧焊电动发电机组	0.7				0.75	0.88
生产厂房及办公室、阅览室、实验室照明[②]	0.8~1				1.0	0
变配电所、仓库照明[②]	0.5~0.7				1.0	0
宿舍（生活区）照明[②]	0.6~0.8				1.0	0
室外照明、应急照明[②]	1				1.0	0

注：1. 如果用电设备组的设备总台数 $n<2x$，则最大容量设备台数取 $x=n/2$，且按“四舍五入”修约规则取整数。

2. 这里的 cosφ 和 tanφ 值均为白炽灯照明数据，如为荧光灯照明，则 cosφ=0.9，tanφ=0.48；如为高压汞灯、钠灯，则 cosφ=0.5，tanφ=1.73。

附录表 2　部分工厂的全厂需要系数、功率因数及年最大有功负荷利用小时数参考值

工厂类别	需要系数 K_d	功率因数 $\cos\varphi$	年最大有功负荷利用小时数 T_{max}/h	工厂类别	需要系数 K_d	功率因数 $\cos\varphi$	年最大有功负荷利用小时数 T_{max}/h
汽轮机制造厂	0.28	0.88	5 000	量具刃具制造厂	0.26	0.60	3 800
锅炉制造厂	0.27	0.73	4 500	工具制造厂	0.34	0.65	3 800
柴油机制造厂	0.32	0.74	4 500	电机制造厂	0.33	0.65	3 000
重型机械制造厂	0.35	0.79	3 700	电器开关制造厂	0.35	0.75	3 400
重型机床制造厂	0.32	0.71	3 700	电线电缆制造厂	0.35	0.73	3 500
机床制造厂	0.20	0.65	3 200	仪器仪表制造厂	0.37	0.81	3 500
石油机械制造厂	0.45	0.78	3 500	滚珠轴承制造厂	0.28	0.70	5 800

附录表 3　裸铜、铝及钢芯铝绞线的允许载流量

（环境温度 25 ℃，最高允许温度 70 ℃）

铜绞线			铝绞线			钢芯铝绞线	
导线牌号	允许载流量/A		导线牌号	允许载流量/A		导线牌号	屋外允许载流量/A
	屋外	屋内		屋外	屋内		
TJ-4	50	25	LJ-10	75	55	LGJ-35	170
TJ-6	70	35	LJ-16	105	80	LGJ-50	220
TJ-10	95	60	LJ-25	135	110	LGJ-70	275
TJ-16	130	100	LJ-35	170	135	LGJ-95	335
TJ-25	180	140	LJ-50	215	170	LGJ-120	380
TJ-35	220	175	LJ-70	265	215	LGJ-150	445
TJ-50	270	220	LJ-95	325	260	LGJ-185	515
TJ-60	315	250	LJ-120	375	310	LGJ-240	610
TJ-70	340	280	LJ-150	440	370	LGJ-300	700
TJ-95	415	340	LJ-185	500	425	LGJ-400	800
TJ-120	485	405	LJ-240	610		LGJQ-300	690
TJ-150	570	480	LJ-300	680		LGJQ-400	825
TJ-185	645	550	LJ-400	830		LGJQ-500	945
TJ-240	770	650	LJ-500	980		LGJQ-600	1 050
TJ-300	890		LJ-650	1 140		LGJJ-300	705
TJ-400	1 085					LGJJ-400	850

注：本表数值均系按最高允许温度为 70 ℃计算。对于铜线，当最高允许温度为 80 ℃时，则表中数值应乘以系数 1.1；对于铝线和钢芯铝线，当最高允许温度为 90 ℃时，则表中数值应乘以系数 1.2。

附录表 4 **绝缘导线明敷、穿钢管和穿塑料管时的允许载流量**

（导线正常最高允许温度为 65 ℃）

1. 绝缘导线明敷时的允许载流量（单位：A）

芯线截面/mm^2	橡胶绝缘导线								塑料绝缘导线							
	环境温度															
	25 ℃		30 ℃		35 ℃		40 ℃		25 ℃		30 ℃		35 ℃		40 ℃	
	铜芯	铝芯	铜芯	铝芯	铜芯	铝芯	铜芯	铝芯	铜芯	铝芯	铜芯	铝芯	铜芯	铝芯	铜芯	铝芯
2.5	35	27	32	25	30	23	27	21	32	25	30	23	27	21	25	19
4	45	35	41	32	39	30	35	27	41	32	37	29	35	27	32	25
6	58	45	54	42	49	38	45	35	54	42	50	39	46	36	43	33
10	84	65	77	60	72	56	66	51	76	59	71	55	66	51	59	46
16	110	85	102	79	94	73	86	67	103	80	95	74	89	69	81	63
25	142	110	132	102	123	95	112	87	135	105	126	98	116	90	107	83
35	178	138	166	129	154	119	141	109	168	130	156	121	144	112	132	102
50	226	175	210	163	195	151	178	138	213	165	199	154	183	142	168	130
70	284	220	266	206	245	190	224	174	264	205	246	191	228	177	209	162
95	342	265	319	247	295	229	270	209	323	250	301	233	279	216	254	197
120	398	310	361	280	346	268	316	243	365	283	343	266	317	246	290	225
150	456	360	433	336	401	311	366	284	419	325	391	303	362	281	332	257
185	519	420	506	392	468	363	428	332	490	380	458	355	423	328	387	300
240	664	510	615	476	570	441	520	403	—	—	—	—	—	—	—	—

2. 橡胶绝缘导线穿钢管时的允许载流量（单位：A）

芯线截面/mm²	芯线材质	2根单芯线 环境温度				2根穿管 管径/mm		3根单芯线 环境温度				3根穿管 管径/mm		4~5根单芯线 环境温度				4根穿管 管径/mm		5根穿管 管径/mm	
		25 ℃	30 ℃	35 ℃	40 ℃	SC	MT	25 ℃	30 ℃	35 ℃	40 ℃	SC	MT	25 ℃	30 ℃	35 ℃	40 ℃	SC	MT	SC	MT
2.5	铜	27	25	23	21	15	20	25	22	21	19	15	20	21	18	17	15	20	25	20	25
	铝	21	19	18	16			19	17	16	15			16	14	13	12				
4	铜	36	34	31	28	20	25	32	30	27	25	20	25	30	27	25	23	20	25	20	25
	铝	28	26	24	22			25	23	21	19			23	21	19	18				
6	铜	48	44	41	37	20	25	44	40	37	34	20	25	39	36	32	30	25	25	25	32
	铝	37	34	32	29			34	31	29	26			30	28	25	23				
10	铜	67	62	57	53	25	32	59	55	50	46	25	32	52	48	44	40	25	32	32	40
	铝	52	48	44	41			46	43	39	36			40	37	34	31				
16	铜	85	79	74	67	25	32	76	71	66	59	32	32	67	62	57	53	32	40	40	(50)
	铝	66	61	57	52			59	55	51	46			52	48	44	41				
25	铜	111	103	95	88	32	40	98	92	84	77	32	40	88	81	75	68	40	(50)	40	—
	铝	86	80	74	68			76	71	65	60			68	63	58	53				
35	铜	137	128	117	107	32	40	121	112	104	95	32	(50)	107	99	92	84	40	(50)	50	—
	铝	106	99	91	83			94	87	83	74			83	77	71	65				
50	铜	172	160	148	135	40	(50)	152	142	132	120	50	(50)	135	126	116	107	50	—	70	—
	铝	135	124	115	105			118	110	102	93			105	98	90	83				
70	铜	212	199	183	168	50	(50)	194	181	166	152	50	(50)	172	160	148	135	70	—	70	—
	铝	164	154	142	130			150	140	129	118			133	124	115	105				
95	铜	258	241	223	204	70	—	232	217	200	183	70	—	206	192	178	163	70	—	80	—
	铝	200	187	173	158			180	168	155	142			160	149	138	126				
120	铜	297	277	255	233	70	—	271	253	233	214	70	—	245	228	216	194	70	—	80	—
	铝	230	215	198	181			210	196	181	166			190	177	164	150				
150	铜	335	313	289	264	70	—	310	289	267	244	70	—	284	266	245	224	80	—	100	—
	铝	260	243	224	205			240	224	207	189			220	205	190	174				
185	铜	381	355	329	301	80	—	348	325	301	275	80	—	323	301	279	254	80	—	100	—
	铝	295	275	255	233			270	252	233	213			250	233	216	197				

注：1. 穿线管符号：SC—焊接钢管，管径按内径计；MT—电线管，管径按外径计。

2. 4~5根单芯线穿管的载流量，是指低压TN-C系统、TN-S系统或TN-C-S系统中的相线载流量，其中N线或PEN线中可有不平衡电流通过。如三相负荷平衡，则虽有4根或5根线穿管，但其载流量仍按3根线穿管考虑，而穿线管管径则按实际穿管导线数选择。

3. 塑料绝缘导线穿钢管时的允许载流量（单位：A）

芯线截面/mm²	芯线材质	2 根单芯线 环境温度				2 根穿管 管径/mm		3 根单芯线 环境温度				3 根穿管 管径/mm		4~5 根单芯线 环境温度				4 根穿管 管径/mm		5 根穿管 管径/mm	
		25 ℃	30 ℃	35 ℃	40 ℃	SC	MT	25 ℃	30 ℃	35 ℃	40 ℃	SC	MT	25 ℃	30 ℃	35 ℃	40 ℃	SC	MT	SC	MT
2.5	铜	26	23	21	19	15	15	23	21	19	18	15	15	19	18	16	14	15	15	15	20
	铝	20	18	17	15			18	16	15	14			15	14	12	11				
4	铜	35	32	30	27	15	15	31	28	26	23	15	15	28	26	23	21	15	20	20	20
	铝	27	25	23	21			24	22	20	18			22	20	19	17				
6	铜	45	41	39	35	15	20	41	37	35	32	15	20	36	34	31	28	20	25	25	25
	铝	35	32	30	27			32	29	27	25			28	26	24	22				
10	铜	63	58	54	49	20	25	57	53	49	44	20	25	49	45	41	39	25	25	25	32
	铝	49	45	42	38			44	41	38	34			38	35	32	30				
16	铜	81	75	70	63	25	25	72	67	62	57	25	32	65	59	55	50	25	32	32	40
	铝	63	58	54	49			56	52	48	44			50	46	43	39				
25	铜	103	95	89	81	25	32	90	84	77	71	32	32	84	77	72	66	32	40	32	(50)
	铝	80	74	69	63			70	65	60	55			65	60	56	51				
35	铜	129	120	111	102	32	40	116	108	99	92	32	40	103	95	89	81	40	(50)	40	—
	铝 I	100	93	86	79			90	84	77	71			80	74	69	63				
50	铜	161	150	139	126	40	50	142	132	123	112	40	(50)	129	120	111	102	50	(50)	50	20
	铝	125	116	108	98			110	102	95	87			100	93	86	79				
70	铜	200	186	173	157	50	50	184	172	159	146	50	(50)	164	150	141	129	50	—	70	20
	铝	155	144	134	122			143	133	123	113			127	118	109	100				
95	铜	245	228	212	194	50	(50)	219	204	190	173	50	—	196	183	169	155	70	—	70	25
	铝	190	177	164	150			170	158	147	134			152	142	131	120				
120	铜	284	264	245	224	50	(50)	252	235	217	199	50	—	222	206	191	175	70	—	80	32
	铝	220	205	190	174			195	182	168	154			172	160	148	136				
150	铜	323	301	279	254	70	—	290	271	250	228	70	—	258	241	223	204	70	—	80	40
	铝	250	233	216	197			225	210	194	177			200	187	173	158				
185	铜	368	343	317	290	70	—	329	307	284	259	70	—	297	277	255	233	80	—	100	(50)
	铝	285	266	246	225			255	238	220	201			230	215	198	181				

注：1. 穿线管符号：SC—焊接钢管，管径按内径计；MT—电线管，管径按外径计。

2. 4~5 根单芯线穿管的载流量，是指低压 TN-C 系统、TN-S 系统或 TN-C-S 系统中的相线载流量，其中 N 线或 PEN 线中可有不平衡电流通过。如三相负荷平衡，则虽有 4 根或 5 根线穿管，但其载流量仍按 3 根线穿管考虑，而穿线管管径则按实际穿管导线数选择。

4. 橡胶绝缘导线穿硬塑料管时的允许载流量（单位：A）

芯线截面/mm²	芯线材质	2根单芯线 环境温度				2根穿管管径/mm	3根单芯线 环境温度				3根穿管管径/mm	4~5根单芯线 环境温度				4根穿管管径/mm	5根穿管管径/mm
		25 ℃	30 ℃	35 ℃	40 ℃		25 ℃	30 ℃	35 ℃	40 ℃		25 ℃	30 ℃	35 ℃	40 ℃		
2.5	铜	25	22	21	19	15	22	19	18	17	15	19	18	16	14	20	25
	铝	19	17	16	15		17	15	14	13		15	14	12	11		
4	铜	32	30	27	25	20	30	27	25	23	20	26	23	22	20	20	25
	铝	25	23	21	19		23	21	19	18		20	18	17	15		
6	铜	43	39	36	34	20	37	35	32	28	20	34	31	28	26	25	32
	铝	33	30	28	26		29	27	25	22		26	24	22	20		
10	铜	57	53	49	44	25	52	48	44	40	25	45	41	38	35	32	32
	铝	44	41	38	34		40	37	34	31		35	32	30	27		
16	铜	75	70	65	58	32	67	62	57	53	32	59	55	50	46	32	40
	铝	58	54	50	45		52	48	44	41		46	43	39	36		
25	铜	99	92	85	77	32	88	81	75	68	32	77	72	66	61	40	40
	铝	77	71	66	60		68	63	58	53		60	56	51	47		
35	铜	123	114	106	97	40	108	101	93	85	40	95	89	83	75	40	50
	铝	95	88	82	75		84	78	72	66		74	69	64	58		
50	铜	155	145	133	121	40	139	129	120	111	50	123	114	106	97	50	65
	铝	120	112	103	94		108	100	93	86		95	88	82	75		
70	铜	197	184	170	156	50	174	163	150	137	50	155	144	133	122	65	75
	铝	153	143	132	121		135	126	116	106		120	112	103	94		
95	铜	237	222	205	187	50	213	199	183	168	65	194	181	166	152	75	80
	铝	184	172	159	145		165	154	142	130		150	140	129	118		
120	铜	271	253	233	214	65	245	228	212	194	65	219	204	190	173	80	80
	铝	201	196	181	166		190	177	164	150		170	158	147	134		
150	铜	323	301	277	254	75	293	273	253	231	75	264	246	228	209	80	90
	铝	250	233	215	197		227	212	196	179		205	191	177	162		
185	铜	364	339	313	288	80	299	279	258	236	80	299	279	258	236	100	100
	铝	282	263	343	223		255	238	220	201		232	216	200	183		

注：如三相负荷平衡，则虽有4根或5根线穿管，但导线载流量仍应按3根线穿管的载流量选择，而穿线管管径则按实际穿管导线数选择。

5. 塑料绝缘导线穿硬塑料管时的允许载流量（单位：A）

芯线截面/mm²	芯线材质	2根单芯线 环境温度 25 ℃	30 ℃	35 ℃	40 ℃	2根穿管管径/mm	3根单芯线 环境温度 25 ℃	30 ℃	35 ℃	40 ℃	3根穿管管径/mm	4~5根单芯线 环境温度 25 ℃	30 ℃	35 ℃	40 ℃	4根穿管管径/mm	5根穿管管径/mm
2.5	铜	23	21	19	18	15	21	18	17	15	15	18	17	15	14	20	25
	铝	18	16	15	14		16	14	13	12		14	13	12	11		
4	铜	31	28	26	23	20	28	26	24	22	20	25	22	20	19	20	25
	铝	24	22	20	18		22	20	19	17		19	17	16	15		
6	铜	40	36	34	31	20	35	32	30	27	20	32	30	27	25	25	32
	铝	31	28	26	24		27	25	23	21		25	23	21	19		
10	铜	54	50	46	43	25	49	45	42	39	25	43	39	36	34	32	32
	铝	42	39	36	33		38	35	32	30		33	30	28	26		
16	铜	71	66	61	51	32	63	58	54	49	32	57	53	49	44	32	40
	铝	55	51	47	43		49	45	42	38		44	41	38	34		
25	铜	94	88	81	74	32	84	77	72	66	40	74	68	63	58	40	50
	铝	73	68	63	57		65	60	56	51		57	53	49	45		
35	铜	116	108	99	92	40	103	95	89	81	40	90	84	77	71	50	65
	铝	90	84	77	71		80	74	69	63		70	65	60	55		
50	铜	147	137	126	116	50	132	123	114	103	50	116	108	99	92	65	65
	铝	114	106	98	90		102	95	89	80		90	84	77	71		
70	铜	187	174	161	147	50	168	156	144	132	50	148	138	128	116	65	75
	铝	145	135	125	114		130	121	112	102		115	107	98	90		
95	铜	226	210	195	178	65	204	190	175	160	65	181	168	156	142	75	75
	铝	175	163	151	138		158	147	136	124		140	130	121	110		
120	铜	266	241	223	205	65	232	217	200	183	65	206	192	178	163	75	80
	铝	206	187	173	158		180	168	155	142		160	149	138	126		
150	铜	297	277	255	233	75	267	249	231	210	75	239	222	206	188	80	90
	铝	230	215	198	181		207	193	179	163		185	172	160	146		
185	铜	342	319	295	270	75	303	283	262	239	80	273	255	236	215	90	100
	铝	265	247	220	209		235	219	203	185		212	198	183	167		

注：1. 如三相负荷平衡，则虽有4根或5根线穿管，但导线载流量仍应按3根线穿管的载流量选择，而穿线管管径则按实际穿管导线数选择。

2. 管径在工程中常用英寸（in）表示，管径的SI制（mm）与英制（in）的近似对照如下：

SI制/mm	15	20	25	32	40	50	65	70	80	90	100
英制/in	$\frac{1}{2}$	$\frac{3}{4}$	1	$1\frac{1}{4}$	$1\frac{1}{2}$	2	$2\frac{1}{2}$	$2\frac{3}{4}$	3	$3\frac{1}{2}$	4

附录表 5　　10 kV 常用三芯电缆的允许载流量

项目		电缆允许载流量/A							
绝缘类型		黏性油浸纸		不滴流纸		交联聚乙烯			
钢铠护套						无		有	
缆芯最高工作温度		60 ℃		65 ℃		90 ℃			
敷设方式		空气中	直埋	空气中	直埋	空气中	直埋	空气中	直埋
缆芯截面/mm^2	16	42	55	47	59	—	—	—	—
	25	56	75	63	79	100	90	100	90
	35	68	90	77	95	123	110	123	105
	50	81	107	92	111	146	125	141	120
	70	106	133	118	138	178	152	173	152
缆芯截面/mm^2	95	126	160	143	169	219	182	214	182
	120	146	182	168	196	251	205	246	205
	150	171	206	189	220	283	223	278	219
	185	195	233	218	246	324	252	320	247
	240	232	272	261	290	378	292	373	292
	300	260	308	295	325	433	332	428	328
	400	—	—	—	—	506	378	501	374
	500	—	—	—	—	579	428	574	424
环境温度/℃		40	25	40	25	40	25	40	25
土壤热阻系数/(℃·m/W)		—	1.2	—	1.2	—	2.0	—	2.0

注：本表系铝芯电缆数值，铜芯电缆的允许载流量可乘以 1.29。

附录表 6　　温度校正系数

实际环境温度/℃	-5	0	5	10	15	20	25	30	35	40	45	50
K_θ	1.29	1.24	1.20	1.15	1.11	1.05	1.00	0.94	0.88	0.81	0.74	0.67

附录表 7　　架空裸导线的最小截面

线路类别		导线最小截面/mm^2		
		铝及铝合金线	钢芯铝线	铜绞线
35 kV 及以上线路		35	35	35
3~10 kV 线路	居民区	35	25	25
	非居民区	25	16	16
低压线路	一般	16	16	16
	与铁路交叉跨越档	35	16	16

附录表 8　　绝缘导线芯线的最小截面

<table>
<tr><th colspan="3" rowspan="2">线路类别</th><th colspan="3">芯线最小截面/mm^2</th></tr>
<tr><th>铜芯软线</th><th>铜线</th><th>铝线</th></tr>
<tr><td colspan="2" rowspan="2">照明用灯头引下线</td><td>室内</td><td>0.5</td><td>1.0</td><td>2.5</td></tr>
<tr><td>室外</td><td>1.0</td><td>1.0</td><td>2.5</td></tr>
<tr><td colspan="2" rowspan="2">移动式设备线路</td><td>生活用</td><td>0.75</td><td>—</td><td>—</td></tr>
<tr><td>生产用</td><td>1.0</td><td>—</td><td>—</td></tr>
<tr><td rowspan="5">敷设在绝缘支持件上的绝缘导线（L 为支持点间距）</td><td>室内</td><td>$L\leqslant 2$ m</td><td>—</td><td>1.0</td><td>2.5</td></tr>
<tr><td rowspan="4">室外</td><td>$L\leqslant 2$ m</td><td>—</td><td>1.5</td><td>2.5</td></tr>
<tr><td>2 m$\leqslant L\leqslant$6 m</td><td>—</td><td>2.5</td><td>4</td></tr>
<tr><td>6 m$\leqslant L\leqslant$15 m</td><td>—</td><td>4</td><td>6</td></tr>
<tr><td>15 m$\leqslant L\leqslant$25 m</td><td>—</td><td>6</td><td>10</td></tr>
<tr><td colspan="3">穿管敷设的绝缘导线</td><td>1.0</td><td>1.0</td><td>2.5</td></tr>
<tr><td colspan="3">沿墙明敷的塑料护套线</td><td>—</td><td>1.0</td><td>2.5</td></tr>
<tr><td colspan="3">板孔穿线敷设的绝缘导线</td><td>—</td><td>1.0（0.75）</td><td>2.5</td></tr>
<tr><td rowspan="3">PE 线和 PEN 线</td><td colspan="2">有机械保护时</td><td>—</td><td>1.5</td><td>2.5</td></tr>
<tr><td rowspan="2">无机械保护时</td><td>多芯线</td><td>—</td><td>2.5</td><td>4</td></tr>
<tr><td>单芯干线</td><td>—</td><td>10</td><td>16</td></tr>
</table>

附录表 9　　办公建筑照明标准值

房间或场所	参考平面及其高度	照度标准值/lx	统一眩光值 *UGR*	一般显色指数 *R*a
普通办公室	0.75 m 水平面	300	19	80
高档办公室	0.75 m 水平面	500	19	80
会议室	0.75 m 水平面	300	19	80
接待室、前台	0.75 m 水平面	200	—	80
营业厅	0.75 m 水平面	300	22	80
设计室	实际工作面	500	19	80
文件整理、复印、发行室	0.75 m 水平面	300	—	80
资料、档案存放室	0.75 m 水平面	200	—	80

注：1. 统一眩光值（*UGR*）是度量处于室内视觉环境中的照明装置发出的光对人眼引起不舒适感主观反应的心理参量。*UGR* 值越小，眩光程度也就越轻。

2. 一般显色指数（*R*a）是光源对国际照明委员会规定的八种标准颜色样品显色指数的平均值。*R*a 值越大，光源的显色性越好。

附录表 10　　部分工业建筑一般照明标准值

房间或场所		参考平面及其高度	照度标准值/lx	统一眩光值 *UGR*	一般显色指数 *Ra*	备注
1. 通用房间或场所						
试验室	一般	0.75 m 水平面	300	22	80	可另加局部照明
	精细	0.75 m 水平面	500	19	80	可另加局部照明
检验室	一般	0.75 m 水平面	300	22	80	可另加局部照明
	精细，有颜色要求	0.75 m 水平面	750	19	80	可另加局部照明
计量室、测量室		0.75 m 水平面	500	19	80	可另加局部照明
变、配电站	配电装置室	0.75 m 水平面	200	—	80	—
	变压器室	地面	100	—	60	—
电源设备室、发电机室		地面	200	25	80	—
控制室	一般控制室	0.75 m 水平面	300	22	80	—
	主控制室	0.75 m 水平面	500	19	80	—
电话站、网络中心		0.75 m 水平面	500	19	80	—
计算机站		0.75 m 水平面	500	19	80	防光幕反射
动力站	风机房、空调机房	地面	100	—	60	—
	泵房	地面	100	—	60	—
	冷冻站	地面	150	—	60	—
	压缩空气站	地面	150	—	60	—
	锅炉房、煤气站的操作层	地面	100	—	60	锅炉水位表的照度不小于 50 lx
仓库	大件库（如钢坯、钢材、大成品、气瓶）	1.0 m 水平面	50	—	20	—
	一般件库	1.0 m 水平面	100	—	60	—
	精细件库（如工具、小件）	1.0 m 水平面	200	—	80	货架垂直照度不小于 50 lx
车辆加油站		地面	100	—	60	油表表面照度不小于 50 lx
2. 机、电工业						
机械加工	粗加工	0.75 m 水平面	200	22	60	可另加局部照明
	一般加工（公差≥0.1 mm）	0.75 m 水平面	300	22	60	应另加局部照明
	精密加工（公差<0.1 mm）	0.75 m 水平面	500	19	60	应另加局部照明

续表

房间或场所		参考平面及其高度	照度标准值/lx	统一眩光值 *UGR*	一般显色指数 *Ra*	备注
机电、仪表装配	大件	0.75 m 水平面	200	25	80	可另加局部照明
	一般件	0.75 m 水平面	300	25	80	可另加局部照明
	精密	0.75 m 水平面	500	22	80	应另加局部照明
	特精密	0.75 m 水平面	750	19	80	应另加局部照明
电线、电缆制造		0.75 m 水平面	300	25	60	—
线圈绕制	大线圈	0.75 m 水平面	300	25	80	—
	中等线圈	0.75 m 水平面	500	22	80	可另加局部照明
	精细线圈	0.75 m 水平面	750	19	80	应另加局部照明
线圈浇注		0.75 m 水平面	300	25	80	—
焊接	一般	0.75 m 水平面	200	—	60	—
	精密	0.75 m 水平面	300	—	60	—
钣金		0.75 m 水平面	300	—	60	—
冲压、剪切		0.75 m 水平面	300	—	60	—
热处理		地面至0.5 m 水平面	200	—	20	—
铸造	熔化、浇铸	地面至0.5 m 水平面	200	—	20	—
	造型	地面至0.5 m 水平面	300	25	60	—
精密铸造的制模、脱壳		地面至0.5 m 水平面	500	25	60	—
锻工		地面至0.5 m 水平面	200	—	20	—
电镀		0.75 m 水平面	300	—	80	—
喷漆	一般	0.75 m 水平面	300	—	80	—
	精细	0.75 m 水平面	500	22	80	—
酸洗、腐蚀、清洗		0.75 m 水平面	300	—	80	—
抛光	一般装饰性	0.75 m 水平面	300	22	80	应防频闪
	精细	0.75 m 水平面	500	22	80	应防频闪
复合材料加工、铺叠、装饰		0.75 m 水平面	500	22	80	—
机电修理	一般	0.75 m 水平面	200	—	60	可另加局部照明
	精密	0.75 m 水平面	300	22	60	可另加局部照明

续表

房间或场所	参考平面及其高度	照度标准值/lx	统一眩光值 *UGR*	一般显色指数 *Ra*	备注
3. 电力工业					
火电厂锅炉房	地面	100	—	60	—
发电机房	地面	200	—	60	—
主控室	0.75 m 水平面	500	19	80	—